U0261460

Electric Power Engineering
Construction Management

电网工程
建设管理

刘泽洪◎著

中国电力出版社
CHINA ELECTRIC POWER PRESS

内 容 提 要

面向电网建设的新形势和新要求,本书在全面总结我国电网建设成就,尤其是特高压电网建设新成就的基础上,结合作者几十年从事电网建设过程中的思考,系统梳理了电网工程建设全过程的特点和难点,总结电网建设过程中管理思路、管理方法及管理要点。全书以电网建设为主线,系统阐述了电网工程建设的时代背景、管理理论、建设全过程、安全管理、质量管理、进度管理、技术经济管理、生态环境管理、依法合规管理、科研管理与创新、新技术发展应用等内容。

本书对中国电网建设管理进行全面总结,可为未来电网建设提供支撑,为电网工程建设管理及其他相关从业人员提供借鉴和指导。

图书在版编目(CIP)数据

电网工程建设管理/刘泽洪著. —北京:中国电力出版社,2020.12
ISBN 978-7-5198-5248-1

Ⅰ.①电… Ⅱ.①刘… Ⅲ.①电网–电力工程–工程管理 Ⅳ.①TM727

中国版本图书馆 CIP 数据核字(2020)第 267272 号

出版发行:中国电力出版社
地　　址:北京市东城区北京站西街 19 号(邮政编码 100005)
网　　址:http://www.cepp.sgcc.com.cn
责任编辑:雍志娟(010-63412255)
责任校对:黄　蓓　王海南
装帧设计:张俊霞
责任印制:石　雷

印　　刷:北京瑞禾彩色印刷有限公司
版　　次:2020 年 12 月第一版
印　　次:2020 年 12 月北京第一次印刷
开　　本:710 毫米×1000 毫米　16 开本
印　　张:20
字　　数:381 千字
印　　数:0001—2000 册
定　　价:148.00 元

前　言

　　电力是经济社会发展的生产资料，也是满足人民基本需求的生活资料，是物质文明和精神文明的基础和支撑。改革开放给中国带来了伟大飞跃，也给中国电力工业带来了日新月异的发展，使中国电力工业实现了巨大跨越。在电力工业的高速发展中，中国连续超越了法国、英国、加拿大、德国、俄罗斯、日本，从1996年起稳居世界第二。2011年，中国发电装机容量和发电量均超越美国，成为世界第一。持续、快速、稳定的电力增长和电网建设，满足了人民生活不断增长的电力需求，更为中国经济列车的飞快前行提供了源源不断的强大动力。

　　作为能源资源优化配置的重要载体，中国已经建成以结构坚强、安全可靠、潮流合理、经济高效、灵活开放、清洁环保为特征的交直流联合电网，初步构建了连接大型煤电、水电、新能源基地和东中部负荷中心的能源配置平台，全国形成了大规模西电东送、南北互供、水火风光互济的能源配置格局。同时，特高压输电技术为加速能源革命、实现绿色低碳发展、应对全球气候变化奠定了技术基础。

　　时至今日，中国的特高压输电技术已经全球领先，并成功走向世界，实现了中国创造和中国引领。中国已建成世界规模最大、电网覆盖面最广、运行电压最高、系统最为安全、能源资源配置能力最强的电网。电力工业为"十三五"全面建成小康社会做出了重要贡献，在中华民族伟大复兴的历史征程中增添了浓墨重彩的一笔。

　　"十四五"时期，中国进入全面建设社会主义现代化国家新征程，高质量发展成为主题，要转变发展方式、优化经济结构、转换增长动力，要在质量效益明显提升的基础上，实现经济持续健康发展、生产生活方式绿色转型成效显著、能源资源配置更加合理、利用效率大幅提高、主要污染物排放总量持续减少、生态环境持续改善、生态安全屏障更加牢固。能源的清洁绿色低碳转型及高效率利用是摆在电网面前新的挑战，以新能源大规模开发利用为主要特征的能源变革需要高质量、高效益、安全绿色的电网建设。这些都对电网工程建设管理提出新的更高的要求。

　　本书从电网工程建设新的时代背景出发，面向电网建设的新形势和新要求，在全面总结我国电网建设成就，尤其是特高压电网建设新成就的基础上，秉承依法合规、绿色环保、科技创新、高质量建设的管理理念，按照工程建设管理理论，结合作者几十年从事电网建设过程中的思考，系统梳理了电网工程建设全过程的特点和难点，以典型案例为支撑，全面总结了电网建设过程中管理思路、管理方法及管理要点。

全文以电网建设为主线，通过十一个章节系统阐述了电网工程建设时代背景、电网工程管理理论分析、电网工程建设全过程、安全管理、质量管理、进度管理、技术经济管理、生态环境管理、依法合规管理、科研管理与创新和新技术在电网管理中的应用等内容，涵盖了电网建设的管理、技术等多个方面，从制度建设、工程管理和经验反思等多角度提供了多年来电网工程建设管理的心得体会，力图对中国电网建设管理进行全面总结，可为未来电网建设提供支撑和借鉴。

本书汇集了电网设计、设备、施工、科研等单位的集体经验和智慧，在编写过程中也得到了王劲、宋胜利、李燕雷、黄常元、孙涛、张诚、鄂天龙、张迎迎、张献蒙、史玉柱、张昉等同志和相关单位的支持和帮助，在此表示诚挚的感谢！盼望更多电网建设的从业人员能从本书中得到帮助，共同为中国电网建设的广阔未来贡献力量。

由于作者水平所限，书中的错误和不足之处，恳请广大读者批评指正！

作　者

2020 年 12 月于北京

目　录

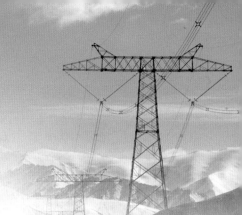

第一章

电网工程建设时代背景

第一节 电力需求的强增长

1. 电力需求的增长

电力行业不仅与国家经济、战略安全关系密切，也影响着人们的日常生活和社会稳定。伴随着中国经济的快速发展，电力需求持续增大。在新中国刚刚成立之时，全国总装机容量仅为184.86万kW，年发电量43.1亿kWh。自1978年始，电力行业走上了飞速发展的阶段，截至2019年底全国总装机容量超过20.1亿kW；发电量由1978年的2566亿kWh提高到了2019年的7.33万亿kWh，到2019年我国全社会用电量高达7.22万亿kWh。

截至2019年底，全国全口径发电装机容量201 006万kW，比2018年增长5.8%。其中，水电35 804万kW，比2018年增长1.5%（其中，抽水蓄能3029万kW，比2018年增长1.0%）；火电118 957万kW，比2018年增长4.0%（其中，煤电104 063万kW，比2018年增长3.2%；气电9024万kW，比2018年增长7.7%）；核电4874万kW，比2018年增长9.1%；并网风电20 915万kW，比2018年增长13.5%；并网太阳能发电20 418万kW，比2018年增长17.1%。

2019年，全国全口径发电量为73 266亿kWh，比2018年增长4.7%，增速比2018年降低3.6个百分点。其中，水电13 021亿kWh，比2018年增长5.7%（抽水蓄能319亿kWh，比2018年下降3.0%）；火电50 465亿kWh，比2018年增长2.5%（煤电45 538亿kWh，比2018年增长1.6%；气电2325亿kWh，比2018年增长7.9%）；核电3487亿kWh，比2018年增长18.2%；并网风电4053亿kWh，比2018年增长10.8%；并网太阳能发电2237亿kWh，比2018年增长26.4%。

2. 远方电源的开发

我国能源资源整体呈现富煤、少油、贫气、水能及新能源资源丰富的特点。根据自然资源部发布的《中国矿产资源报告（2019）》，截至 2018 年底，全国煤炭探明储量 1.7 万亿 t，原油 35.7 亿 t，天然气 5.8 亿 m³。根据 2005 年末国家发展和改革委员会（简称国家发改委）发布的水力资源复查成果，全国水力资源理论蕴藏年发电量 60 829 亿 kWh，技术可开发容量和年发电量分别为 54 164 万 kW 和 24 740 亿 kWh。

煤炭资源 90%的储量分布在秦岭—淮河以北地区，尤其是山西、陕西、内蒙古三省区占到全国总量的 63.5%。2014 年 6 月，国家相关机构印发通知，要求推进 9 个以电力外送为主的千万千瓦级清洁高效大型煤电基地建设。其中《能源发展战略行动计划（2014～2020 年）》（国办发〔2014〕31 号）规定，依据区域水资源分布特点和生态环境承载能力，严格煤矿环保和安全准入标准，推广充填、保水等绿色开采技术，重点建设晋北、晋中、晋东、神东、陕北、黄陇、宁东、鲁西、两淮、云贵、冀中、河南、内蒙古东部、新疆 14 个亿吨级大型煤炭基地。采用最先进节能节水环保发电技术，重点建设锡林郭勒、鄂尔多斯、晋北、晋中、晋东、陕北、哈密、准东、宁东 9 个千万千瓦级大型煤电基地。

石油、天然气资源集中在东北、华北和西北，合占全国探明储量的 86%，集中程度高于煤炭。

水力资源主要分布在西部，特别是西南地区，包括云南、四川、西藏、贵州和重庆五省（自治区、直辖市）。其中重庆和贵州水电资源相对有限且后续开发潜力较小；西藏水电资源重点待开发项目主要集中在雅鲁藏布江干流，但大规模开发由于涉及国际关系、生态环境等敏感问题因而不确定性较大。已投产和在建的特高压交直流配套水电电源主要集中在四川和云南两省四川及云南两省技术可开发量占全国总量的 41%。从水电流域分布来看，主要集中在大渡河、雅砻江、金沙江、澜沧江、怒江五大流域。

全国陆上风能资源丰富的地区主要集中在西北、华北及东北地区。其中新疆哈密千万千瓦级风电基地风能资源总储量约 1 亿 kW，技术可开发量 7548 万 kW；甘肃酒泉千万千瓦级风电基地风能资源总储量 1.5 亿 kW，技术可开发量 4000 万 kW以上；蒙东、蒙西两个千万千瓦级风电基地风能资源总储量约 9 亿 kW，技术可开发量为 1.5 亿 kW。2003 年 9 月，国家发改委出台《风电特许权项目前期工作管理办法》，风电场建设进入规模化及国产化阶段。2006 年，我国实施《中华人民共和国可再生能源法》，风电正式进入大规模开发应用的阶段。到 2010 年，经过了多年爆发式增长。2015 年，受风电标杆电价下调影响，风电项目出现明显抢装潮，新增装机规模明显。截至 2019 年底，我国风电累计装机容量 2.1 亿 kW，风力发电量高达 4057 亿 kWh，连续九年位居全球第一。

太阳能资源较为丰富的地区主要集中西北、西藏及内蒙古。2009 年，财政部、科技部和国家能源局联合发布《关于实施金太阳示范工程的通知》，加快国内光伏发电的产业化和规模化发展。2013 年，国务院发布《关于促进光伏产业健康发展的若干意见》，国家能源局发布《关于发挥价格杠杆作用促进光伏产业健康发展的通知》，对光伏项目建设及价格进行指导。2016 年，国家能源局发布《太阳能发展"十三五"规划》。截至 2019 年底，我国光伏发电累计装机 2 亿 kW 以上，全国光伏发电量 2243 亿 kWh。我国新增和累计光伏装机容量仍保持全球第一。

我国能源资源与用能中心呈逆向分布，即用能中心地区经济发展快，用能需求大且需求增长快，但缺乏一次能源；而一次能源蕴含丰富的地区用能增长相对较慢、总体用能水平较低。这种能源和需求之间的不均衡既是由能源资源的地理分布所决定的，也是由社会经济发展的历史原因所形成的，客观上要求实现能源资源大规模、远距离输送。

我国能源资源的总体分布规律是西多东少、北多南少，能源资源与用能中心分布不均衡的特征非常明显。我国正处于经济快速增长的关键时期，用能需求将持续较快增长，需求重心也将长期位于中东部地区。预计 2020 年华北、华东、华中地区（简称"三华"地区）全社会用电量占全国的 61%。从能源资源分布及能源消费中心分布来看，我国主要的煤炭资源、水能资源、新能源资源均位于西北、华北、东北地区（简称"三北"地区），而能源电力消费中心主要位于"三华"地区，大型能源基地与中东部经济发达地区之间的距离达 1000~3000km，超出输电线路的经济输送距离，难以满足煤电基地、水电基地及新能源基地规划电源的送出。随着未来社会经济的进一步发展，能源生产和消费地区不均衡的情况将更加突出，迫切要求实现经济高效的大规模送出和大范围消纳。

3. 能源结构的优化

我国正处于经济快速增长的工业化过程的中期。传统化石能源的开采与消费给中国带来了较为严重的生态环境问题，尤其是经济较为发达的中东部地区更为突出。2019 年，酸雨区面积约 47.4 万 km^2，占国土面积的 5%，主要分布在长江以南等中东部地区。按照环境空气质量综合指数评价，在 168 个重点城市中，环境空气质量相对较差的 20 个城市绝大部分位于中东部地区。近些年各地区空气质量虽明显好转，但中东部地区依然存在雾霾等污染天气，其中京津冀及周边地区重度污染及严重污染平均天数比例为全年的 5.5%，华中地区重度污染及严重污染平均天数比例为全年的 5.9%，保护生态环境尤其是大气环境依然是全社会关注的热点和焦点。

从中长期来看，我国能源消费仍将以煤炭为主，煤电在全国电源结构中仍将保持较高比例。发展特高压输电，可以推动国家清洁能源开发目标实现及清洁能源的高效利用，实现供给侧的清洁化，有利于促进水电、风电等清洁能源跨区外送，降低"三北"地区弃风比例，减少西南水电弃水，减少化石能源消费及污染物排放，可明显降低电力行业对 $PM_{2.5}$ 的影响。发展特高压电网也可以促进以电代煤和煤电布局优化，大幅减少"三华"电网范围内燃煤消耗，有效利用洗精煤和外来电力，提高已有电厂燃煤质量和利用效率，改善当地环境质量。当前中东部地区已经基本不再有环境空间，考虑到东西部地区在环境空间、人口密度、电源装机密度等方面的差异，通过发展特高压电网，加大西部、北部煤炭产区燃煤电厂建设和电力外送力度，将煤炭资源更高比例转化成电力，并远距离输送至中东部地区，提高电力在中东部地区能源消费中的比重，既可以缓解中东部地区的环境压力，充分利用西部、北部地区的环境容量空间，又可以减少全国的环境损失，具有较大的环境效益。

目前我国已经投运的特高压工程，初步构建了连接我国大型煤电、水电、新能源基地和东中部负荷中心的能源配置平台，全国形成了大规模西电东送、南北互供、水火风光互济的能源配置格局。同时，特高压输电技术为加速能源革命、实现能源绿色低碳发展、应对全球气候变化奠定了技术基础。国际绿色和平组织报告称，特高压每输送 1 亿 kWh 电能，可使负荷中心减排 $PM_{2.5}$ 约 7t、PM_{10} 约 17t，减排二氧化硫、氮氧化物约 450t。国家电网有限公司（简称国家电网公司）四川地区三大特高压直流输电工程（向家坝—上海±800kV 特高压直流、锦屏—苏南±800kV 特高压直流、溪洛渡—浙江±800kV 特高压直流输电工程）承载着我国最大的"西电东送"电力流，自 2015 年以来，已连续 5 年外送四川水电超千亿 kWh。中国南方电网有限责任公司（简称南方电网公司）"西电东送"三大特高压直流输电工程（云南—广东±800kV 特高压直流、糯扎渡—广东±800kV 特高压直流、滇西北—广东±800kV 特高压直流输电工程），承担云南超过 50% 的水电外送任务，最高输送电力占广东最高用电负荷的 11%，约占广东地区外受电量的 37%。

第二节　电网建设的高要求

1. 高质量发展

十九大报告明确提出建设质量强国。加快建设质量强国、显著增强我国经济质量优势，是推动高质量发展、促进我国经济由大向强转变的关键举措。中国特色社会主义进入新时代，经济社会稳健发展，科技进步快速升级，各行各业的建设品质要求必然全面提升。推动电网高质量建设，是遵循经济社会发展规律、适应新时代技术进步和品质提升、更好服务经济社会发展的必然要求。基建是事关国家电网和中国电力事业长远发展的基础性、系统性、关键性工作。推动电网高质量建设，是新时代基建人的初心传承、责任担当、光荣使命，是体现职业素养、感受精神愉悦、实现自我价值的奋斗追求。

近年来，国家电网公司扎实推进基建管理创新和技术创新，全面加强工程基建管理，电网建设取得显著成效。要坚持以习近平新时代中国特色社会主义思想为指导，贯彻国家质量强国战略和高质量发展要求，落实国家电网公司建设"具有中国特色国际领先的能源互联网企业"战略目标，坚持安全、优质、经济、绿色、高效的电网发展理念，求真务实、开拓创新、改进管理方式、健全长效机制、推动技术进步、提升建设品质、全面推进电网高质量建设，为电网高质量发展奠定物质基础。

为推进电网工程高质量建设，推动电网建设管理水平、技术水平持续提升，实现基建工程"零缺陷"移交，提升工程质量耐久性、运维便捷性、安全稳定性，通过一系列措施持续推进提升设计质量水平、设备质量水平、施工质量水平、安全建设水平、依法建设水平、绿色建设水平、精益建设水平、智能建设水平和标准化建设水平。

2. 安全发展

保障电网安全既是民生问题，更是政治问题。要从总体国家安全观的角度去正确认识和重视电网的安全保障作用。随着社会的发展和人民生产生活条件的日益改善，人民的工作和生活都离不开电网，而保障人民的利益又是国家安全最根本的目标。电网安全稳定运行是维护和发展最广大人民的根本利益、创造良好生存发展条件和安定工作生活环境、保障公民的生命财产安全和其他合法权益的重要基础。

十八大以来，习近平总书记深刻论述了安全生产红线、安全发展战略、安全生产责任制、企业主体责任、长效机制建设等重大理论和实践问题。习近平总书记就安全生产工作做出一系列重要指示、批示，在"强化责任担当，处理安全和发展的关系，健全安全责任体系，安全风险防控，做好安全应急，安全生产领域改革发展"等方面深刻阐述了安全生产的重大理论与实践问题。

2014 年 6 月 13 日，习近平总书记在中央财经领导小组第六次会议上强调，能源安全是关系国家经济社会发展的全局性、战略性问题，对国家繁荣发展、人民生活改善、社会长治久安至关重要。面对能源供需格局新变化、国际能源发展新趋势，保障国家能源安全，必须推动能源生产和消费革命，明确提出了"四个革命、一个合作"的重大能源安全战略思想。"四个革命"是推动能源消费革命，抑制不合理能源消费；推动能源供给革命，建立多元供应体系；推动能源技术革命，带动产业升级；推动能源体制革命，打通能源发展快车道。"一个合作"是全方位加强国际合作，实现开放条件下能源安全。

以习近平总书记关于安全生产的重要思想为指导，坚持稳中求进的安全发展方向，全面提升国家电网公司本质安全水平。要注重安全责任落实，始终坚持安全生产一票否决制度，坚守党政同责、一岗双责、齐抓共管、失职追责，强化各单位主体责任、部门管理责任、安监机构监督责任，完善人身、电网、设备、网络信息和涉电公共安全等专业责任体系，实施安全责任清单、问题清单和设备主人制，形成了党政工团齐抓共管、各司其职、各负其责、人人有责的良好局面；要注重安全管理体系建设，遵循客观规律，坚持科学管理，加强顶层设计，构建与国际接轨、行业领先的安全管理体系（SGSMS），形成策划、实施、检查、改进（PDCA）持续改进的闭环机制，规范安全生产行为，提升安全管理水平；要注重安全监督作用，全面设立各级安全总监，完善安全监督体系，从落实安全监督责任上下工夫，全面、全员、全方位、全过程实施安全监督，在制度上严起来，在考核上硬起来，把全过程管起来，建立有效的激励奖惩机制，通过有效的监督约束和奖惩导向，规范安全生产秩序；要注重安全基础建设，坚持从源头抓起强基础，保证安全投入，严格安全准入，把好规划设计、招标采购、施工建设、调试验收等各环节，保证电网、设备先天安全性；要注重安全风险管理。坚持突出抓好大电网和小现场，构建立体安全防御体系，强化电网运行风险管控，切实提高电网内在防御力、设备状态监控力、运检管理穿透力，推动电源侧、需求侧有效联动；要注重应急体系建设，建立整体联动、内外互动的应急工作体系，坚持常抓不懈、有备无患的原则，常态开展应急演练、事故预案完善、安全风险报备，持续加强应急队伍、物资、技术等支撑，科学应急、安全应急，做好应急救援与重大活动保供电，应急处置能力不断提升。

3. 绿色发展

党的十八大将生态文明建设纳入"五位一体"总体布局，十九大进一步明确指出建设生态文明是中华民族永续发展的千年大计，要树立和践行绿水青山就是金山银山的理念，把"美丽中国"作为建设社会主义现代化强国的重要目标。习近平总书记在2018年的全国生态环境保护大会上进一步指出，"用最严格制度最严密法治保护生态环境，加快制度创新，强化制度执行，让制度成为刚性的约束和不可触碰的高压线"。秉承强化顶层设计和制度体系建设的战略路径，多项环保水保相关的政策文件密集出台，对生产建设项目的环境监管也呈持续高压态势。

（1）选址选线环水保制约因素大大增加。生态保护红线和各类自然保护地已成为电网工程选址选线的重要制约因素，其中自然保护地包括国家公园、世界文化和自然遗产地、自然保护区、风景名胜区、森林公园、地质公园、湿地公园、水产种质资源保护区、饮用水源保护区等，约占国土面积的18%。电网工程涉及自然保护地时大部分情况下需进行专题评估论证，取得相应级别主管部门意见，涉及生态保护红线时还需开展不可避让论证，并经省政府审批。如何持续优化选址选线，确保"生态优先、经济合理"，是电网建设管理面临的重要挑战。

（2）环、水保违法违规惩处力度全面加大。新修订的法律法规中明确，要采取按日计罚无上限、项目限批、追究刑事责任等方式严格处理环境违法行为，并将原来仅对建设单位"单罚"改为同时对建设单位和相关责任人"双罚"。涉及环评"未批先建"的，处罚额度由原来的20万元到50万元调整为建设项目总投资额的

1%～5%，处罚额度大幅提升；对于环境违法违规建设单位性质为国家机关、国有企事业单位的，要按规定移送同级纪检监察机关追究建设单位相关人员责任。对相关水保违法违规行为，也要综合采取约谈、通报批评、重点监管、信用惩戒等方式全面加大惩处力度。如何确保电网工程环、水保风险可控在控，是电网工程建设管理的重要内容。

（3）由注重事前审批向加强事中事后监管转变。2015年底，环评水保批复由核准前置调整为开工前置，但环保部和水利部先后出台重大变动管理规定，明确要求在环评水保批复后，因项目建设地点、规模、环水保措施等发生重大变动（变更）的，需重新履行环评水保审批手续。同时全面加大对建设项目建设阶段、运行阶段的环水保管理和措施落实情况监管力度，通过"四不两直""双随机、一公开"等监管方式，运用大数据、互联网＋等信息技术，综合采用卫星遥感、无人机航拍、移动端影像采集等手段，部署"空天地一体化"监管系统，严格监管环水保违法违规行为，实施智能、精准、高效的事中事后监管。如何深化电网工程设计施工过程中的环水保管控，是电网工程建设管理的重要方面。

（4）环保水保主体责任全面转移至建设单位。为进一步强化建设单位环水保主体责任，2017年底，建设项目环保水保验收由行政主管部门审批调整为建设单位自主验收，行政主管部门不再为环水保设施投运的合法性背书，一旦发现问题将直接予以处罚。特别是2020年7月，水利部印发《生产建设项目水土保持问题分类和责任追究标准的通知》（办水保函〔2020〕564号），针对水保方案编制、设计、施工、监测、监理、验收报告编制单位等均明确了水土保持问题违规情形和追责分类标准，从该文件可以看出，大部分情况下，水保相关单位责任需承担责任的，建设单位也需承担相应责任。如何全面履行建设单位主体责任，实现电网工程环水保管控的转型升级，是电网工程建设管理的重要目标。

"发展清洁能源，是改善能源结构、保障能源安全、推进生态文明建设的重要任务。"国家电网公司作为服务党和国家工作大局、肩负社会责任的大型国有企业，认真贯彻落实绿色发展任务和要求，建设特高压、超高压跨区输电通道，构建多能互补的配置平台，不断提高新能源利用水平、创新清洁能源利用方式，推动新能源更高质量、更加可持续发展，为美好生活充电，为美丽中国赋能。作为典型的生产建设项目，电网工程在输送电能、促进经济社会与环境和谐发展的同时，也会在建设运行中产生一定的环境影响。在新时代生态文明建设的大背景下，需要进一步将环水保理念融入设计思路、设备制造和施工工艺之中，实现环保水保与工程建设的有机统一，从源头上、过程中减小工程环境影响和水土流失，促进电网绿色高质量发展。这不仅是依法治企的必然要求，更是践行生态文明理念、履行央企社会责任的重大使命。

第三节 外部环境的新变化

1. 工程组织模式的转变

过去 40 年，我国重大工程取得了举世瞩目的伟大成就。世界上从未有一个国家像中国这样以重大工程的方式进行国家建设，也没有哪个国家像中国这样以重大工程的方式被定义。我国重大工程成功的组织经验已经得到了国内外的广泛关注。但是，形成对我国重大工程组织模式内在规律的认识，则需要深入理解我国重大工程，尤其是特高压输变电工程的自身特征和外部情境，逐步分析工程组织模式的转变过程。

第一阶段（1949～1978 年）：新中国成立后的 30 年，重大工程主要通过集权化的计划经济体制将人、财、物集中于国家经济急需的重要领域，并通过行政方式进行直接管理。这种"集中力量办大事"的成功经验，以及有效利用制度优势和政府力量的"指挥部"模式对我国重大工程组织模式设计产生了长远而深刻的影响，成为我国重大工程组织模式形成的"原点"和"基因"。

第二阶段（1979～2013 年）：改革开放后，虽然政府在重大工程中仍然具有不可替代的地位，但我国重大工程开始探索由政府直接投资和管理转变为投资主体多元化和实施主体市场化的新模式，制度体系建设逐步完善，政府和市场的关系发生了一些新的变化。在此期间，特高压工程逐步建设，在更大程度上发挥市场在工程资源中的配置作用，成为这一时期重大工程管理制度改革的基本特征。

第三阶段（2013 年至今）：随着国家各项政策的颁布，重大工程"政府—市场"二元作用向纵深方向发展。市场机制起到越来越重要的作用。目前，特高压工程项目法人在统筹项目策划、实施和运营市场化运作方面的重要性进一步提升。

2. 电网施工管理的发展

电力行业的快速发展离不开电力工程建设，大量电力设施的施工是电力行业高速发展的基础，电力建设工程作为一项专业的建设工程，有自己的特点：① 电力行业是保障国计民生的基础行业，一般电网建设工程投资巨大，建设周期长，电网建设工程在其施工过程中，需要的物资数量庞大，品种类别多，且设备物资费在整个项目成本中占据很高的比例，物资质量尤其是成套设备的质量对电网建设工程的影响很大。② 由于电网建设存在项目投资大、施工复杂、所需安装设备多、工种协作要求高、专业分工复杂等特点，因此电网工程一般参建单位较多；电网建设项目属于国家基础设施建设，一般由电网公司作为建设方，但在具体的实施过程中需要和政府相关部门及其他行业进行配合、协调。例如，输电线路的建设需要符合城市的规划、须获得国土/环境保护等各种管理部门的许可、项目资金需要金融支持等。③ 电网建设项目本身涉及的专业众多，机械化程度较高，彼此联系密切，需统一协调好设计、设备、施工等部门，才能做好电网建设工程项目。电网建设工程项目由于其重要性和复杂性，一般前期准备阶段很长，从项目的规划、选址、施工到运营，需要几年的时间。

从改革开放至今已经 40 多年，电网建设工程的外部环境已经发生了较大变化，电网工程的投资和建设管理模式也有了根本性的变化，这种变化主要表现在电网建设工程项目的投资和建设主体从政府开始逐渐转变为电力企业，并且建设管理模式也开始采用类似西方的项目管理模式，比如开始采用项目经理负责制，电网建设工程项目的设计、施工、设备采购等均采用招投标制度，工程项目的建设过程采用监理制等，这些变化对电力建设企业的施工管理提出了更高的要求。2014 年，国家电网公司提出了"按照'管理型、监理型、专业性'方向，推动送变电施工企业转型"的要求。2016 年，国家电网公司明确了省级送变电企业"施工管理型、专业技术型"的发展定位，并制定省级送变电企业转型升级实施方案，要求送变电企业"在保持核心施工力量的基础上，加强施工技术支撑和现场统筹管理，健全安全和质量管理体系，强化施工总体策划、施工技术措施制订等关键环节管控。充分利用社会资源，合理采用分包方式组织施工生产"。面对企业深化改革、转型发展、创新管理的新形势，如何有效解决施工分包管理工作中存在的问题和不足，不仅关系着送变电企业能否在施工分包管理水平上登上新台阶，也直接影响着送变电企业"施工管理型、专业技术型"企业转变的进程。

电力工程处在项目建设热点不断变化的市场环境中，应准确预测行业发展方向，抓生产促发展，抓转型促提升，注重科技创新和成果应用，有效提高全员劳动生产率，提高全行业的生产能力。在国家"新基建"背景下，全国电网建设规模显著提升。党的十八大以后，中国经济发展进入新常态，为进一步推动电网建设发展，引导行业提质增效，国家电网公司大力推进建筑工业化和信息化融合发展，促进工程建设向现代化产业升级，在特高压工程推广 BIM 技术，探索企业信息化、建筑工业化，施工能力显著提高。

3. 外部建设环境的变化

电网工程建设项目点多线长，使其相对于其他建设项目涉及的相关方更多，各方关系更为复杂。特别是超高压、特高压输电线路，从前期的规划选线、初步设计再到施工阶段遇到的外部环境问题各有不同，且越来越多。加之我国经济社会的高速发展，人们对于电力需求的不断增长和普遍关切也使得电网工程建设外部环境更为复杂，电网企业建设压力更大。主要体现在以下几个方面：

（1）电网工程建设申请审批流程复杂。电网工程建设项目的申请审批涉及领域广、部门多，规划、城建、国土、环保、水利、交通、铁路、航道、林业、农业等相关部门均有涉及，各种管理环节错综复杂。也有地方政府部门之间的工作协调和各方利益权衡的困难，造成电网建设项目申请审批时间普遍较长。

（2）电网工程建设规划难。电力体制改革后，统一有序的电力规划体制格局被打破，电力规划职能移交至各级政府。在地方政府的规划中，存在电网规划与地方规划衔接不够、政府对于电网建设专业性理解不够的情况，出现了地方政府从走廊归并、降低实施难度、减小对城乡规划影响等方面考虑而对于电网工程无法实施的现象；也有各地建设用地总规模超过土地利用总体规划确定的上限，留给电网工程"规划建设空间"指标不足的问题。电网建设的规划难是造成电网建设困难和矛盾的主要原因之一。

（3）电网工程建设政策处理难。电网工程建设当地部分村民将电网工程建设当成与当地政府谈判的砝码，以阻挠施工为主要手段，要求更高的补偿。例如输电线路工程，首先要解决输电走廊征占困难、补偿费用高的问题，同时还需要做好通道保护工作，禁止在已取得协议的通道内规划、新增建设项目，避免当地村民抢修房屋、抢栽树木等。这些政策处理的难点严重影响了电网工程建设速度和效益，已经成为电网工程建设计划推进和造价控制的又一大难题。

第四节 电网建设的新成就

1. 建设总量

2016～2019 年，国家电网公司投产 110（66）kV 及以上交流线路 19.4 万 km、变电容量 11.1 亿 kVA；直流线路 1.26 万 km、换流容量 1.4 亿 kW。

截至 2019 年底，国家电网公司已累计建成 22 条特高压线路，项目累计投资超过 4300 亿元。已投运的特高压工程累计线路长度达 27 570km，累计变电（换流）容量为 29 620 万 kW。特高压输电线路累计送电量超过 11 457.77 亿 kWh。特高压建设在保障电力供应、高效利用清洁能源、维护电网安全等方面发挥了积极作用。

（1）2014～2015 年，面对经济下行压力，政府强调要补齐基础设施短板，实施一批重大基础设施项目，基建投资成为稳增长的重要支撑。特高压作为电力基建的重要组成部分也在这一时期进入了第一轮建设高峰。2014 年 6 月，国家能源局发布《关于加快推进大气污染防治行动计划 12 条重点输电通道建设的通知》。为缓解中东部雾霾污染问题，特高压输电"四交四直"工程开始实施；后在此基础上提出"五交八直"特高压工程建设。由此，我国特高压在2014～2016年迎来第一轮建设高峰。

（2）2015～2016年，在供给侧结构性改革和渐进式调节之下，稳经济成为主要目标。但由于PPP（政府和社会资本合作模式）主要受益社会资本，并未体现在以电网投资为主的特高压指数上。2017年国家发改委核准开工的特高压线路为零，特高压发展进入停滞期。

（3）2018年至今，经济下行压力加大，在此背景之下，2018年9月，国家能源局发布《关于加快推进一批输变电重点工程规划建设工作的通知》，要在2019～2020年核准开工5条直流和7条交流特高压工程建设，第二轮特高压建设高峰来临。

（4）2020年，新的一轮特高压工程建设高峰出现：受2020年初受疫情冲击，2020年3月4日，中央政治局常委会提出"加快推进国家规划已明确的重大工程和基础设施建设，加快5G网络、数据中心等新型基础设施建设进度"。2020年3月初，国家电网公司印发《国家电网有限公司2020年重点工作任务》，计划2020年核准7条、最低开工3条特高压线路。2020年4月4日，国家电网全年特高压建设项目投资规模提高至1811亿元，将有效带动上下游产业发展，拉动社会投资3600亿元，总体规模近5411亿元。

我国电网已形成以东北、华北、西北、华中、华东、南方六大区域电网为主体，区域电网间通过特高压交直流互联，覆盖全部省（区、市）的大型电网。

其中，华北电网形成"两横一纵"1000kV区域交流主网架，通过"四直一交"与区外联络。建成晋北—南京、锡盟—泰州±800kV特高压直流输电工程；建成扎鲁特—青州、上海庙—临沂±800kV特高压直流输电工程；建成蒙西—天津南、榆横—潍坊、锡盟—胜利1000kV特高压交流输变电工程；山东电网通过2个1000kV通道接受经京津冀电网转送电力。华北电网实现了主干网架由500kV向1000kV的升级，跨区跨省资源配置能力进一步增加，保障了区外直流及本地电源安全疏散，实现电能高效消纳。

华东电网围绕长三角地区形成1000kV交流环网，并向南延伸至福建，通过7回特高压直流受入区外电力，区域1000kV交流主网架逐步形成，进一步提高了华东电网接纳区外电力能力及区内省际电力交换能力；"十三五"新增受入灵州—绍兴、晋北—南京、锡盟—泰州±800kV特高压直流输电工程以及准东—皖南±1100kV特高压直流输电工程，显著缓解供电紧张局面。

华中电网规划在现有晋东南—荆门—南阳"一纵"基础上，建设"日"字形特高压交流环网，并向北与华北电网相联，向西通过哈密—郑州、酒泉—湖南直流与西北电网相联，全国电力枢纽地位进一步巩固，功能进一步提升。华中、西南地区形成川渝藏统一同步电网，通过 3 回特高压直流外送电力至华东电网。

南方电网在鲁西背靠背直流工程投运后，送端云南电网与南方电网主网实现异步运行，云南电网通过 4 回特高压直流向广东、广西负荷中心送电。

东北电网围绕区域内煤电、风电和水电能源基地以及扎鲁特换流站和辽宁双负荷中心形成区域主网架结构，并通过扎鲁特—青州±800kV 特高压直流输电工程与华北（山东）电网相连。

西北电网形成以甘肃为枢纽、覆盖五省区的 750kV 主干网架，通过 5 回特高压直流向华北、华中、华东、西南等多个区域送电，西北外送型电网地位凸显。

截至 2020 年底我国已建成及在建特高压交流输电工程一览表见表 1-1，我国已建成及在建特高压直流输电工程一览表见表 1-2。

表 1-1　　　　我国已建成及在建特高压交流输电工程一览表

序号	工程名称	包含单体工程	路径长度（km）	变电容量（万 kW）	投运时间
1	晋东南—南阳—荆门 1000kV 特高压交流工程	晋东南—南阳—荆门 1000kV 特高压交流试验示范工程	2×645	2×300	2011 年 9 月
		漳泽电厂 2×1000MW 机组扩建项目 1000kV 送出工程	64	—	2020 年 11 月
		长子高河 2×660MW 低热值煤发电项目 1000kV 送出工程	21.5	—	2020 年 11 月
		长子赵庄 2×660MW 低热值煤发电项目 1000kV 送出工程	18	—	2020 年 11 月
2	皖电东送特高压交流工程	皖电东送淮南—上海特高压交流输电示范工程	2×656	7×300	2013 年 9 月
		安徽淮南平圩电厂三期 1000kV 送出工程	5	—	2015 年 4 月
		淮东—华东（皖南）特高压直流配套工程	2×6.0	—	2018 年 4 月
		芜湖 1000kV 变电站主变压器扩建工程（在建）	—	1×300	2020 年 12 月
3	浙北—福州特高压交流工程	浙北—福州 1000kV 特高压交流输变电工程	2×603	6×300	2014 年 12 月
4	锡盟—山东特高压交流工程	锡盟—山东 1000kV 特高压交流输变电工程	2×730	6×300	2016 年 7 月
		北京东 1000kV 变电站扩建工程（在建）	—	2×300	2021 年

续表

序号	工程名称	包含单体工程	路径长度（km）	变电容量（万 kW）	投运时间
5	淮南—南京—上海特高压交流工程	淮南—南京—上海 1000kV 交流特高压输变电工程	2×779.5	4×300	2016 年 11 月
		泰州 1000kV 特高压变电站第二台主变压器扩建工程	—	1×300	2018 年 2 月
		苏州 1000kV 特高压变电站第三台主变压器、第四台主变压器扩建工程	—	2×300	2018 年 4 月
		淮南—南京—上海 1000kV 特高压交流调整工程（苏通 GIL 综合管廊工程）	2×5.7	—	2019 年 9 月
		东吴 1000kV 变电站江苏侧第三台主变压器扩建工程	—	1×300	2020 年 6 月
6	蒙西—天津南特高压交流工程	蒙西—天津南 1000kV 特高压交流输变电工程	2×616	6×300	2016 年 12 月
		晋北 1000kV 变电站主变压器扩建工程（在建）	—	1×300	2021 年
		汇能长滩电厂 1000kV 送出工程（在建）	26		2021 年
7	锡盟—胜利特高压交流工程	锡盟—胜利 1000kV 交流输变电工程	2×240	2×300	2017 年 7 月
		内蒙古大唐锡林浩特电厂送出工程	16	—	2018 年 12 月
		内蒙古神华胜利电厂送出工程	18	—	2018 年 12 月
		内蒙古北方胜利电厂送出工程	21	—	2018 年 12 月
8	榆横—潍坊特高压交流工程	榆横—潍坊 1000kV 特高压交流输变电工程	2×1048.5	5×300	2017 年 8 月
		青州换流站配套 1000kV 交流工程	2×76.5	1×300	2017 年 9 月
		陕能赵石畔电厂 1000kV 送出工程	20	—	2018 年 6 月
		榆能横山电厂 1000kV 送出工程	41.5	—	2018 年 6 月
		晋中 1000kV 变电站主变压器扩建工程（在建）	—	1×300	2021 年
9	北京西—石家庄特高压交流工程	北京西—石家庄 1000kV 交流特高压输变电工程	2×228	—	2019 年 6 月
10	山东—河北环网特高压交流工程	潍坊—临沂—枣庄—菏泽—石家庄特高压交流工程	2×819.5	5×300	2020 年 1 月
		山东临沂换流站—临沂变电站 1000kV 交流输变电工程	2×58	1×300	2017 年 12 月

续表

序号	工程名称	包含单体工程	路径长度（km）	变电容量（万 kW）	投运时间
11	张北—雄安特高压交流工程	张北—雄安 1000kV 特高压交流输变电工程	2×319.9	2×300	2020 年 8 月
12	驻马店—南阳特高压交流工程	驻马店—南阳 1000kV 交流特高压输变电工程	2×190.3	2×300	2020 年 8 月
13	蒙西—晋中特高压交流工程	蒙西—晋中特高压交流工程	2×304	—	2020 年 11 月
	合计		14 902.8	17 400	

表 1-2　　　　我国已建成及在建特高压直流输电工程一览表

序号	工程名称	路径长度（km）	容量（万 kW）	送端	受端	投运时间
1	云南—广东±800kV 特高压直流输电工程	1417	500	云南	广东	2010 年 6 月
2	向家坝—上海±800kV 特高压直流输电工程	1907	640	四川	上海	2010 年 7 月
3	锦屏—苏南±800kV 特高压直流输电工程	2100	720	四川	江苏	2012 年 12 月
4	哈密—郑州±800kV 特高压直流输电工程	2210	800	新疆	河南	2014 年 1 月
5	溪洛渡—浙西±800kV 特高压直流输电工程	1680	800	四川	浙江	2014 年 7 月
6	糯扎渡—广东±800kV 特高压直流输电工程	1413	500	云南	广东	2015 年 5 月
7	灵州—绍兴±800kV 特高压直流输电工程	1720	800	宁夏	浙江	2016 年 9 月
8	酒泉—湖南±800kV 特高压直流输电工程	2383	800	甘肃	湖南	2017 年 6 月
9	晋北—南京±800kV 特高压直流输电工程	1119	800	山西	江苏	2017 年 7 月
10	锡盟—泰州±800kV 特高压直流输电工程	1628	1000	内蒙古	江苏	2017 年 9 月
11	扎鲁特—青州±800kV 特高压直流输电工程	1234	1000	内蒙古	山东	2017 年 12 月
12	滇西北—广东±800kV 特高压直流输电工程	1953	500	云南	广东	2018 年 5 月
13	上海庙—临沂±800kV 特高压直流输电工程	1230	1000	内蒙古	山东	2019 年 1 月

续表

序号	工程名称	路径长度（km）	容量（万 kW）	送端	受端	投运时间
14	准东—皖南±1100kV 特高压直流输电工程	3324	1200	新疆	安徽	2019 年 9 月
15	昆柳龙±800kV 特高压混合直流输电工程	1489	800	云南	广西/广东	2021 年
16	青海—河南±800kV 特高压直流输电工程	1587	800	青海	河南	2020 年
17	陕北—武汉±800kV 特高压直流输电工程	1136	800	陕西	湖北	2021 年
18	雅中—江西±800kV 特高压直流输电工程	1704	800	四川	江西	2021 年
	合计	31 234	14 260			

2. 建设创新和突破

经过近 10 年的研究与实践，我国在特高压核心技术领域已达到了世界领先水平。我国已经全面掌握了特高压输变电的核心技术，特高压交直流设备国产化率超过 90%，打破了欧美发达国家在国际市场上的垄断地位，攻克了特高电压、特大电流下的绝缘特性、电磁环境、设备研制、试验技术等世界级难题；依托特高压输电技术科研成果和试验示范工程建设，我国在世界上率先提出了特高压交直流输电技术标准体系，全面涵盖了 7 大类共 79 项标准，CIGRE 和 IEEE 先后成立了多个由我国主导的特高压工作组。IEC 成立了高压直流输电技术委员会（TC115）和特高压交流输电系统技术委员会（TC122）。我国成为第 6 个国际电工委员会常任理事国；特高压工程的建设与投运，让国内设备制造企业掌握了一批具有自主知识产权的设备制造核心技术，形成了全套特高压输变电设备的国内批量生产能力，实现了中国输变电设备制造业的技术升级。特高压交流试验示范工程的设备采购全部立足于国内，100 多家电工装备企业参与了特高压设备的研制和供货。特高压变压器和高压电抗器完全自主开发、设计和制造，使我国相关产品的制造能力处于世界领先水平；在开关设备制造和串联补偿装置制造方面的技术创新，带动了相关设备研发与制造企业的发展，使其产品研发与制造水平均达到世界领先。

3. 代表性工程

（1）世界首条商业运营的特高压交流输电线路。2009 年 9 月，世界首条商业运营的特高压交流输电工程（晋东南—南阳—荆门 1000kV 特高压交流试验示范工程）在中国正式投产。该项目是我国第一条特高压输电线路，也是当时世界上运行电压最高、技术水平最为先进的交流输变电工程。该线路全长约 645km，起于山西省长治变电站，经河南省南阳开关站，止于湖北省荆门变电站，连接华北、华中电网。

（2）世界首个区域型交流特高压环网。华东特高压交流环网由南半环的皖电东送特高压交流工程和北半环的淮南—南京—上海特高压交流工程组成。其中皖电东送特高压交流工程，起于安徽淮南变电站，经安徽皖南变电站、浙江浙北变电站，止于上海沪西变电站，连接安徽"两淮"煤电基地和华东电网负荷中心，线路全长 2×648.7 km。该工程是由我国自主设计、制造和建设的世界首个商业化运行的同塔双回路特高压交流输电工程。工程于 2011 年 9 月 27 日获国家发展和改革委核准，2011 年 10 月开工建设，2013 年 9 月投入商业运行。淮南—南京—上海特高压交流工程是国务院大气污染防治行动计划中十二条重点输电通道之一，是华东特高压主网架的重要组成部分，与皖电东送工程一起，形成贯穿皖、苏、浙、沪的华东特高压交流环网。工程起于安徽淮南变电站，经江苏南京、泰州、苏州变电站，止于上海沪西变电站，线路全长 2×738 km。工程除特高压综合 GIL 管廊部分外，其余架空线路和变电站均于 2016 年 11 月竣工投运。

（3）世界首个特高压综合 GIL 管廊工程。2019 年 9 月，有着"万里长江第一廊"之称的苏通 GIL 综合管廊工程正式投运。工程起于北岸（南通）引接站，止于南岸（苏州）引接站，隧道长 5468.5m，盾构直径 12.07m，是穿越长江的大直径、长距离过江隧道之一，同时也是淮南—南京—上海工程的组成部分之一。苏通 GIL 综合管廊工程是世界上首次在重要输电通道中采用特高压 GIL 技术，两回 1000kV GIL 管线总长近 35km。目前该工程已创下多个新纪录：国内埋深最大、水压最高的大型水下隧道；世界上电压等级最高、输送容量最大、技术水平最高、最长距离 GIL 创新工程。GIL 技术极大地压缩了输电线路空间尺寸，实现高度紧凑化、小型化设计，成为替代架空输电线路的紧凑型输电解决方案。这是我国在特高压交流输电领域取得的又一个重大技术成果。

（4）世界首批 ±800 kV 特高压直流输电示范工程。

1）云南—广东 ±800 kV 特高压直流输电工程是国家"十一五"建设的重点工程和直流特高压输电自主化示范工程。工程由中国南方电网公司投资建设，于 2006 年 12 月开工，2009 年 12 月单极投运，2010 年 6 月 18 日双极投产。该工程额定输送功率为 500 万 kW。

2）向家坝—上海 ±800 kV 特高压直流输电工程于 2010 年 7 月 8 日投入运行。该工程是世界上首批电压等级最高、输电距离最远、输送容量最大、技术最先进的特高压直流输电工程。工程由国家电网公司建设，起点为四川省宜宾县复龙换流站，落点为上海市奉贤换流站，途经 8 省（市），四次跨越长江，线路全长 1970km。工程额定电压 ±800 kV，输送能力 640 万 kW，在世界范围内率先实现了直流输电电压和电流的双提升，输电容量和送电距离的双突破。

（5）世界首回±1100kV 特高压直流输电工程。2019 年 9 月，准东—皖南±1100kV 特高压直流输电工程建成投运。工程起点位于新疆昌吉自治州，终点位于安徽宣城市，途经新疆、甘肃、宁夏、陕西、河南、安徽 6 省（区），新建昌吉、古泉 2 座换流站，换流容量 2400 万 kW，线路全长 3324km。工程于 2015 年 12 月获得国家发展改革委核准。该工程将直流电压等级从±800kV 提升至±1100kV，输送容量从 640 万 kW 提高至 1200 万 kW，经济输电距离提升至 3324km，每千米输电损耗降至约 1.5%，进一步提高输电效率，节约宝贵的土地和走廊资源。该工程是目前世界上电压等级最高、输送容量最大、输电距离最远、技术水平最先进的直流输电工程，刷新了世界电网技术的新高度。

（6）世界首回±500kV 高压多端柔性直流电网试验示范工程。张北柔性直流电网试验示范工程于 2017 年 12 月获得国家发改委核准，2020 年 6 月建成投运。工程采用柔性直流输电技术，建设张北、康保、丰宁和北京 4 座换流站，额定电压±500kV，±500kV 直流输电线路 666km。张北（3000MW）、康保换流站（1500MW）作为送端直接接入大规模清洁能源，丰宁换流站（1500MW）作为调节端接入电网并连接抽水蓄能，北京换流站（3000MW）作为受端接入首都负荷中心。工程每年可向北京地区输送清洁电量约 225 亿 kWh，大约相当于北京市年用电量的 1/10。该工程作为目前世界上电压等级最高、输送容量最大的柔性直流工程，进一步提高了我国电工装备制造业的自主创新能力和国际竞争力，并将继续巩固、扩大我国在世界直流输电领域的技术领先优势，助力我国电力技术持续进步。

4. 获奖情况

截至 2019 年，国家电网公司累计获得国家科技进步奖特等奖 2 项、一等奖 7 项、二等奖 60 项，多个项目获得中国专利优秀奖、中国工业大奖、全国质量奖卓越项目奖等重大奖项，专利拥有量和发明专利申请量连续 7 年位居央企首位。其中，"特高压交流输电关键技术、成套设备及工程应用"获得 2012 年度国家科技进步奖特等奖。"特高压±800kV 直流输电工程"获得 2017 年度国家科学技术进步奖特等奖。

国家电网公司连续四次获中国工业大奖，实现中国工业大奖全国唯一"四连冠"。分别是晋东南—南阳—荆门 1000kV 特高压交流试验示范工程、青藏电力联网工程、国家风光储示范工程、向家坝—上海±800kV 特高压直流输电工程。

我国电网建设结合"大建设"体系建设，以全部新建工程达到优质工程标准为目标，全面深化应用标准工艺，大力加强基建质量标准化管理，工程建设质量水平不断提升，工程安全质量责任意识、分包管控能力和设备安装质量不断加强。电网工程 2010～2020 年共计获得 15 项国家优质工程金质奖，具体获奖工程见表 1-3。

表 1-3　2010～2020 年国家优质工程金质奖

序号	工程名称	获奖年份（年）
1	晋东南—南阳—荆门 1000kV 特高压交流试验示范工程	2010
2	向家坝—上海±800kV 特高压直流输电工程	2010～2011
3	云南—广东±800kV 特高压直流输电工程	2011～2012
4	宁东—山东±660kV 直流输电工程	2011～2012
5	青海—西藏±400kV 直流联网工程	2012～2013
6	皖电东送淮南—上海特高压交流输电示范工程	2013～2014
7	锦屏—苏南±800kV 特高压直流输电工程	2013～2014
8	哈密南—郑州±800kV 特高压直流输电工程	2014～2015
9	浙北—福州 1000kV 特高压交流输变电工程	2016～2017
10	西藏昌都电网与四川电网联网输变电工程	2016～2017
11	巴西马托格罗索 500kV 输变电工程	2016～2017
12	酒泉—湖南±800kV 特高压直流输电工程	2018～2019
13	500kV 鲁西背靠背换流站工程	2018～2019
14	榆横—潍坊 1000kV 特高压交流输变电工程	2019～2020
15	扎鲁特—青州±800kV 特高压直流输电工程	2019～2020

第二章

电网工程管理理论分析

第一节 电网工程管理

本节以电网工程的历史沿革为经线，以电网工程的管理理论发展为纬线，通过对计划经济时代电网工程管理、改革开放时代电网工程管理和当代社会电网工程管理理论与实践的梳理，勾勒出电网工程及其管理的发展轮廓。并且在此基础上，通过多维透视理论与实践的演变，挖掘出电网工程管理的客观规律和基本准则，揭示电网工程管理的基本特征。

一、电网工程管理的发展历程

研究电网工程管理的演变过程时，会发现管理理论与工程实践的发展呈现出明显的螺旋式上升的发展特质，也就是遵循实践—认识—再实践—再认识的辩证路线，使得管理理论与工程实践不断实现着交互作用，并在双向互动型重构和建构中协同发展，循环推进，使两者在新的历史条件与环境下达到新的、更高水准的统一。

1. 计划经济时期的电网工程管理

新中国成立后，我国开始实行计划经济体制，电力承担着恢复与发展国民经济的重担，并历经国民经济恢复期、第一个五年计划、国民经济调整时期。在此期间，我国陆续建设了不少基础工程，电网工程也随之迅速发展：1954 年，我国自主设计建设的第一条 220kV 松东李输电工程成功带电，1972 年，第一条 330kV 超高压刘天关输电工程带电投运，这些在新中国电力工业史上留下了浓墨重彩的一笔。

新中国成立初期，工程管理还未作为一个正式的理论概念被独立对待，加之设计和施工的力量薄弱且分散。当时我国所有的基础建设工程项目都采用建设单位自营模式，这种模式虽然能够运用强效行政手段调和各方关系、调动各方资源，但由于指挥部随工程项目开展而组建，随工程项目竣工而解散，也带来了管理经验难以累积这一问题。此阶段,受我国经济发展形态的影响,"集中力量办大事"的理念被充分贯彻,我国的电网工程建设也由此取得了重大进展与成绩,但这种传统的"设计—建造方式"随着改革开放的不断深入和国际先进工程管理经验的引入,逐渐显露出其局限性:容易造成效率低下、资源浪费的情况;责任主体不明,盈亏界限模糊。

这种沿袭了几十年的传统工程管理形态,在工程项目招投标制的普遍推行、国际先进项目管理经验、施工企业内部解放生产力要求的三重挑战下,急需变革。因此,我国的电网工程建设管理迫切需要一条能够适应社会环境变化、能够适应国际现金管理办法、能够促进企业提高生产力的改革之路。

2. 改革开放时期的电网工程管理

我国电网工程的管理形态,甚至传统施工项目的管理形态,真正的改革,是在改革开放初期和开始实行工程招投标制的时代背景下,以 1984 年对鲁布革水电站采用国际招标选择承包商为契机,在 1986 年总结和推广鲁布革水电站工程管理经验后逐步展开。

随着社会经济发展和科学技术进步,工程管理理论与学科日趋成熟和完善。20世纪 80 年代初期,我国高校纷纷设置工程管理专业。随后,教育部对《普通高等学校本科专业目录》进行调整,加入"工程管理"学科。2000 年,中国工程院设立了工程管理学部,代表着国内工程界和学术界对工程管理学科地位的关注与认同。

管理体系的重大转变和工程管理学科的理论探索,丰富和促进了我国工程管理体制的改革,使得电力企业发生了新的变革:

(1)企业建立了以工程项目为基点的矩阵式组织形式。这一举措较好地解决了传统企业组织模式中各个层次机构互相重叠的矛盾,既有利于企业有效行使管理职责,又符合项目一次性管理的原则。

(2)企业建立了适应项目生产力需要的内部市场。这就使企业能够按照优化配置与动态管理的原则,根据各个工厂项目需求高峰低谷、错落起伏的状况,科学合理地动态配置各种生产要素和资源。

(3)企业建立了以项目经理为主的施工生产组织形式。它改变了过去无人对项目业主和用户负责的状况,使企业管理重心下沉到工程项目,真正做到为用户负责。

(4)企业建立了项目的经济核算制为主要内容的管理制度。

(5)企业建立了实行项目管理层和劳务作业层的两层分开的机制。此举也有效推动了施工企业人事、用工和分配制度的改革。

3. 当代社会的电网工程管理

改革开放以后,随着社会主义市场经济体制的推进、我国经济快速的增长和科学技术的持续进步，以及随之而来的建设管理体制的改革、项目管理理念与方法的推行，我国工程管理理论与实践得到了提升，工程管理理念趋于科学化、方法趋于专业化、价值趋于多元化。

国家电网公司为提高电网建设能力于 2005 年开始推进基本建设标准化建设，先后开展了通用设计、通用造价、通用设备、标准工艺等研究工作，取得了丰硕的成果；2007 年提出构建"两型一化"电网的概念，即构建"资源节约型、环境友好型、工业化"的电网；2008 年，国家电网公司开始运用项目全寿命周期管理理念，构建国家电网公司基建标准化管理体系；2017 年，国家电网公司出台"深化基建队伍改革、强化施工安全管理"十二项配套政策。

2020 年，《国务院政府工作报告》提出重点支持新型基础设施建设，其中特高压电网工程属于其中七大领域之一。新基建是以新发展理念为引领，以技术创新为驱动，以信息网络为基础，面向高质量发展需要，提供数字转型、智能升级、融合创新等服务的基础设施体系。它是智慧经济时代贯彻新发展理念，吸收新科技革命成果，实现国家生态化、数字化、智能化、高速化、新旧动能转换与经济结构对称态，建立现代化经济体系的国家基本建设与基础设施建设。

常言道，"观今宜鉴古，无古不成今"，梳理和明晰电网工程历史沿革的过程，也是从电网工程的实践发展过程与电网工程管理认识发展过程中汲取经验的过程。对于这些实践、改革、理论发展过程的持续研究，不仅为后续理论研究提供了丰富素材，而且为电网工程管理实践提供了宝贵的经验。

二、电网工程管理概念界定

1. 电网工程的定义

由于建造房屋、兴修水利一类的工程出现时间早、存在范围广，且易为人们所感知，大多数人一提到工程，就常常想到土木建筑工程，甚至只将土木工程看作工程。然而，梳理工程实践的历史沿革我们就会发现，狭义的工民建工程或者土木工程，不足以涵盖工程的完整定义。广义的工程在分类上应该包含建筑与基础设施类工程、流程与制造类工程、探查与采掘类工程、种植生物与环境类工程、研发与探索类工程、国防类工程等。本书重点介绍的电网工程，划分在建筑与基础设施类工程中。

从工程科学的角度，本书将电网工程定义如下。电网工程是为了保障国民经济、社会发展和人民生活，实现电能生产、输送及分配，有效地利用资源，有组织地集成和创新技术，创造新的"人工自然"，运行这一"人工自然"，直到该"人工自然"退役的全过程的活动。其中，"人工自然"是指人利用天然自然物制造的人工存在物或者人工生态系统。

电网工程项目具有其他工程项目所具有的一般特征,并具有以下独特的基本特征:施工场地分散、流动性强、发散性大、协调面广;施工外部环境复杂、现场存在诸多不确定因素,工期控制不确定因素大;通道政策处理难度大,控制难度大;项目建设周期短;规范性强、总体重复性多,为典型设计、模块化应用创造了条件。

2. 电网工程管理的定义

电网工程管理指的是对电网工程项目进行管理,这确立了电网工程的"主体"位置。在工程管理中,管理是依附于工程而存在的,没有工程,自然就没有工程管理,但没有科学的管理就无法进行科学的工程活动。为全面地认识电网工程管理,本书从职能、过程、要素三个维度构成工程管理的定义。

(1)从电网工程建设的职能体系而言,电网工程管理是指对电网工程的决策、计划、组织、指挥、协调与控制。

(2)从电网工程建设的管理过程而言,电网工程管理是指电网工程全过程的管理,即对规划与核准阶段、设计与准备阶段、建设与施工阶段、总结与评价阶段的管理。

(3)从电网工程建设的主要因素而言,电网工程管理是针对电网工程中安全、进度、质量、投资、依法合规、环境保护、技术、信息等各项要素进行的综合集成管理。

3. 电网工程管理的基本特征

与一般的工程管理相同,电网工程管理是对于具有技术集成性和产业相关性特征的各种工作所进行的管理活动。一般来说,电网工程管理具有系统性、综合性和复杂性的基本特征。

(1)电网工程管理是一种系统性管理。从理论上来看,电网工程的系统性表现为以实现电能生产、输送和分配为目标的各种技术的有序集成过程,也就是电网工程里各个组成部分有机结合、相互协调,以实现工程整体目标的过程。

(2)电网工程管理是一种综合性管理。电网工程需要技术的有机集成,因此它必然是一种考虑不同技术协调性和不同产业特性的综合性管理。此外,它的综合性也表现为工程目标实现所要求的多种资源利用的有效平衡,以及工程管理主体与工程管理环境的协调性。

(3)电网工程管理是一种复杂性管理。现代社会的电网工程由多个部分组成、多个组织参与,因此整体的管理工作极为复杂,需要运用多学科的综合知识。此外,电网工程建设中存在很多不确定因素,这也需要将具有不同经历、来自不同组织的人有机地组织在一个特定的组织内,在多种约束条件下实现预期目标,这也就决定了,电网工程管理工作的复杂性要远远高于一般的生产管理。

三、电网工程管理的建设程序

电网工程建设的管理程序是指电网工程建设全过程所必须经历的各阶段、各环节以及各主要工作内容之间的先后顺序。从全生命周期的角度，电网工程建设的管理程序可划分为以下四个阶段：规划与核准阶段、设计与准备阶段、建设与施工阶段、总结与评价阶段。以上建设程序的顺序不能颠倒，但可以合理地交叉进行。

（1）规划与核准阶段，需要完成电网工程项目前期的准备工作，主要为根据国家核准制要求，在电网项目核准之前所开展的相关工作（包括取得核准）。视国家和地方法律法规要求，规划与核准阶段的工作可能包括但不限于：（预）可行性研究报告的编制及评审，用地预审、选址意见书等专题报告的编制及各项核准支持性文件的落实，核准申请报告的编制及报送等。

（2）设计与准备阶段，主要需要完成工程开工前的准备工作，主要包括初步设计、施工图纸设计和开工准备三个阶段，工作内容主要包括设计和监理招标、初步设计、初设评审及批复等；施工图纸设计阶段工作内容主要包括主设备招标、施工图设计以及建设用地批复获取或规划、土地划拨、建设工程规划许可证办理等；开工准备阶段工作内容主要包括施工招标、拆迁补偿、施工许可办理、"四通一平"等。

（3）建设与施工阶段，主要需要完成电网工程的主体建设工作，工作包括工程开工、土建、安装、调试及阶段性验收、启动验收及投运、工程移交等内容。建设施工阶段，重点工作为进度计划管理、建设协调管理、安全过程管控、安全风险管理、质量过程管控等十三项专项内容，其中包含编制项目进度实施计划、审批各类进度计划、安全过程管控、技术管理、落实年度重点工作要求等二十九项关键管控节点。

（4）总结与评价阶段，主要需要完成电网工程建成投运后的相关工作，包括项目管理综合评价、工程结算、竣工决算和达标投产、优质工程评选及工程后评价等工作内容。

第二节　电网工程管理的学科与理论基础

随着我国工程建设经验的积累，管理学科快速发展，以及实践界和理论界对工程管理的积极探索，形成了大量适合我国国情的管理思想、理念、方法和手段，并且形成了完整的工程管理理论体系，这一理论体系对电网工程活动的开展有所裨益。

工程管理的学科理论是具有稳定性、根本性、普遍性特点的理论原理，起到基础性的作用，例如工程学、管理学、经济学、社会学、工程哲学、法学等。它是这些学科的一般理论和普遍方法在工程实践和工程理论中的应用与发展。

同时，随着工程管理与相关学科的进一步交叉渗透，人们在工程管理实践中不断引入新的管理思想和理念，例如用系统思想、可持续理念、生态经济理论、循环经济理念等相关学科的理论来思考工程管理，并成功应用于工程管理实践，逐步形成工程管理本体的思想与理念。

一、学科基础

（1）工程学。工程学是工程管理学的核心支撑部分。首先，认识和处理工程与管理的相互关系时，要以工程为主体。其次，在应用于工程管理时，对于管理学理论和方法，也不是简单套用，而是结合工程实际，在消化和吸收的基础上，尽力发挥和提升，使之适应工程之需，与工程融合成一个整体，形成新的存在形式——也就是，工程管理学。工程学为电网工程的建设提供了良好的支撑。主要体现在安全管理、进度管理、质量管理等多个方面。例如，把控安全生产离不开对关键环节的安全管控，电网建设的安全关键环节主要集中在十个方面：深基坑及人工挖孔基础、临时货运索道、线路组塔、线路跨越、紧线、临近带电体作业、变压器（换流变）安装、大件运输、钢结构及构架吊装、复杂环境施工。把握了这些安全关键环节，就把控了安全生产的大框架。又例如，合理制订项目进度计划，精细化管理、做好前期策划，落实管理责任，把控前期设计管理工作，加强各专业间的工作衔接，建立完善的工作机制，建立属地化长效合作机制，科学合理确定进度计划、确保项目计划的可实施性，提前预判、积极调整施工部署，考虑气候、避免气候环境影响施工进度，统筹编制项目总体计划，资源的按时投入，项目计划实施过程的跟踪并及时纠偏等系列举措，为工程进度的按期完成提供了保障。

（2）管理学。管理学是工程管理学的重要组成部分，在企业的管理活动中，运用预测、规划、预算、决策等手段，把企业的经济活动有效地围绕总目标的要求组织起来，体现了目标管理组织建立组织结构，规定职务或职位，明确责权关系，以使组织中的成员互相协作配合、共同劳动，有效实现组织目标。电网工程的建设中，离不开安全管理、质量管理、进度管理、生态环境管理、投资管理、科研管理等多方位的管理和标准的把控。对企业来说，绩效是第一目标，同时企业必须履行其社会责任。电网工程大部分是民生工程，其社会价值大，更需要合理的管理。从管理的角度来看，在电网工程的建设中，需要明确权利与责任，制定合理的纪律和规则并有效执行性，管理层统一领导、统一指挥，员工间需要合理的劳动分工。在建设的过程中，离不开良好的沟通、恰当的领导、相互间的信任、相关的技能、一致的奋斗目标、内部及外部环境的支持。

（3）经济学。经济学是工程管理理论基础的重要组成部分。经济学为工程管理提供了从有限的资源中获得最大的工程利益的分析视角，是人们在使用技术的社会实践中，效果与费用及损失的比较；是对取得一定有用成果和所支付的资源代价及损失的对比分析。经济学杂糅在工程管理学科中能够帮助处理好技术、环境、社会等多方面的关系。例如，经济学在工程管理过程中能够有效约束技术的适用性，因为工程技术和经济存在相互制约和互相矛盾的关系。工程技术的使用是为了增加工程利益，而现今的技术并不一定具有经济合理性。又例如，电网工程的建设中，造价管理以技术经济学的基本原理和方法为依据，规划出电网工程技术领域内资源的最佳配置，寻找技术与经济的最佳结合，以求可持续发展的系统活动。电网工程造价管理具有多阶段、全方位、多层次、系统性、动态性的特点，它贯穿于电网工程建设全过程。在工程管理过程中，需要做好工程经济分析，做好工程技术和经济的辩证统一判定。

（4）社会学。社会学同样是工程管理理论基础的重要组成部分。社会学通过定性研究及定量研究，为工程管理提供"以人为本"的视角，主张工程管理也需考虑人及人群互动关系的因素；同时也主张工程管理在衡量实际效用、经济效益的同时，也应充分考虑社会效益。例如，在特高压电网科研组织活动中，需要加强中间进度及质量管理、兼容多种管理模式并行（例如项目经理制、分包和民工管理等）、加强科研与设计沟通等细节，离不开社会学的有力支撑。又如，在全面建立工程建设安全管理保障体系和安全监督体系中。包含设定安全目标、组织机构和人员、安全责任体系、安全生产投入、法律法规与安全管理制度、队伍建设、施工设备机具、科技创新与信息化、风险作业管理、隐患排查和治理、危险源辨识与风险控制、职业健康、应急救援、事故的报告和调查处理、量化考核和持续改进等多个方面，社会学提供了良好的帮助。综合来看，社会学为工程管理学科提供的视角能够帮助工程管理学处理好技术、效益、社会等多方面的关系。

（5）工程哲学。工程哲学是工程管理学的外延。随着工程实践的不断发展和工程影响力的不断增强，国外哲学家开始对工程实践过程做认识论分析，同时越来越多的工程师也从哲学层面去反思自己的工作成果，涌现了大量从本体论、认识论、方法论、价值论几个角度叙述工程哲学的研究成果，并在实质上指导和影响着工程的实践与发展。所以工程哲学是哲学本身发展的必然，也是工程管理的迫切要求。重大的工程问题中必然有深刻、复杂的哲学问题，因此工程管理需要哲学支撑，工程师需要有哲学思维，才能深刻研究工程与环境、工程与人、工程与文化等问题。例如，电网工程总体方案的先进性和局部工程的安全性对立统一，设备设计的先进性与工艺措施的严格性相辅相成，这些都是工程哲学在工程管理中的重要体现与表征。

（6）法学。法学是工程管理的前提。在法学的价值体系中，公平是正义价值的具体化，也是法学的明确价值目标。虽然在经济学理论中，始终贯彻这效率至上和资源优化配置思想，但在人权意识被唤醒的法治社会，工程管理过程中对事情公平与否的处理，也会对效率产生影响。同时，电网工程建设必须遵循依法治国的总体要求，确保在法治的轨道内依法依规开展各项工作，完成各项工程建设目标；同时，依法、合规也是我们新时代电网工程建设管理的题中之意和重中之重。法学在工程管理中的应用主要体现在严格执行招投标制，将依法合规建设的要求渐进性全面写入招标文件，确保程序过程合规，重视监督检查，自查整改审计、巡视等工作，营造公开、公平、公正的竞争环境。

二、理论基础

（1）系统工程思想。钱学森在 1983 年出版的《论系统工程》中提出了系统思想和系统分析方法，并基于对于我国航天工程的研究，提出开放的复杂巨系统概念及其方法论，也即综合集成方法。它为工程管理理论新发展提供了基础，为研究大型复杂性工程指明了新的发展思路。在综合集成方法指引下，人们开始不再按照单个机器，而是按照系统思想来进行思考解决工程管理的问题。系统工程思想，是总体出发，合理规划、开发、运行、管理及保障的一个大规模复杂系统所需要的理论、方法和技术的总称。有学者认为有效运用系统工程思想是工程管理的基础，因为工程管理是与社会、经济、自然相关的复杂生态系统，具有系统层面上的复杂性。在此基础上，有学者基于复杂性系统的管理思维，探索出关于大型复杂工程的具有中国情景特色的综合集成管理的方法论，并从整体性、开放性、动态性、层次性、自适应性等几个方面分析了大型工程项目的复杂性，提出了有效大系统理论。

（2）可持续发展理论。可持续发展观与过去过分强调经济增长的偏激思想是有明显不同的，其基本主张是"世界上任何国家和地区的发展不能以损害其他国家和地区的发展能力为代价，当代人的发展不能以损害后代人的发展为代价"，它的目标主要定位在三个方面的关系协调——人与自然的协调、当代与后代的协调、区域与区域的协调。它强调"不仅要生存，更要发展"的观念，希望努力达到资源、环境与经济的一体化。可持续发展理论的应用为工程管理提供了重要的概念和认识转变，它不仅要求工程的功能定位和设计具有稳定和持续性，能够满足生活水平提高、审美观念变化、科学技术进步以及增长方式转变的要求，而且还要求工程能够低成本、便利地进行功能更新、结构更新、产业结构的调整、产品转向和再开发。

（3）循环经济理论。循环经济理论是在可持续发展理论兴盛的推动下，进一步发展出的理论。循环经济理论要求人们关注环境保护、绿色消费、清洁生产和废弃物的再生利用。循环经济理论的本质其实是一种生态经济主张，它是用于指导人类社会经济活动的理论。传统的工程管理模式采用高投入、高消耗、高排放的粗放型经济发展方式。而新时代的工程管理模式需要改变发展方式与思路，重在对生态环境的保护、对资源利用效率的提高和对经济社会可持续发展实施的保障。事实上，工程管理追求资源节约和可持续发展，是要求在工程项目实施的全过程中，要尽可能地节约自然资源，适应自然生态系统的环境容纳量和承载能力，这将对环境的伤害缩减到最小的范围内，既是循环经济的要求，也是工程管理的要求。

（4）项目管理理论。项目管理理论是起源于第二次世界大战，发展于 20 世纪后 30 年的一种先进的管理理论。它以具体项目的管理为研究对象，通过定性、定量相结合的方法，将一些先进的管理理念和手段引入日常的项目管理中，极大地提高了项目管理的效率。项目管理理论作为一门学科，具有成熟的理论基础和方法体系，已经在许多实际的项目管理过程中发挥了重要的作用。项目管理理论是指"在项目活动中运用专门的知识、技能、工具和方法，使项目能够实现或超过项目干系人的需要和期望"的理论。项目管理包括整体、范围、时间、成本、质量、人力资源、沟通等方面的管理。在项目的实施过程中，首先应对工程整体进行相关的预测分析。在对工程是否投资做出判断时，首先需要对相关的市场运行状况、投资环境、资源条件等进行调研，其次要对项目建设过程和未来运行状态进行分析和预测，即充分利用已有的数据资料对工程将来的状态实施预测，并以预测的最终结果为基础对工程进行投资机会、市场前景、财务状况、社会与经济效益的分析。在工程管理可行性研究阶段，要以项目的效益要求和约束为基础，提出若干个可行的实施方案。那么，在进行决策的过程中，就需要工程预测理论对方案的经济、社会和环境等方面的潜力和影响进行综合考评。从以往的几十年来看，项目管理作为一种发展标向正在全面发展。在经济全球化的背景下，项目的使用管理和项目的发展步入一个全新的时期。

（5）参与式发展理论。参与式发展理论是对传统发展模式的反思而产生的，是在发展理论与实践领域的综合与具体的体现。准确地说，参与式发展方式含有谋求多元化发展道路的积极取向，参与式发展理论是统筹电网工程实施和营运过程中项目决策与人民意愿、宏观生态效益与微观环境影响等影响因素的有效工具。参与式发展指的是一种在对人民生活状况产生影响的发展过程或发展计划项目中的有关决策中发展主体积极、全面地介入的发展方式。例如三峡输变电工程不但修建了一个航电枢纽，更重要的是能够发挥防洪的作用，而且还进行了生态的治理与修复，这就使得建成的三峡输变电工程与自然和社会和谐地存在着，这是参与式发展理论在工程管理中重要体现。

第三节 电网工程管理的核心价值观

从工程哲学的层面来看，电网工程是为人类服务的，一切电网工程的活动也必须依靠人，因此，电网工程与电网工程管理都必须以人为本。人是生活在人群与自然环境中的，在电网工程活动中，必须保持人、人群、自然之间的互相和谐，这就是天人合一。在工程活动中，常常面对复杂的新情况，需要突破技术壁垒，因而，在工程活动的各个阶段，都需要创新驱动。工程活动本身必须打破原有的平衡，而工程活动的最终目的又是构建新的和谐，包括人与人，人与自然的和谐。

电网工程管理不仅是关于电网建设项目经济效益、社会效益等方面效益的管理实现过程，更是关于电网工程活动中定位人的地位与作用，平衡人与人、人与工程、工程与社会、工程与自然的关系和互动的科学、技术和艺术。电网工程管理的核心价值观就是"以人为本，天人合一，协同创新，构建和谐"。

一、以人为本

工程管理中以人为本是要求人们在分析、思考和解决一切工程问题的时候，确立起人的尺度，进行人性化服务。同时，工程活动中要管理人和依靠人。以人为本是要求在尊重人的前提下，以最优的方式将人组成有机整体，以利于工程有序进行。电网工程管理中，以人为本体现的是工程活动中人的地位与作用，工程管理中，特别是工程安全和工程进度，都必须贯穿以人为本的理念。

工程安全是电网工程建设的基本道德，也是电网工程管理以人为本的重要体现。电网工程是一个复杂多变的因素系统，施工现场情况复杂，各种危险因素相互作用，因此，电网工程建设特别需要建设健全安全管理保障体系和安全监督体系、做好关键环节和全流程的安全管控。

工程进度是工程活动中人的计划系统，也是电网工程建设的指导性文件。工程进度需要"管理人"，需要运用各种管理职能，包括计划、组织、指挥、激励等，对工程作业人员进行管理。由于电网工程程序的复杂性，我们更强调"管理人"在计划进度中的作用。同时工程进度也需要"依靠人"，即依靠那些组织能力、工程实践能力、专业理论知识和职业道德品质都十分优秀的人。因此，电网工程管理，既要求发挥组织的整体效能，也要求发挥个人的主观能动性，以形成动态的、可分解的计划，进而系统地协调、控制、落实整个项目的进度。

二、天人合一

在电网工程管理中，"天人合一"强调的是工程与人，工程与社会、工程与自然的和谐统一。换言之，电网工程作为人工自然，是从天然自然中产生，并存在于天然自然之中的，它必然受到天然自然演化规律的制约，并接受天然自然规律的检验。工程管理中工程质量、工程经济、工程依法合规建设和工程的生态环境管理，都是工程活动中天人合一的综合体现。

工程质量是工程为社会接受的通行证，也是电网工程建设的基本要求与道德底线。广义的工程质量管理不仅要考核电网工程的最终质量，还要考核电网工程建设过程中的组织、经济、安全、社会、环境等方面的整体效益。工程的优劣，直接影响经济发展的效益、公共安全、社会运转效率、人民生活幸福指数、百姓对政府的信任程度。

工程经济是工程与社会的桥梁与纽带。任何工程的实施都必须在经济上为社会所接受，电网工程也不例外。电网工程经济，是在资源有限的条件下，运用工程经济学分析方法，对工程各种可行方案进行分析比较，权衡技术、成本、环境、社会等多方面的关系，选择并确定最佳方案的科学。

工程依法合规建设是电网工程建设的基本前提。电网工程的建设需要遵守法律法规，其本质是人工自然的建设需要受到规律的检验。全面加强合规管理，是适应环境变化、防范化解重大风险的重要保障，是推进电网工程建设不断做强做优做大的内在要求，是落实依法治国战略、推进法治企业建设的重要内容。

工程的生态环境管理是电网工程建设中天人合一价值观的综合体现。生态环境是工程的社会环境与自然环境的总和，生态环境管理的核心是工程与社会的和谐、工程与自然的和谐。因此，生态环境管理需要贯彻落实可持续的发展战略，在强调发展主题、鼓励经济增长的同时，深刻认识到可持续发展要以保护自然与社会为基础、与资源永续利用和生态环境承载能力相协调。解决好工程发展与环境保护、与社会发展的相互协调问题，是实现工程活动天人合一的关键。

三、协同创新

工程创新是电网工程建设中充分发挥人主观能动性的最好体现。技术是生产力，管理是生产关系，两者相辅相成，辩证统一地存在于工程的发展中。进而，工程创新是技术创新和管理创新的结合，其中管理创新是指组织形成创造性思想并将其转化为有用的产品、服务或作业方法的过程。技术创新与管理创新是工程进步的统一助推器。因此，需要在以人为本的前提下，同时进行技术创新与管理创新，并将二者有机结合。

电网工程建设牵涉许多方面，既有技术创新实践与需求，也有管理创新实践与需求；既有创新的攻关单位，也有创新成果的实践单位。因此，我们需要在引导和机制安排下，促进企业、大学、研究机构发挥各自的能力优势，整合互补性资源，实现各方的优势互补，完成协同创新。

协同创新是创新资源和要素的有效汇聚，通过突破创新主体间的壁垒，充分释放彼此间"人才、资本、信息、技术"等创新要素活力而实现的深度合作。

四、构建和谐

构建和谐是工程的终极目标，也是最高的目标。就工程建设而言，任何工程的建设都打破了原有的平衡，工程规模越巨大，它对环境、对社会的影响也就越大，对原有环境与社会的平衡产生了巨大的影响。那么在工程建设完工之后，需要构造一个新的平衡，如果这个新的平衡能够优于原有的平衡，那么就是构建了和谐。

电网工程点多线长，工程复杂，因而造成电网工程建设外部环境问题各有不同，也越来越多。整个电网工程的全生命周期中牵扯到的利益主体比较多，关系比较复杂，主要包括电网公司、政府组织、基层组织以及当地居民四大群体。其中各利益群体特征不同和关心的利益不同是造成电网工程外部环境越来越复杂的根本原因。

四类利益群体在追求各自利益目标的过程中，一方面，每个利益群体是追求多元化目标的能动行动者；另一方面，各利益群体之间存在信息不对称和权利不对等的关系，他们所能对利益的追求程度自然显得复杂而不确定。因此从根本上廓清电网建设外部环境中的电网公司、政府部门、基层组织以及当地居民之间的利益关系，制定有效的利益均衡机制就是解决电网工程环节外部矛盾和冲突的关键要领，也是电网工程构建和谐社会的重点难点。

第三章

电网工程建设全过程

电网工程建设是一个系统化工作，涉及范围广泛，从时序角度可划分为：项目前期、工程前期、工程建设与总结评价四个阶段。项目前期主要是指电网工程核准之前所开展的相关工作；工程前期主要是指工程核准到开工前的建设准备时期；工程建设阶段主要是指工程进入土建（基础）、安装（组塔及架线）、调试、验收等实质性施工阶段；总结评价阶段主要是指工程建成投运后的相关工作，主要包括项目管理综合评价、工程结算、竣工决算和达标投产、优质工程评选及工程后评价等。

第一节　规划与核准阶段

电网项目前期工作是指根据国家核准制要求，在电网项目核准之前所开展的相关工作（包括取得核准），视国家和地方法律法规要求可能包括但不限于：（预）可行性研究报告的编制及评审，用地预审、选址意见书等专题报告的编制及各项核准支持性文件的落实，核准申请报告的编制及报送等工作。

电网咨询设计单位根据电网公司可研委托（或招标），按照有关行业标准、企业标准、设计规范编制可行性研究报告并落实相关协议或核准支持性文件。

电网公司需落实电网项目所需的国家或省级核准支持性文件，组织编制核准申请报告，上报国家发展改革委或地方政府相关部门；同时落实发展改革委委托咨询评估机构对电网项目核准评估的意见。

上报国家核准的电网项目，需要在上报前取得电网项目用地预审意见、项目选址意见书、社会风险评估意见等依据法律法规应当提交的文件。

1. 电网规划

电网规划是开展电网项目前期工作的依据，应根据政府规划调整情况，动态修编电网规划，提前梳理各电压等级电网规划项目，统筹考虑变电（换流）站站址、线路走廊及变电（换流）站布局、进出线方向、进站道路等因素，及时沟通政府相关部门将电网规划纳入政府国土空间规划、能源电力规划及各级专项规划，为电网发展预留空间，依法合规开展前期工作。

为保证电网项目前期工作顺利完成，电网项目前期工作实行计划管理。电网项目前期工作计划必须落实电网规划，项目安排以电网规划项目库为依据。

按照审定的电网规划和各电压等级电网工程前期、建设的合理周期制定年度电网项目前期工作计划。前期工作计划应明确可研编制及评审批复、用地预审与选址意见书、社会稳定风险评估、上报核准及取得批复等主要时间节点要求和责任主体。前期工作计划制定应充分听取建设、设备、调度等部门意见，考虑基建承载能力、精准投资等要求，实现电网规划、前期工作、投资计划安排各环节的有机衔接。同时注重与国家及地方重大发展战略、地方重点项目的及时对接。前期工作计划应履行相关程序后印发实施。

2. 可行性研究

（1）可研工作方案制订。根据前期工作计划，电网项目单位组织编制项目可研工作方案，可研工作方案涉及项目基本情况、工程建设规模及投资预估、建设必要性、责任单位、前期工作进度安排等。可研工作方案是后期开展可研委托（或招标）工作和可行性研究的重要依据，对保证工程可行性研究的顺利开展，提高设计质量、确保前期工作进度、合理确定工程投资有重要作用。

（2）可研委托或招标。依据年度电网项目前期工作计划、可研工作方案或项目预可研成果，电网公司组织开展可研委托或招标工作。可研委托工作由电网公司业务部门根据项目情况和咨询单位业绩、资信评价状况直接组织开展。可研招标工作一般由电网公司业务部门提出招标需求、编制招标方案，物资管理部门组织开展招标工作、发布中标结果。确定可研编制单位后，电网公司与可研单位签订合同，按照合同约定条件及时支付费用。

（3）可研设计、可研评审及批复。电网项目可行性研究主要是综合多种科学手段，对电网建设项目实施技术经济论证的综合科学，目的是使电网建设项目能够以最小的资金投入，获得最大的社会效益和经济利益，论证工程项目技术、经济方面是否合理，财务是否盈利，工程建设站址、路径方案等是否科学等，将其研究成果进行汇总编制，即为可行性研究报告。可行性研究作为前期立项阶段的重要环节，对于电力企业发展意义重大，也是成本控制的关键。

电网项目的一般可行性研究设计内容主要包括电力系统方案研究、站址方案及工程设想、线路路径方案及工程设想、投资估算及经济评价、同步完成的相关设计专题和可研支撑性文件。系统方案研究和站址路径方案研究是可研设计的主要工作重点。

完成项目可行性研究报告编制后，电网公司与有资质的咨询评估单位就重大技术原则、工程设计方案等进行沟通后，组织召开项目可研评审会，由咨询评估单位出具可研评审意见，电网公司根据可研评审意见批复电网工程可行性研究报告。

3. 核准条件落实

（1）用地预审。建设单位提供项目可研报告、项目建设依据、项目代码、勘测定界图、现状地形图等基础资料，填报建设项目用地预审意见和选址意见书申请表、申请报告及相关事项查询函，通过县级行政审批局、市级自然资源部门逐级审查上报至省自然资源厅。涉及新增建设用地，用地预审权在自然资源部，建设单位向地方自然资源主管部门提出用地预审与选址申请，经省级自然资源主管部门报自然资源部通过用地预审后省级及地方自然资源主管部门向建设单位核发建设项目用地预审与选址意见书。

（2）选址意见书。在城市、镇规划区内以划拨方式提供国有土地使用权的建设项目，经有关部门批准、核准、备案后，建设单位应当向城市、县人民政府城乡规划主管部门提出建设用地规划许可申请，由城市、县人民政府城乡规划主管部门依据控制性详细规划核定建设用地的位置、面积、允许建设的范围，核发建设用地规划许可证。涉及新增建设用地的，建设单位提供项目可研报告、项目建设依据、项目代码、现状地形图、相关规划等基础资料，填报建设项目选址意见书申报表及相关事项查询函，不符合相关规划的应提供选址论证报告并经专家评审，通过县级自然资源部门、市级自然资源部门逐级审查上报至省自然资源厅，由自然资源厅向建设单位核发选址意见书。依据《自然资源部关于以"多规合一"为基础推进规划用地"多审合一、多证合一"改革的通知》（自然资规〔2019〕2号）规定，将建设项目选址意见书、建设项目用地预审意见合并，自然资源主管部门统一核发建设项目用地预审与选址意见书。

（3）社会风险稳定评估。依据《关于印发国家发展改革委重大固定资产投资项目社会稳定风险评估暂行办法的通知》（发改投资〔2012〕2492号）等规定，重大项目须开展社会稳定风险评估工作。建设单位组织报告编制单位对社会稳定风险进行调查研究，征询相关群众意见，查找并列出风险点、风险发生的可能性及影响程度，提出防范和化解风险的方案措施，提出采取相关措施后的社会稳定风险等级建议。由项目所在地人民政府或其有关部门指定的评估主体组织对项目单位做出的社会稳定风险分析开展评估论证，根据实际情况可以采取公示、问卷调查、实地走访和召开座谈会、听证会等多种方式听取各方面意见，分析判断并确定风险等级，提出社会稳定风险评估报告。省级发展改革部门、中央管理企业在向发展改革委报送项目申请报告的申报文件中，应当包含对该项目社会稳定风险评估报告的意见，并附社会稳定风险评估报告。

4. 核准上报

建设单位向政府投资主管部门，提交项目核准请示、核准申请报告、用地预审与选址意见书、社会稳定风险分析报告、评估报告、政府有关部门对该项目社会稳定风险评估报告的意见等相关文件材料。

在政府投资主管部门受理项目核准请示后，及时向相关处室沟通汇报，补充完善相关文件资料，配合做好政府部门组织的重大项目评估论证工作，直至取得核准批复文件。

第二节 设 计 与 准 备 阶 段

电网项目的工程前期是指工程开工前的建设准备时期。主要包括初步设计、图纸设计和开工准备三个阶段工作内容，承接电网项目决策与立项、可行性研究、项目核准等前期工作内容。

初步设计阶段工作内容主要包括设计和监理招标，初步设计、初设评审及批复等；图纸设计阶段工作内容主要包括物资招标、施工图设计以及行政许可手续办理等；开工准备阶段工作内容主要包括施工招标、拆迁补偿、施工许可办理等。

1. 初步设计

（1）设计和监理招标。实施专业化的电网工程勘察设计和建设监理，对提高工程质量、控制工程投资和建设工期将起到重要的保证作用。因此，通过招投标方式择优确定实力雄厚、信誉良好的勘察设计企业和监理企业，获得最优的勘察设计方案和监理方案，从而实现电网工程建设的最佳效益，是电网工程建设的内在要求。电网工程进入初步设计阶段后，建设单位申报设计和监理招标，依据国家相关实施条例和电网公司招标采购管理办法实施招标采购工作。中标结果发布后，及时组织与设计单位和监理单位的合同签订。如需在当地政府行政许可平台开展招标的，其招标及合同签订还应符合地方政府有关要求。

（2）初步设计、初设评审及批复。电网工程确定勘察设计和监理单位后，组织勘察设计单位开展初步设计编制工作，初步设计主要确定电网工程的建设标准、各项技术原则和总概算，以便控制工程投资，进行施工准备，并作为施工图设计依据。设计单位在开展初步设计工作时，要充分了解地方规划相关标准要求，严格执行相关法律法规、规程规范、项目可行性研究报告评审意见及批复文件。设计文件应满足初步设计内容深度规定、设备标准，以及最新的电网反事故措施要求。初步设计中涉及特殊技术、重要跨（钻）越施工、大件运输、通信系统过渡方案以及站址或线路路径临近机场与发射塔等有净空距离及电磁环境要求的，设计单位应进行可实施性分析研究，提供相应专项报告。初步设计报告编制完成后，电网建设管理单位委托咨询评审单位对设计内容及深度、评审条件的落实及具体设计方案进行审核，组织设计单位依据评审意见修改完善设计方案并及时取得批复。

2. 图纸设计

（1）物资招标。电网工程初步设计批复后，工程建设单位根据设计单位编制的设备材料清册，组织开展工程首批物资招标，依据国家招标采购有关法律及其配套规章，以及企业内部制度，按照"依法合规、质量优先、诚信共赢、精益高效"的原则，及时完成招标采购及合同（包括技术协议，如需）签订工作。首批招标的物资包括影响施工准备和施工图设计进度的设备和材料，如生产周期长、设计配合复杂的主要设备。

（2）施工图设计。初步设计经过审查批复，便可根据审查结论和主要设备落实情况，开展施工图设计。在施工图设计时，应准确无误地表达设计意图，按期提出符合质量和深度要求的设计图纸和说明书，以保证现场施工的顺利进行。工程前期的施工图设计，主要针对施工图设计文件审查所需的内容。根据《房屋建筑和市政基础设施工程施工图设计文件审查管理办法》，政府建设主管部门认定的施工图审查机构按照有关法律、法规，对施工图涉及公共利益、公众安全和工程建设强制性标准的内容进行的审查。施工图设计文件审查为施工许可手续办理的必备条件。

（3）行政许可手续办理。根据《中华人民共和国行政许可法》，建设管理单位在电网工程施工图设计阶段应按照城乡规划、国土等法律法规要求，组织办理相关行政许可手续。证件办理主要包括总平面设计方案审批、市政工程规划方案（路径批复）、建设用地规划许可证、建设用地批准书和（或）划拨决定书、建设工程规划许可证等外部审批手续。建设管理单位在办理国有土地划拨决定书或建设用地批准书过程中，涉及农用地转为建设用地的，应办理农用地转用审批手续。涉及占用耕地，应办理耕地占补平衡指标；涉及占用林地，应取得林地使用许可证。

3. 开工准备

（1）施工招标。电网工程初步设计批复后，建设管理单位依据电网工程方案和工程量组织申报施工招标工作。中标结果发布后，及时组织与施工单位的合同签订。需在当地政府行政许可平台开展施工招标的，其招标及合同签订还应符合地方政府有关要求。

（2）拆迁补偿。电网工程初步设计批复后，建设管理单位组织开展通道公证工作，形成公证资料；与房屋产权人签订拆迁补偿费用协议，与线路沿线省、地区、市、乡镇签订青苗（林木）砍伐补偿费用协议。在电网工程开工建设前，建设管理单位组织完成房屋拆迁量、林地占用量、林木砍伐量等确认工作，并做好影像取证、定位成果备案；对于变电站址、线路重点区段，尽力协调房屋产权人在工程开工前完成协议履行。

（3）施工许可办理。根据《中华人民共和国建筑法》建筑工程开工前，建设管理单位应当按照国家有关规定向工程所在地县级以上人民政府建设行政主管部门申请领取施工许可证。在取得工程施工许可证或开工报告后，电网建设管理单位组织参建单位开展现场开工条件验收工作。主要核查线路通道清理、交叉跨越、塔基永久和临时占地、破路、破绿等外部协调工作的落实情况，向施工单位提供施工现场及毗邻区域内地下管线、气象、水文、地质、相邻建筑物和构筑物、地下工程等资料。

4. 环评水保报告编报

环境影响评价和水土保持评价工作将贯穿设计、建设、投运等工程全过程。在初步设计完成后，应科学评估工程环境影响和潜在水土流失，组织编报环评报告和水保方案，并在开工前取得主管部门批复意见，该批复文件是工程开工的必要条件。批准后要严格落实到施工图设计、施工招投标、施工和竣工验收等各阶段过程管理中。

（1）环评报告编报。依据《中华人民共和国环境影响评价法》和《建设项目环境保护分类管理名录》，我国实行建设项目环境影响评价制度并进行分类管理，其中电网工程除 100kV 以下电压等级外，其他电压等级项目均须编制环境影响报告书（表）。特高压工程及直流工程均须编制环境影响报告书，上报生态环境主管部门审批以取得批复。根据最新修订的环境影响评价法，环评审批不再作为项目核准的前置条件，转为开工的前置条件。电网工程环境影响评价工作内容主要包括工程分析、环境敏感目标调查梳理（含电磁、声环境敏感目标，生态环境敏感区和生态保护红线）、环评标准确定、环境现状监测，在此基础上开展建设期和运行期环境影响分析、预测与评价，并制订合理可行的污染防治措施和生态保护措施，提出环境管理方面的要求。此外，整个环评过程中公众参与工作贯穿其中，主要进行环评信息公示和公众意见征询，公众质疑性意见多的项目还需要组织开展座谈会、听证会、专家论证会等。在完成上述环境影响评价工作内容，明确环境影响评价结论后，编制环境影响报告书和公众参与说明。环评报告上报具有审批权限的生态环境主管部门后，生态环境主管部门进行受理公示，委托技术审评单位组织现场踏勘和专家咨询审议，并出具技术审评意见，生态环境主管部门对拟审批项目予以公示，公示期内无异议的，印发环评批复。尽管目前环评批复已不再作为核准前置条件，一般仍在可研阶段即启动环评工作，并在初步设计阶段报批，确保有序衔接的同时，尽可能减少涉及环保的重大变动。

（2）水保方案编报。依据《中华人民共和国水土保持法》和《水利部关于进一步深化"放管服"改革全面加强水土保持监管的意见》（水保〔2019〕160号），征占地面积在5万m²以上或者挖填土石方总量在5万m³以上的生产建设项目应当编制水保方案报告书。特高压工程（新建）均须编制水保方案报告书并取得水行政主管部门的批复。当前水保方案批复已不再作为项目核准的前置条件，转为开工的前置条件。水保方案编制应按照水土保持相关规定的要求，在主体设计提出资料的基础上，收集项目区自然环境概况、社会经济状况及水土流失现状等相关资料，对主体工程的总体布局、施工组织及工艺、占地情况、土石方平衡情况进行分析与论证，确定水土流失防治范围，对项目区水土流失进行预测，根据预测结果及综合分析确定水土流失重点时段和区域，提出水土保持防治措施设计及实施进度安排，说明水土保持监测情况，编制投资估算进行效益分析及方案实施保证措施。水保方案上报具有审批权限的水行政主管部门后，水行政主管部门进行受理公示，委托技术审评单位组织现场踏勘和专家咨询审议，并出具技术审评意见，水行政主管部门对满足审批要求的，印发水保方案批复。尽管目前水保方案已不再作为核准前置条件，一般仍在可研阶段即启动环水保方案编制工作，并在初步设计阶段报批，确保有序衔接的同时，尽可能减少涉及水保的重大变更。

第三节 建设与施工阶段

一、现场建设管理目标

长期以来，我国一直沿用建设单位自筹自管和工程指挥部的建设工程管理模式进行建设工程实施阶段的过程控制。经过近40年的工程实践，这种传统的建设工程管理模式的各种弊端越来越明显地暴露出来。几十年的经验和教训告诉我们，我国的工程建设管理体制必须实施改革，向适合社会主义市场经济的科学管理体制转变。

针对建设工程实施阶段存在的问题，国家出台了一系列相关法规与规定，建设工程实施阶段过程控制正在逐步完善。新型工程建设管理体制正在逐渐形成，由建设单位、承建单位、监理单位直接参与的"三方"管理体制。这种管理体制的建立，使我国的工程项目建设管理体制与国际惯例实现了接轨。

从工程建设实施阶段三大控制目标（质量、进度、投资）来分析，需要改进目前存在的电力建设工程实施阶段过程控制模式，建立以"三控制、两管理、一协调"为内容，以监理制为核心的与国际接轨的电力建设工程实施阶段过程控制模式。

二、工程建设管理

工程建设阶段主要工作内容包括工程开工、土建（基础）、安装（组塔及架线）、调试及阶段性验收、启动验收及投运、工程移交等内容。建设实施阶段重点工作有进度计划管理、建设协调管理、安全过程管控、安全风险管理、质量过程管控等十三项专项内容，包含编制项目进度实施计划、审批各类进度计划、安全过程管控、技术管理、落实年度重点工作要求等二十九项关键管控节点。

1. 标准化开工

根据电网企业通用制度、标准化要求在工程开工建设严格执行标准化开工。

（1）组织体系。项目管理的主体是以项目负责人（项目经理）为首的项目部，首先建立项目管理的组织——项目部。按变电（换流）工程、线路工程分别组建业主项目部，具体负责现场建设过程管控。业主项目部人员配置满足工程建设需要，同时还应设置安全总监，物资（换流站工程、线路工程）、档案、环保、水保管理人员，加强相关管理工作。项目部的建立包括以下内容：组建文件或成员调整，配置具有资质的项目部管理人员；根据项目组织原则和工作内容，组建项目管理机构（项目部），明确各部门分工和责任；根据工作需要选配合格的项目管理人员；制订各级项目管理人员的岗位职责、工作标准；编制项目管理流程，明确各级项目管理人员的权限；根据项目管理的需要，制订项目管理制度和管理办法。

（2）建设协调。依据工程《建设管理大纲》，编制工程《项目管理策划》《依法合规管理策划》等相关策划文件。同时以里程碑计划为统领，围绕一级网络计划，编制投资（资金）、图纸交付、物资供应、培训等专项计划，构成工程建设三级计划体系。工程一级网络计划，经各部门批准后，由建设管理单位发布，各建设管理单位负责执行。各参建施工单位编制二级网络计划，由各建设管理单位审定后印发，各参建单位执行。建设管理单位、物资管理单位等根据工程一级网络计划编制投资（资金）计划、物资供应计划、系统通信工程建设计划、图纸交付计划等并严格执行。

（3）安全、质量管理策划。安全坚持"安全第一、预防为主、综合治理"的工作方针，切实强化各级安全生产责任制，执行《中华人民共和国安全生产法》，落实企业安全管理相关规定，组织建立健全项目安全保证体系和安全监督体系，明确岗位职责、工作内容和考核标准。质量坚持"百年大计、质量第一"的工作方针，贯彻落实工程质量法律、法规、标准、规定，建立健全质量管理体系，落实工程建设质量管理责任。建设管理单位结合实际开展工程质量及创优管理策划，细化分解工程质量目标，组织编制工程创优规划、质量通病防治任务书、标准工艺实施策划等文件。

（4）技术管理准备。主要包括设计管理、施工方案管理、新技术管理。

1）设计管理。总部相关部门牵头设计管理，负责初步设计管理、施工图管理、设计考核评价等。建设管理单位负责建设管理范围内施工图交付计划和交付现场之后的技术管理工作，包括制订和落实施工图交付计划，组织开展设计交底和施工图会检，负责一般设计变更（签证）审批和重大设计变更初审，负责施工图、竣工图设计考核。

2）施工方案管理。按照企业基建安全管理规定及电网工程施工方案管理要求，需提前编写施工方案、作业指导书，并针对不同风险等级，进行风险预控。现场业主项目部组织监理、施工单位进行施工方案策划，根据工程本体特征与技术参数、工程地形地貌、交通运输条件等进行论证，选择安全可靠、技术可行、针对性强、经济合理的施工方案。

3）新技术管理。依托工程开展一系列新技术工作策划，解决施工中的技术要点和质量控制等问题。根据《创新技术应用示范工程策划》规范指导工程施工，研究节约劳动力成本，提高工作效率，保证工程质量，避免可能的安全风险。

（5）开工资料检查。各参建单位将工程开工报审表通过监理审查和业主项目部批复，编制符合一级网络计划要求的二级网络计划、质量验收及评定范围划分报审表、分包计划申请表、施工管理人员、施工人员完成培训，考试记录齐全，分包人员动态信息一览表按时填写记录等开工资料。

（6）现场检查。按照安全文明施工标准化要求，现场布置整齐统一，安全设施、工具配置齐全，现场图牌齐全，文明施工氛围较好；施工项目部办公室设施、交通工具、管理人员等配置符合标准化管理手册要求。

2. 施工阶段

（1）变电（换流）工程"四通一平"。电网工程建设首先需做好"四通一平"工作，即通路、通电、通水、通信和平整场地工作（场平验收），施工内容主要包括强夯压实、土方碾压、边坡施工、低洼排水、盲沟挖设、混凝土挡墙施工、装配式围墙施工、桩基施工、进站道路等。做好"四通一平"工程施工，有利于后续施工内容的开展，为工程管理人员、施工人员及机械大量进场做准备。

（2）变电（换流）工程土建阶段。土建施工周期长，直到工程启动验收前均有其施工作业内容，在时间上与电气安装高度交叉，贯穿整个电气安装阶段；施工量大，覆盖变电（换流）站每一个角落，涉及地基、水、电、风、暖、照明、消防、道路、沟道、管路、结构、钢筋、混凝土、构架、试验、绿化等诸多专业；隐蔽工程量大，大部分建设成果永久隐埋地下；质量工艺要求严，是整个工程建设质量能否达到国优金奖标准的关键控制因素。土建施工一般包括基础开挖、模板钢筋工程、基础施工、建筑物施工、建筑物装饰装修等。场平工程验收主要针对场地平整、标高、进场具备的施工条件等进行验收和复测。基础开挖是土建工程正式开工的标志，总体按照从地下到地上，以设备安装次序进行。模板工程强调采用合格材料，采用整体钢模板及成套定型模板，提高基础质量工艺和施工效率。钢筋工程需严格按照设计图纸要求敷设，做好隐蔽签证验收工作。基础施工是土建工程核心工作，目前工程混凝土基本采用商用混凝土，浇筑前需对原材料做好调研及验收检查工作，其中主设备基础需按照大体积混凝土方案施工，须采取测温、水淋、保温（冬季）等措施。建筑物施工往往周期较长，工程量较常规工程大，从框架施工到砌筑施工须大量人力参与。建筑物装饰装修是土建工程的重点也是难点，施工前组织设计、施工、监理、运行等单位做好策划，在标准工艺基础上创新，吸收以往工程经典工艺，结合地方特色，营造工艺美观、特色风格的装修装饰效果。

（3）变电（换流）工程电气安装阶段。电气安装是工程建设施工阶段管理的核心，安装质量是核心中的核心，安装工艺质量直接关系工程设计意图、功用和设备制造功能的实现，关系到投资回收能力。因此，抓好安装阶段的管理工作至关重要。变电站电气安装施工一般包括构架安装、软母线安装、一次设备安装、二次设备安装、单体及分系统调试等。构架安装按照项目划分表是在土建施工范围内，但一般由电气安装单位施工。主要涉及起重作业、组装作业、测量作业，电气安装单位更能保障构架安装的安全、质量，一旦构架安装完毕，整个变电（换流）站形成初步轮廓。软母线安装主要包括高层母线、引下线等，涉及高空作业较多，软母线起到重要载流作用，质量工艺管控至关重要，同时导线敷设后的弧垂、弯曲角度均应自然美观。一次设备安装是电气安装的重要环节，电网工程一次设备安装重中之重是主设备（如换流变压器、换流阀、1000kV主变压器、高压电抗器、GIS等）安装。主设备安装质量工艺管控要点主要依据国家标准要求及刚性管控措施。二次设备安装几乎与常规工程一致，保护盘柜组立、电缆敷设、二次接线、回路检查等工作需要细致入微。单体调试是在保护盘柜安装完成通电后完成相关试验，确保功能正确、保护可靠动作。分系统调试是完成一个分系统后进行的试验动作，检验该分系统是否正常可靠运作。

（4）线路工程基础施工。输电线路的基础施工是杆塔及其附件的承重构件，是输电线路的重要组成部分，其对于塔架的水平与线路架设上起着直观性的效果。基础工程能够对塔架的运作期间的安全度进行保障，同时对杆塔的基础起到填充的作用，能够对因外力影响而造成的牵引杆出现倾斜、下沉等现象进行很好的预防。

在施工期间，要以实际状况为参照选取合适的施工手段，对于基础工作的安全度要重点关注。

（5）线路工程组塔施工。杆塔是输电线路的重要组成部分，它是保障线路正常运行的关键。因此当杆塔埋设时，要选取合适的深度对杆塔进行掩埋，掩埋后要确保杆塔稳固不发生倒塌。在杆塔施工时，首先要根据具体的施工环境选择合适的杆塔，确保电力系统正常运行。杆塔组立也是其中一项极为关键的环节，目前我国主要有分解组立和整体组立两种方式。组塔工作务必按照相关标准严格执行、合理组装，尤其是确保其中的细节问题，使杆塔的各种功能特性能够得以有效发挥，使整个输配电线路达到最佳运行效果。

（6）线路工程架线施工。输电线路架线施工主要包括两个阶段：准备工作和紧线及附件安装。架线施工准备阶段，需要做好架线测量以及施工方案分析，严格按照设计方案中的各项内容，有计划地开展工程施工。同时，需要按照国家标准规范，对施工需要运用的所有施工技术展开研究，及时修改不合理施工点，并全面监督各项施工，为后续架线施工奠定扎实基础。实施架线施工时，需要做好防线施工管控工作，应根据具体情况筛选。在放线、紧线及安装附件的整个过程中，需做好导线磨损的预防工作，积极采取有效措施降低磨损发生率。

（7）工程系统调试阶段。在工程系统调试前需保证参与调试启动的全部设备安装结束，施工任务完成，输电线路全线贯通，并通过启动验收，在所有分系统调试完成合格后再启动进行全站系统调试工作。系统调试将对工程一次和二次系统设备进行全面考核，验证设备在额定负荷和过负荷运行下的能力，进行交直流故障、不同运行方式及控制模式下的试验，全面检验工程是否满足正式投运的要求。

3. 专项管理

电网工程施工阶段按照安全管理、质量管理、进度管理、技术管理、环水保管理、物资管理、合同管理、信息管理、档案管理九个方向进行工程建设全过程管控，严格执行标准化开工的各项要求，做好各工序的施工安全、质量、技术、进度等方面的管控，总结典型工程示范、成果推广等工作，确保标准化施工流程全面应用。

（1）安全管理。工程建设过程中，现场严格遵照"安全第一，预防为主，综合治理"的生产方针。建立健全的工程现场安全保证体系和安全监督体系，强化安全责任落实，完善安全管理制度，创新安全管理手段，实现安全文明施工始终处于常态化管理，确保工程建设安全目标的顺利实现。

1）安全过程管理。工程开工前，全面对工程建设的风险进行全面分析；工程建设过程中，根据工程进度情况，结合施工工序，分阶段滚动更新现场风险及预控措施，确保施工全过程安全风险管理到位。施工过程层层落实安全管理责任，加强安全管理策划，全面推广标准化建设成果，积极推行施工作业安全风险预控工作，强化工程建设风险辨识；落实安全主体责任，强化安全监督管理，认真开展安全性评价；积极开展安全教育培训，提高安全技能和防范意识；同时以安全主题活动平台为载体，强化各项安全技术措施的落实，深化安全隐患排查治理，加强作业过程风险管控，安全"零事故"目标得以顺利实现。

2）分包安全管理。高度重视分包安全管理，严格执行有关规定，工程开工前加强分包队伍的资质审核，督促施工单位在开工前与分包队伍签订施工安全协议书，实行分包队伍与正式职工无差别管理，所有参加施工的人员必须经过培训考试、体检合格后方可上岗；定期组织召开安全日活动会议，组织进行安全技术交底与安全教育培训，对分包人员实行动态管理。

3）应急安全管理。根据企业制定的应急管理工作规定，进一步完善工程应急指挥体系，建立健全应急指挥管理制度，加强事故分析、专家指导、领导决策、应急指挥、协调处置、信息发布的技术支持，提高事故处置的指挥协调能力及快速反应能力。结合工程建设特点编制《突发事件应急预案》，并督促工程参建单位编制相应应急处置方案，明确突发事故处理流程、措施以及应急管理职责。根据工程进度，有针对性地组织开展人身伤害、防汛、防中暑、防火灾事故、防高空坠落、防感应电触电等应急预案的事故演练，提高应对突发事件的能力。

4）安全管理创新。采用自然灾害预警机制，与气象局建立了天气预报信息共享机制，督促施工单位配置相关设备，及时发布恶劣天气和大风预警通知，有效规避了恶劣天气或突发沙尘暴等带来的作业风险。严格落实安全检查签证放行制度，对施工过程中的重要设施及重大工序转接进行安全检查签证。现场安全及文明施工标准化管理，在工程实施中实现了临建统一规划、统一建设，现场责任区清晰明了，施工区、生活区严格分开，材料设备分区堆放，安全警示、图牌标识、成品保护规范统一，从施工伊始即建立了良好的安全文明施工氛围，构建良好的施工环境，始终保持安全及文明施工常态化。现场无缝隙安全管控，针对工程特点，在施工高峰期，督促各参建单位切实落实各级安全管理责任、人员到岗到位，确保安全技术措施落地，安全责任到人。切实保证现场有作业就有制度，有作业就有措施，有作业就有监护。

（2）质量管理。工程建设过程中，围绕争创国家级优质工程奖为目标，遵循精品求于过程的质量管理理念，建立健全工程现场质量管理体系，紧盯设计、设备（材料）、施工三个主战场，以全面落实标准工艺为抓手，创新开展标准化验收示范段建设，落实各项创优措施和强制性条文执行，严格开展各级质量验收工作，工程高标准、高质量推进，实现所有工程一次性通过竣工验收、零缺陷移交运行的目标。业主项目部坚持以质量目标规划为切入点、以过程控制为关键点、以建设成果为落脚点，立足"事前策划、事中控制、事后总结"的建设管理工作思路，在建设管理、设计管理、监理管理、施工管理、设备材料质量控制等方面完善质量管理措施，确保工程创优目标的实现。

1）加强材料管控。严格执行设备、材料供应商资质报审制度、设备和材料抽检制度及到场验收制度，杜绝不合格物资和材料进场，确保工程施工质量。对原材料做到"批量对应、三证齐全、覆盖全面"，对装置性材料做到从"加工—运输—到货检验，环环相扣不放松"。

2）首件试点工作。严格遵照"样板引路、试点先行"的工作思路，组织监理和施工单位对试点施工进行周密策划和准备，对施工中发现的问题和需要完善的项目，及时在作业方案中进行完善，并补充相应的专项技术措施，切实提高施工成品工艺水平。

3）质量全过程管控。工程建设过程中，业主项目部严格按照电网企业工程管理标准化文件的规定，大力开展标准化管理，强化过程监督检查。变电、换流、线路工程各环节土建施工、电气安装、调试试验等作业均做到事前指导、事中控制、事后检查，抓好策划、实施、检查、整改四个环节的控制。

4）严格质量验收。按照施工三级质量检查、监理预验收、中间检查、质量监督站质量监检、工程预验收和工程竣工验收基建程序，组织和配合工程质量检查和验收工作。分部工程完工后，组织质量管理专家对各分部工程进行中间验评，及时发现本体施工中存在的问题与不足，予以立即整改，保证各阶段、各环节的施工质量。

5）质量管理方式的创新。在工程建设中，业主项目部分别制订和执行质量奖惩办法和考核制度，用制度规范行为，用考核检查执行结果，全方位管控质量行为。同时，业主项目部与设计、监理及施工单位签订质量通病防治措施任务书，并敦促各施工单位根据地区气候、施工工期等因素，制订防范、消除施工质量通病的技术措施，杜绝各阶段质量通病的出现。施工过程中，按照"两型三新"建设需要，积极倡导和鼓励各参建单位积极开展 QC 小组等活动、探索质量管控新工艺、新方法，努力提升质量管理水平。

（3）进度管理。工程现场业主项目部切实发挥工程现场管理的中枢职能，超前研判，做好图纸供应、地方协调、物资供货、资金拨付的对接和协调，同时采取多种进度控制措施，确保工程进度各节点里程碑计划圆满实现。

1）进度管理组织体系。工程建立以业主项目经理为组长的工程进度领导小组，编制一级网络计划，建立工程进度协调机制，通过工程月度协调会开展内、外部协调，有效保障图纸供应满足现场施工需求，确保工程进度计划按期完成。

2）进度管理策划。围绕制约工程进度的"人、机、料、法、环"五大因素，按照主要关键路径和分支关键路径控制施工进度，并注重关键路径与非关键路径的转换，结合现场实际动态调整一级网络计划，按照"月计划、周平衡、日控制"的管理方法，积极协调各施工单位的作业，采取增加平行施工作业面，不同工序交叉作业的方法，加强对进度的预测管理，积极协调影响进度的各项因素，严格按工程里程碑计划有序推进工程进展。

3）进度过程管理。主要通过设计、现场施工组织及进度优化进行管控。① 设计管理。业主项目部协调组织设计、监理、施工、厂家确定图纸供应计划，严格监督供应进度，及时组织设计交底暨图纸会检，协调设计与各方配合的问题，确保设计进度超前施工进度并略有盈余。② 施工组织管理。根据工程进度计划，督促施工和监理单位配置合理的人员力量，并在考虑属地协调、天气、物资供应等诸多制约因素上，对工期按进行倒排；施工过程中统筹安排做好施工图纸交付进度、施工进度、设备材料供货进度等关键环节的衔接；严密跟踪施工进度计划的执行情况，并通过进度控制专题会、协调会等方式加强进度管控；对于影响工程施工总进度的关键项目、关键工序，组织有效力量予以及时修正。③ 进度优化。根据工程整体里程碑计划的要求，及时优化一级网络进度计划，施工单位根据调整的一级网络进度计划对二级网络进度计划进行滚动修正，同时各参建单位按照调整后的进度计划合理调配施工资源的投入，确保调整后的里程碑进度计划得以圆满实现。

（4）技术管理。

1）技术管理组织体系。业主项目部依据电网企业技术管理规定相关要求，建立技术管理有效标准执行清单，成立技术管理领导小组，制定《新技术应用策划》，落实技术管理相关要求，协调解决技术管理工作中存在的差异性问题，确保工程建设过程技术输入的准确。

2）设计交底和施工图会检。各项分部工程开工前，及时组织各参建单位召开了设计交底暨施工图会检，由设计单位对设计意图进行详细交底，并对各与会单位代表提出的问题进行答疑，同时针对施工图预检提出的问题予以澄清和说明。

3）施工方案评审。结合特高压工程全过程机械化施工、多工种协同操作、多项技术交叉综合应用的技术特性，督促施工单位合理化编制施工方案，方案审查遵循"内部审查，外部评审"流程，通过施工单位内部审批、监理、业主复审，从技术管理体系、组织机构、资源投入方面确定，并邀请系统内知名专家对施工方案进行论证。

4）技术管理创新。依托工程开展一系列的技术管理创新工作，解决施工中的技术要点和质量控制等问题。规范并指导工程施工，研究提高工作效率，保证工程质量，避免可能的安全风险。

（5）环水保管理。工程建设中督促设计、监理和施工单位多方面采取有效措施，严格执行配套环保、水保措施，增大环水保教育宣传力度，力求提高所以参建人员的环水保意识，确保工程顺利通过环水保验收。从设计、材料、施工、建设管理等方面采取有效措施，全面落实环境保护和水土保持的要求，建设资源节约型、环境友好型的工程，在施工过程中保护生态环境，减少水土流失，加强能源节约和生态环境保护，增强可持续发展能力。落实"同时设计、同时施工、同时投产"的"三同时"制度，达到环保要求。确保顺利通过国家环保、水保专项验收。在工程建设过程，落实工程水保方案以及批复要求的各项水保措施，工程建设满足扰动土地整治率、水土流失总治理度、土壤流失控制比、拦渣率、林草植被恢复率等相关技术指标要求。工程建设过程中落实水保工程措施、施工临时保护措施、植被恢复措施。施工结束后及时完成工程拆迁和迹地恢复工作。采取有效防治手段杜绝发生水土流失、水体污染事故和工程引发的山体滑坡。

（6）物资管理。电网工程物资可分为甲供物资（分为专有物资、常规物资）和乙供物资。甲供物资由电网公司（属地省公司）统一招标平台采购，乙供物资由施工单位按照国家有关法律法规和承包合同约定自主采购。建设管理单位对工程重要乙供物资应提出主要技术指标和资质要求，并对选型、采购和生产质量进行管控。

1）物资供应计划管理。物资供应计划保障工程物资供货进度与建设进度匹配的关键因素。科学、合理的供应计划即为物资设备留出合理的生产周期，又能保证工程建设进度。电网公司制订了强化供应计划的技术措施，借助生产运营服务平台（BOSP）、ESC数字物流板块、国网新一代电子商务平台（ECP2.0）等信息化系统，为供应计划的制订与调整提供有力的技术支撑。

2）物资生产过程管控。生产管控的核心目标是组织供应商按照供应计划以及分解后的排产计划有序生产，确保物资按需到货。因此，需要对供应商自图纸交互至物资完成生产、试验的全过程进行动态监管，期间针对生产滞后的情况有针对性地开展催交，最终确保供应计划的有效执行。

3）物资配送管理。物资配送组织是否及时有序、运输过程是否安全，都将对现场施工进度、工程质量造成实质性影响。受制于设备自身特点，大件物资与常规设备配送协调的重点难点各不相同。大件设备主要有换流变压器、主变压器、平波电抗器、高压电抗器等，此类设备具有价值高、制造难度大、不可解体、体积、质量超限等特点。相较于常规物资，大件物资的运输保障直接关系到工程的建设进度。常规物资可分为变电物资和线路物资，变电物资因受限于现场场地，对到货顺序和到货时间要求较高；线路物资因施工单位设置有材料站，前期接货能力较强，供应计划的执行受现场建设进度的影响较小，铁塔主要受制于供应商的生产进度，随着物资到货量的增加，线路材料供应计划的执行主要受现场接货能力的影响。

（7）合同管理。在合同的执行过程中，既坚持合同的严肃性、权威性及法律效力，又始终遵循实事求是的原则。在合同结算中严格依据合同约定并坚持实事求是的原则，对合同规定可进行价款调整的项目，按双向调整、有增有减的原则，给予合理的调整。在合同执行过程中，按合同规定，及时支付工程预付款、备料款、进度款及质保金，及时进行合同单价承包部分的阶段性结算，按时完成工程的竣工结算，准确编制工程年度及季度资金计划及月度资金预算，保证了工程建设资金的需求，为工程的顺利实施创造条件。

（8）信息管理。工程项目建立多方联动的信息响应机制，充分利用信息软件以及信息管理系统，引领工程规范、高效实现建设预期目标。工程建设过程中需建立统一的信息化管理平台，保证信息的及时收集，准确汇总，快速传递，充分发挥信息的指导作用，为工程建设提供及时有效服务和支撑。现场建设管理执行周报制度，通过信息管理系统及时发布工程建设情况、现场安全质量管控措施落实情况、动态发布现场安全风险等级以及布置建设管理任务及注意事项。各参建方可以及时地、准确地掌握工程建设任务、安全质量风险、工程进度等信息。

（9）档案管理。在工程建设过程中，重点把好"施工单位关、技术审核关、阶段审查关、工程竣工验收关"等，工程档案资料与工程进度同步形成，工程纸质档案与数字化档案同步建立、同步移交，做到数据真实、系统、完整。前期文件、施工记录与竣工图真实、准确；案卷题名准确规范，组卷系统、规范，装订整齐。建立建设管理单位、业主项目部、现场项目部自上而下的三级档案管理体系。第一层为建设管理单位，负责整个工程项目档案专业化管理，统一全线档案管理标准及要求，统筹协调汇报档案管理有关问题，进行档案技术指导，收集、保存项目全过程档案资料。第二层为业主项目部，负责工程现场施工阶段档案的管理，负责组织所管项目标段各项目部进行档案移交。第三层为现场项目部，施工、监理、设计现场项目部负责按照工程归档范围及"资料与工程同步"的原则，收集、整理、形成工程项目现场资料。参建各方严格依照《国家重大建设项目文件归档要求与档案整理规范》及《建设项目（工程）档案验收办法》的有关要求进行工程档案管理与整理，保证档案的完整性、准确性、系统性和规范性。为有效指导工程参建单位档案工作人员能够开展并有序实施日常档案管理各项工作。根据工程分阶段验收的进度，在施工现场组织各施工单位进行竣工档案资料的集中整理、互检互查及初步验收工作。

三、工程竣工验收管理

1. 主体职责

（1）业主单位。建设管理单位成立竣工预验收工作领导小组。竣工预验收工作领导小组根据有关规程、规范的规定和验收内容，设立竣工预验收办公室、现场组和一个档案组，并明确各验收小组的职责、预验收申请条件、验收依据、验收程序、方式、时间和具体任务安排。督促施工单位完成三级自检、监理单位完成初检工作，参加或受委托组织工程中间验收工作，参加工程竣工预验收和启动验收，做好工程质量监督配合，组织各参建单位做好闭环整改工作。负责工程信息与档案资料的收集、整理、上报、移交工作。组织参建单位配合开展项目竣工决算工作，配合内部和外部审计以及财务稽核工作。组织设计、施工、监理、运行等单位对本项目管理工作进行总结和综合评价，并报送建设管理单位。

（2）监理单位、施工单位。工程消缺完成后，施工单位报竣工验收单，由业主组织竣工验收，工程验评报告由业主项目部负责，监理单位编写工程监理工作总结。严格执行三级自检制度，做好工程质量验收记录及质量问题管理台账，配合中间验收、单位工程竣工预验收、竣工预验收、启动验收和启动试运行工作，并整改消缺。

2. 竣工验收

施工单位三级自检合格后，向监理单位报送三级自检报告和竣工预验收申请；监理单位组织开展监理初检，合格后向业主项目部报送监理初检报告和竣工预验收申请。建设管理单位组织完成竣工预验收的基础上，项目法人组织或委托相关单位（部门）组织开展工程整体启动前的启动验收工作。

项目法人负责或委托相关单位（部门）印发《启动验收工作大纲》。各建设管理单位根据《启动验收工作大纲》，编制工程竣工预验收办法，开展工程竣工预验收工作，进行保护、自动化和安自装置联调，协调调度命名和保护定值相关工作，全面开展线路参数测试，协调处理管理范围内工程竣工预验收及消缺，组织工程消防验收迎检，参加启动验收和系统调试。

第四节　总结与评价阶段

一、环水保验收

根据《中华人民共和国环境保护法》《中华人民共和国水土保持法》《建设项目环境保护管理条例》《中华人民共和国水土保持法实施条例》和生态环境部《关于发布〈建设项目竣工环境保护验收暂行办法〉》（国环规环评〔2017〕4 号）、水利部《水利部办公厅关于印发生产建设项目水土保持设施自主验收规程（试行）的通知》（办水保〔2018〕133 号）要求，电网项目正式投运之前，建设单位应按照相关程序和要求，开展竣工环境保护验收和水土保持设施验收。具体工作包括编制环保、水保验收（调查）报告，资料查阅和现场检查、召开验收会、公开验收信息与报备验收材料等。

环保验收调查主要内容如下：

（1）电磁环境影响调查。重点调查工程厂界和电磁环境敏感目标受工程直流合成电场、工频电场、工频磁场的影响情况，分析对比工程建设前后的电磁环境变化，调查环境影响报告书中提出的电磁防护措施的落实情况，如涉及超标，应提出降低影响的补救措施。

（2）声环境影响调查。重点调查换流站厂界噪声，工程沿线声环境敏感目标受线路电晕噪声和换流站噪声的影响程度，调查环境影响报告书中提出的噪声防治措施的落实情况，如涉及超标，应提出防治噪声影响的补救措施。

（3）生态影响调查。重点调查换流站和杆塔等永久占地和临时占地的土地类型、面积及临时占地的植被、工程恢复措施和恢复情况；工程防治水土流失的防护工程、绿化工程、排水工程等及其效果，并对已采取的措施进行有效性评估。对涉及自然保护区等生态敏感目标的项目，重点调查项目建设的环境影响及环境保护措施的实施情况。

（4）环境风险事故防范及应急措施调查。重点调查变压器事故油池容量是否满足设计要求，调查防范环境风险事故应急预案、废油处置方案和应急设施是否完善。

（5）公众意见调查。重点调查施工前期、施工期和试运行期存在的社会、环境影响问题和可能遗留问题，定性了解建设项目在不同时期存在的各方面影响，为改进已有环境保护措施和提出补救措施提供基础。

验收调查报告编制完成后，建设单位应当根据报告结论，逐一核查是否存在验收不合格的情形，提出验收意见。存在问题的，应当进行整改，整改完成后方可提出验收意见。

验收意见包括工程建设基本情况、工程变动情况、环境保护设施落实情况、环境保安湖设施调试效果、工程建设对环境的影响、验收结论和后续要求等内容。验收通过后，建设单位应当通过其网站或其他便于公众知晓的方式，依法公开环保验收报告，公示期限不得少于 20 个工作日。经公示无问题的，公示期满后 5 个工作日内，建设单位应登录全国建设项目竣工环境保护验收信息平台，填报建设项目基本信息、环保验收情况等相关信息。

水土保持设施验收调查内容如下：

（1）组织管理情况。重点调查建设单位水土流失防治的组织管理工作情况，水土保持方案后续设计的落实情况，施工单位制订和遵守相关水土保持工作管理制度的情况。

（2）水土保持措施实施情况。重点调查施工过程中采取的水土保持措施种类、数量和防治效果，水土保持设施的施工质量。

（3）水土保持监理、监测情况。重点调查工程建设过程中是否依法依规开展水土保持监理、监测工作，是否按照标准规范要求形成监理、监测成果。

（4）水土流失防治指标达标情况。重点调查建设项目的扰动土地整治率、水土流失总治理度、土壤流失控制比、拦渣率、林草植被恢复率、林草覆盖率等指标，是否满足建设项目水土流失防治标准并达到批复的水土流失防治目标，水土流失防治效果与生态环境恢复和改善情况。

（5）水土保持设施试运行情况。重点调查水土保持设施试运行情况，以及水土保持设施运行管理维护责任落实情况。

（6）水土保持投资完成情况。重点调查水土保持投资（含水土保持补偿费）是否按要求完成，以及工程在水土保持方面是否存在遗留问题。

验收报告编制完成后，建设单位应当组织现场查看、资料查阅、验收会议，并形成验收鉴定书。存在问题的，应当进行整改，整改完成后方可通过验收。

验收鉴定书包括项目水保验收基本情况表、验收意见和验收组成员签字表。其中验收议案进应包括验收会议工作情况、项目概况、水保方案批复情况、水保设计情况、水保监测情况、验收报告编制情况及主要结论、验收结论、后续管护要求等内容。验收通过后，建管单位应通过其网站或其他便于公众知悉的方式公开验收鉴定书、验收报告和监测总结报告，并向水保方案审批机关进行报备。

二、工程结算

通过建立和完善制度，规范工作流程，强化概预算执行力度和工程财务管理，实施精细化管理，加强施工预算、竣工结算（决算）等造价全过程管理，重点通过优化工程设计，全面推行招投标制，严格工程变更管理，规范合同管理等措施，防范设备、施工等方面的投资风险，确保整体工程和各单项工程费用控制在初设批复概算以内，实现投资总支出不突破投资概算的既定控制目标。

1. 投资目标

坚持造价全过程全面管控，坚持降本增效，合理确定工程造价，确保工程资金需求，依法合规开展建设管理，严格执行工程建设程序，规范资金使用，持续提升直流工程投资效益，实现项目全寿命周期效益最优，实现公司整体利益最大化。初步设计批复概算不超核准可研估算，竣工结算不超批复概算，结算按期完成率100%。

2. 计划管理

根据"工程委托建设管理协议"，在"协议"委托范围内完成工程投资管理任务。计划管理主要内容如下。

（1）年度投资及资金计划。按照工程里程碑执行情况，对总部年初下达的直流工程的年度计划，提出投资完成及资金需求的调整要求。在本年度调整计划编制的基础上，依据总部下达的工程里程碑计划，提出下一年度工程投资完成及资金需求计划。

（2）季度资金申请。以总部下达的年度资金计划为基础，根据工程建设实际需要编制的季度用款需求计划。

（3）月度资金（支付）计划。月度资金预算计划是建设资金实际申请支付的依据。各单项工程资金支付在季度（年度）用款计划指导下，根据实际完成的实物工程量及所对应的合同价格，按月据实编制资金支付申请，上报公司总部审核后，集中支付。

（4）计划完成情况月报。包括年内累计完成投资、资金支出、工程形象进度、资金到位及项目开工、投产时间和规模等。

（5）计划完成情况年报。包括当年投资完成及累计完成、资金支出、工程形象进度、年内资金到位、累计到位数等。

计划管理采取的主要措施包括：使工程计划管理工作规范、有序进行；提高计划、工程计划完成情况的准确性及时效性；按照上述"委托协议"规定的管理范围及计划管理的相关要求，制订《工程投资及资金计划编制管理办法》；开展单价承包部分的阶段性结算工作，掌握招标工程量与施工图工程量的对比情况和合同执行情况；避免资金错付、多付、漏付，保证资金使用安全。

3. 投资管理

（1）竣工预结算。竣工预结算以合同加有效签证为依据开展。部分无对应合同但已发生的费用（项目法人管理费、招标费、生产准备费、建设期贷款利息等），暂按批准概算金额列入工程（预）结算，待财务决算阶段依据相关规定审定。因本身特点需在投产后一段时间才发生目前尚未签合同的费用（如后评价费），暂按批准概算金额预留并列入工程（预）结算。

（2）投资控制管理原则及措施。加强工程变更的规范化管理，为工程结算奠定基础。工程实施过程中的变更管理是工程投资控制的重要环节，为促进工程变更管理工作顺利进行，确保工程结算阶段的费用审核依据完整、充分，减少工程结算过程中的争议，降低审计风险，直流公司制定《工程变更管理办法》，并且在实施过程中不断修订、完善。

（3）工程结算管理。制定《工程结算管理办法》，对结算办理的流程、各参建单位分工、结算资料格式及时限规定等，提出了明确要求。同时在工程实施过程中，聘请造价咨询机构（一审单位）适时进场开展分阶段结算，为结算工作创造条件，为未来审计工作奠定基础。

（4）合理规避审计风险。在参加施工招标文件审核时，根据以往工程中出现过的情况，提出建议意见。对于可以在招标阶段明确或可以明确风险程度的项目，在招标文件中明示出来，采用市场竞争、投标竞价的方式来解决，化解结算阶段的争议、风险，将在合同执行过程中可能发生费用调整的不可控因素，在总部组织的招标文件及合同文本审核中，提出合同结算条款修订意见，本着公平、公正的原则，切实兼顾建设方及承包商的合法权益，减少结算阶段争议、降低结算审计风险。

（5）加强沟通。工程建设过程中发生的各项变更是结算费用调整的主要原因，变更申报、审核资料收集的及时、完整与否，相关变更手续是否完备，是确保结算审核质量的关键。尽可能安排工程变更中间审核协调会议，技经管理部门及时与现场业主项目部沟通，推动变更管理的过程化处理，提高结算审核工作的效率。

三、工程创优

工程创优是一个系统工程，按照国家优质工程创优的规定，工程项目的创优策划一般要经过创优策划制定、创优策划的实施、核对创优工程申报条件、按程序提交资料、项目初审、工程复查和奖项审批七方面的工作。因此，工程创优策划是一项非常复杂的工作。

电网优质工程建设需要在创优目标和创优标准的指导下完成相关工作，受到创优标准制定高低的影响，创优标准越高，工程质量越优。创优过程中评优的标准并不单一的以质量指标进行判定和衡量，国家注重环保方面的评价，更注重工程项目的可持续发展。因此，在电网优质工程建设方面的要点主要从安全、质量、环保以及新技术应用等方面进行评估。

（1）安全要求。安全方面属于工程项目管理的重点内容，作为优质工程，必须保证工程结构安全。结构安全主要影响因素来自材料、结构构件以及构件之间的相互影响。与此同时，结构构件以及构件之间的连接对于工程创优影响也需提高重视，加强构件制作、材料等方面的管理，合理选择连接技术。

（2）质量要求。优质工程需要满足质量要求，符合相关规定，与此同时，还要在使用功能上满足要求。对于使用功能则表现出一定的个性化特征，尤其是在一些特殊地理环境下、特殊的使用要求下，工程设计将会表现一定的特殊性，而是否能够达到相关使用要求也成为工程优质的评价指标之一。

（3）环保方面。进入工业时代以来，环境问题日益严峻，整个社会对于环保方面的重视不断提高。电网工程项目施工过程中，环境具有多样、多变性，将会对工程所在原有生态环境造成一定破坏，不符合国家可持续发展的观念。所以，工程必须在可研阶段中设计选址、环境影响等方面进行全面细致评价并在建成投产后，进行环境影响的恢复。利用自然资源的同时，加强对自然资源的保护。

（4）新技术应用方面。电网工程建设过程中，虽然进行了技术创新，但一些针对性的技术研发工作还要继续加强。电网工程建设需要加大针对性的技术研发投入，并有效使用建筑领域的一些新技术。从施工、管理等角度予以展开，如采取信息化管理模式，大幅度提升工程管理的效率，并实现动态监控、管理。在工程创优过程中需要对一些新技术进行有效使用。

四、工程后评价

工程后评价是指在项目竣工验收并投入使用或运营一定时间后，运用规范、科学、系统的评价方法与指标，将项目建成后所达到的实际效果与项目的可行性研究报告、初步设计（含概算）文件及其审批文件的主要内容进行对比分析，找出差距及原因，总结经验教训、提出相应对策建议，并反馈到项目参与各方，形成良性项目决策机制。

工程项目过程评价主要从前期决策评价、项目建设准备工作评价、施工管理评价、竣工验收评价、启动调试和试运行评价、技术水平评价、项目效果评价、项目环境和社会影响评价、项目可持续性评价以及项目后评价十个方面进行评价。

（1）前期决策评价。评价该项目前期工作的程序是否合法合规，各环节是否符合相应深度要求，前期决策是否客观、合理和科学。前期决策评价主要包括规划阶段评价、可研阶段评价和核准阶段评价。

（2）项目建设准备工作评价。根据初步设计深度规定、施工图设计深度规定、招投标制度和开工条件等有关规定，对项目勘察设计、招投标、合同订立、开工前准备等工作进行总结评价。项目建设准备工作评价主要包括初步设计评价、施工图设计评价、招投标管理评价、合同订立评价和开工前准备工作评价。

（3）施工管理评价。主要从安全控制、质量控制、进度控制、投资控制、获奖情况、管理组织等方面进行评价，对工程建设管理过程中的各阶段目标实现情况进行总结和评价，通过各项验收、评比等控制措施对比分析评价前期设定的目标是否实现。

（4）竣工验收评价。对竣工验收工作过程进行总结和评价。简述项目竣工验收开展过程，总结环境保护竣工验收、公安消防竣工验收、工业卫生和劳动保护竣工验收、档案竣工验收等情况和结论，评价竣工验收是否满足企业等相关规定。

（5）启动调试和试运行评价。简述项目启动调试和试运行工作开展过程，评价时间范围包括分部试运行至移交生产。评价是否按照企业工程启动及投产验收规程，成立启动验收委员会，并审定调试及启动方案。评价试运行是否满足运行要求，对启动调试、试运行中出现的问题分析原因并提出针对性建议。对启动调试方案及试运行结果做出总体评价。

（6）技术水平评价。技术水平评价主要包括建设项目总体技术水平评价、技术水平先进性评价、施工工艺可靠性评价、技术方案适用性评价、技术方案经济性评价和国产化水平评价。

（7）项目效果评价。项目效果评价主要包括项目运行效果评价和项目安全可靠性评价。效果评价旨在通过运行效果和安全可靠性指标分析、评价项目在运行阶段的整体水平。

（8）项目环境和社会影响评价。项目环境与社会效益指项目对周围地区在技术、经济、社会以及自然环境等方面产生的作用和影响。环境与社会效益评价应站在国家的宏观立场，重点分析项目与整个社会发展之间的关系。环境与社会效益评价应以定性分析为主，采用前后对比、有无对比与横向对比的评价方法。

（9）项目可持续性评价。项目可持续性评价主要是对影响项目在全寿命周期内持续运行的主要内部可控因素和外部不可控因素进行分析，预测影响因素在全寿命周期内的变化情况，评价项目的可持续运行能力。项目持续能力评价主要包括内部因素对项目持续能力的影响评价和外部因素对项目持续能力的影响评价。

（10）项目后评价。目标实现程度应根据项目过程评价中的各项指标实际情况，对照可研评估的预期目标或应达到的技术标准，找出变化，分析项目目标的实现程度以及成败的原因，并评价项目目标的合理性。

第四章

安 全 管 理

第一节 安全要素与目标

安全生产是电网企业最根本、最基础、最重要的工作，是电网企业的本质要求和神圣职责。电网工程安全不仅关系到施工人员的生命安全，还关系到国计民生用电安全和国家能源安全。安全管理始终是电网工程建设的基础和生命线，是电网工程建设的重中之重。

当前，电网建设环境正发生深刻变化，不可避免地遇到了一些困难和挑战。坚持二分法，用辩证的眼光去看待安全与事故。电网工程建设安全是相对的、事故风险是绝对的，二者是矛盾的统一体，此消彼长而不是彼此割裂。不因事故风险否定长期的安全积淀，也不因安全基础的牢固否定事故风险的存在。电网工程安全管理始终坚守安全生产这一生命线，牢固树立"最根本的是紧盯安全目标、最重要的是落实安全生产责任制、最关键的实际是发现及解决各类风险隐患、最紧要的是完善应急体系"（"四个最"）意识并付诸实践。

1. 安全形势

经过近年来安全理论的发展和电网工程的实践，电网工程建设方面的安全技术管理制度、规范及标准已经比较完善，对设计、设备、施工的各种工作都提出了严格的技术标准及要求。这一套相对较为规范的安全技术管理制度保障着电网建设的安全，整体现状较为良好，但是这套管理制度还是不够完善，仍需要不断进行摸索和改进。

当前，电网工程建设面临的突出与共性矛盾主要表现在优质高效推进工程建设与全面做好常态化安全管理之间的矛盾。

近几年的电力工程事故暴露出当前电网工程现场安全管理存在的思想漏洞、管理漏洞和行为漏洞，也反映出电网工程现场作业层班组建设与管控落实不彻底，班组人员流动性大、技能素质低，监理、施工管控力度不够等问题。

2. 行业特点

电网工程建设有明显的行业特点，变电站（换流站）设备种类繁多、到货周期集中，多专业同时深度交叉作业；输电线路距离长、跨越区域广、沿途地形地貌变化多样且复杂，工程量大、参建单位多，施工现场分散且受地形、地质、运输条件等限制和影响，行业特点造成了电网工程安全管控难度大。

（1）劳动密集、人员复杂。据不完全统计，仅2020年，国家电网公司特高压"五交五直""三区三州"、阿里电力联网等工程，南方电网公司乌东德水电站送广东、广西特高压等工程同期建设，电网工程现场人员持续超过40万人，为满足电网施工作业关于劳动力的需求，导致现场人员文化程度和工作能力参差不齐，现场安全风险压力极大。

（2）露天作业多。除变电站（换流站）少数室内作业外，电网工程多是露天、高空作业，电网建设的工作人员在危险系数较高的环境下进行露天作业，易受到天气原因的影响，给作业人员的安全带来了难以保障的情况。此外，由于电网在保障国家经济和改善民生方面承担着"托底"功能，电网建设是不能延误的，这就要求即使在一些比较恶劣的天气状况下，例如暴风雨雪天气等，施工人员也要继续工作，因此，工作条件相当的艰苦，安全方面存在着很多的不确定因素。

（3）施工点多而每一施工点工作量不多。因电力设备的特点，必须保持一定的安全距离，电网工程是典型的线长、面广工程，变电站（换流站）工程占地面积大，各建（构）筑物、设备之间以水平方向联系为主；线路工程是狭长带状的线形工程。线路工程一线作业人员在狭长线路通道上经常发生作业位置调动和角色变换，在较短的时间里进行基础施工、立塔、架线，以±800kV输电线路为例，一基铁塔组立用时约10天，一线作业人员面对的作业环境可以说是"一日三变"。点多线长，安全防护设施和措施往往覆盖不住全场或损坏、丢失得不到及时恢复，导致安全风险增大和安全漏洞增多。

（4）交叉作业多。电网工程建设现场状况变化大，建设工期又有限，不同工种交叉作业频繁。变电站（换流站）土建施工、电气设备安装、试验调试等工作常常交叉进行，施工作业中的危险点、风险源及危险因素也在不断变化，施工过程中的一丝问题就会引起安全事故。

（5）体力劳动多。在输送电线的架设过程中，很多的送电线路都处在山林的深处，想要利用机械操作也会存在着一些机械运输方面不容易解决的问题，因此很多情况下还是只能依靠人力。施工人员有时候在长时间的攀爬以后还需要进行高度集中的工作，造成在施工中很容易产生疲惫，引起操作不得当等一系列的问题，致使安全事故的发生。

（6）电力本身就是高风险能源。人是导体，如果施工人员的操作不当，造成电力的泄漏，与地面形成回路，造成触电的现象发生。随着经济的快速发展，电网工程的建设复杂和艰难程度不断增加，这就使得施工人员工作中接触带电设备的概率也上升了，施工也面临很大的困难，在安全的管理上面临着巨大的挑战。

3. 安全要素

电网工程是一个复杂多变的"4M1E"因素系统，施工现场情况复杂，各种危险因素相互作用。以下从人、机具、料、环境以及技术和管理方案五个方面厘清电网工程建设项目安全要素。

（1）人员的安全因素是指施工过程中参与施工的管理者和具体操作人员的不安全行为。电网工程建设项目本身复杂、工种多样，加之参建人员组成复杂，造成了电网工程建设项目80%以上的事故是由人的不安全行为引起的。

（2）机具的安全因素是指在施工过程中使用的机械、工器具的不安全状态。包括设备的防护、保险、信号装置的缺失，机械、工器具存在的缺陷，个人防护用品存在的缺陷。

（3）材料、设备的安全因素是指各种主辅助材料和电气设备的不安全状态。包括材料的固有安全风险，不合格材料的安全风险以及电网设备的特殊安全风险等。

（4）环境的安全因素是指施工现场环境带来的不安全条件。包括施工现场的场地布置、作业环境及空间的环境条件等。如高空作业、冬雨期施工、有限空间作业、特种环境作业、有毒环境作业等不安全条件。

（5）技术和管理方面的影响因素是指设计方案、施工过程中的施工组织设计、各种施工方案、技术交底和工艺标准等带来的影响。设计、施工技术方案的选择不当是造成安全事故的关键因素。管理是核心，管理的缺陷和失效会直接导致人的不安全行为、物的不安全状态和环境的不安全条件。

4. 安全目标

安全目标是实现电网工程建设安全的行动指南。目标管理是以各类事故及其资料为依据的一项长远管理方法，是以现代化管理为基础理论的一门综合管理技术。根据电网工程建设特点，电网工程安全管理目标及安全文明施工管理目标主要有以下内容。

（1）确立"八个不发生"的安全管理目标。"八个不发生"指不发生六级及以上人身事件、不发生因工程建设引起的六级及以上电网及设备事件、不发生六级及以上施工机械设备事件、不发生火灾事故、不发生环境污染事件、不发生负主要责任的一般交通事故、不发生基建信息安全事件、不发生对公司造成影响的安全稳定事件。

（2）确立安全文明施工管理目标。在工程项目中实行安全文明施工标准化管理，执行安全管理制度化、安全设施标准化、现场布置条理化、机料摆放定置化、作业行为规范化、环境影响最小化，营造安全文明施工的良好氛围，创造良好的施工环境和作业条件。

随着安全理论的进一步发展、科技支撑的持续加强、安全投入的不断加大、制度体系建设以及人才保障的不断完善，以"如临深渊、如履薄冰"的忧患意识，始终紧绷安全这根弦，全力以赴常抓不懈，久久为功，努力实现电网工程安全管理的长治久安。

第二节 安 全 管 理 体 系

安全标准化管理体系包含安全目标、组织机构和人员、安全责任体系、安全生产投入、法律法规与安全管理制度、队伍建设、施工设备机具、科技创新与信息化、风险作业管理、隐患排查和治理、危险源辨识与风险控制、职业健康、应急救援、事故的报告和调查处理、量化考核和持续改进等多个方面。

电网工程在建设阶段都会面临较大的安全管理压力，按照工程建设安全组织体系管理要求，全面建立工程建设安全管理保障体系和安全监督体系。建立健全工程建设安全保障体系显得尤为重要。

一、保障体系

1. 项目安委会

对同时满足"有三个及以上施工企业（不含分包单位）参与施工、建设工地施工人员总数超过 300 人、项目工期超过 12 个月"条件的单项工程（针对输变电工程，变电站工程和输电线路工程可视为两个单项工程），项目法人负责（或委托建设管理单位）组建项目安全生产委员会（简称安委会）。

常规电网工程的安委会由项目法人单位基建管理部门（或建设管理单位）负责人担任安委会主任，业主项目经理担任常务副主任，项目总监理工程师、施工项目经理担任副主任，安委会其他成员由工程项目监理、设计、施工企业的相关人员及业主、监理、施工项目部的安全、技术负责人组成。

特高压工程一般按照"总部统筹协调，省公司属地建设管理，专业公司技术支撑"建设管理模式，结合特高压工程的特点，以属地省公司分管领导为项目安委会主任成立工程项目安全委员会，定期开展工作。

以准东—皖南±1100kV 特高压直流输电工程为例，在工程建设开工伊始，结合特高压跨区线路路径长的特点，工程沿线各属地省公司成立以公司领导为组长的工程建设领导小组，由工程建设部门副主任担任业主项目经理，作为项目第一安全责任人，建管单位分管领导为业主项目常务副经理，全面负责工程安全管理工作，业主项目副经理（各管段项目经理）为本管段现场安全管理第一责任人，对项目经理、常务副经理负责。根据前述成立安委会的相关规定，工程成立以省公司分管领导为主任，业主常务副经理、属地供电公司主管领导，各参建单位主管安全副总经理为常务副主任，业主项目管段经理和总监理工程师、各施工项目部经理为成员的项目安全生产委员会，全面负责协调现场安全管理工作，起到共同参与、层层把关的作用。±1100kV 昌吉换流站工程安全管理组织机构如图4-1所示。

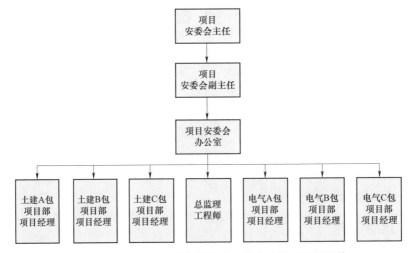

图4-1　±1100kV 昌吉换流站工程安全管理组织机构

施工单位是安全保障体系的责任单位，各施工项目部建立以项目经理为第一责任人的安全管理网络，要制定从项目经理到施工人员的全员安全保障体系，层层落实，步步把关，强化施工过程中的安全管理、安全监督和安全检查，使施工现场的安全工作始终处于受控状态，确保安全及文明施工目标的实现。

2. 各管理机构职责

项目的安全管理重点工作是要做好安全生产管理机构和安全生产管理体系制度的建立和健全工作，明确工程参建单位各级安全生产责任主体的安全生产职责，共同抓好工程的安全生产管理。

（1）项目法人单位主要职责。对项目建设全过程的安全负责，承担项目建设安全的组织、协调、管理、监督责任；对满足成立安委会条件的工程项目，负责组建项目安委会；督促参建单位健全工程安全监督和保证体系，落实各级安全管理责任制，决定工程项目安全管理重大事项，定期组织召开安委会会议，协调解决工程建设中涉及多个参建单位的安全管理问题，并定期开展安全监督检查等；确定工程项目安全管理目标，按规定计列安全文明施工费，确定合理工期，按基建程序组织工程建设。

（2）建设管理单位主要职责。建立基建安全管理体系，设置基建安全管理机构（专责）；受项目法人委托，履行工程项目建设阶段的安全管理职责，制订工程项目实现安全管理目标的保证措施；参加项目法人组建的安委会工作，或受项目法人委托组建项目安委会，开展相关工作；组建业主项目部，负责落实本单位及工程项目的基建安全管理工作；制订本单位安全奖惩实施细则，确保安全责任量化考核结果落实到人，组织开展项目安全责任量化考核工作；负责所属基建项目安全风险及应急管理，监督、检查工程项目关键工序及作业风险识别、评估、预控措施和应急处置方案等工作落实情况。

（3）业主项目部主要职责。负责工程项目现场安全综合管理和组织协调，督促施工、监理项目部落实相应的安全职责；负责编制工程项目《建设管理纲要》，明确安全管理相关策划内容，并组织实施；审批监理、施工项目部编制的策划文件并监督落实；组织实施工程项目安全责任考核奖惩措施；核查进场分包队伍资质及人员资格，监督施工项目部对分包安全的全过程管理；对两个及以上施工企业在同一作业区域内进行施工、可能危及对方生产安全的作业活动，组织签订安全协议，明确各自的安全生产管理职责和应当采取的安全措施；开展安全风险管理，组织监理、施工项目部对工程项目关键工序及危险作业开展施工安全风险识别、评估，并监督施工安全管控措施的落实。

（4）监理项目部主要职责。编制监理规划和监理实施细则，明确安全监理工作要求和安全旁站监理工作计划，确定文件审查、安全检查签证、旁站和巡视等安全监理的工作范围、内容、程序和相关监理人员职责以及安全控制措施、要点和目标；审查施工项目管理实施规划中安全技术措施或专项施工方案是否符合工程建设强制性标准；审查施工项目部报审的施工安全管控措施等安全策划文件。参与项目安全风险交底及风险初勘，监督检查输变电工程施工作业票开具和执行，落实人员到岗到位要求；审核施工项目经理、专职安全管理人员、特种作业人员及作业层班组骨干人员资格，监督其持证上岗；负责施工机械、工器具、安全防护用品（用具）的进场审查；对工程关键部位、关键工序、特殊作业和危险作业等进行旁站监理，对重要设施和重大转序进行安全检查签证。

（5）施工项目部主要职责。负责工程项目施工安全管理工作，按规定配备专职安全管理人员，履行施工合同及安全协议中承诺的安全责任；编制施工安全管控措施,报监理审查、业主批准后,在施工过程中贯彻落实;组织开展安全教育培训,作业人员、管理人员经培训合格后方可上岗,完善安全技术交底和施工班组(队)班前站班会机制;负责组织安全文明施工,对进场的安全文明设施进行报验,满足现场安全文明施工需要;制订避免水土流失措施、施工垃圾堆放与处理措施、"三废"处理措施、降噪措施等,使之符合国家、地方政府有关职业卫生和环境保护的规定;开展施工安全风险识别、评估工作,及时、准确上报作业风险及控制情况信息,组织办理施工作业票,落实风险预控措施和人员到岗到位要求;配备施工机械管理人员,落实施工机械安全管理责任,对入场的施工机械和工器具进行准入检查,并对起重机械的安装、拆卸、重要吊装、关键工序作业进行有效监控;负责施工班组(队)安全工器具的定期试验、送检工作;完善施工项目部分包管理体系,贯彻落实公司分包管理具体要求,依据投标文件和施工合同书承诺,报备施工分包资料,落实分包现场安全管控等环节的具体管理要求,组织项目分包管理的考核评价,及时上报分包动态管控信息;开展并参加各类安全检查,进行安全责任量化考核自查,对存在的问题闭环整改,对重复发生的问题制定防范措施;参与编制和执行现场应急处置方案,配置现场应急资源,开展应急教育培训和应急演练,执行应急报告制度。

3. 风险管理体系

电网线路工程施工常涉及大量的如 110kV 及以上电力线路、高速公路、铁路跨越等三级及以上风险作业。同时还可能存在较长距离的临近带电运行线路的高风险作业,如岩石基坑实行毫秒微差爆破、使用大吨位吊车组塔等重要风险作业。

设计单位严格执行相关国家标准、行业标准等规定要求,尽可能避让不良地质、地质灾害易发等区域。施工图设计勘测阶段应提出详细的岩土工程资料及施工所需的岩土参数,并对地基类型、基础形式、地基处理和不良地质作用防治等提出建议,通过优化路径、合理选择塔位等措施,尽可能为降低施工风险创造条件。

业主项目部组织施工项目部、监理项目部相关人员参与施工图会审、设计交底,设计单位应对会审提出的问题进行处理,在交底时对施工安全风险管控提出要求。

施工项目部在编写施工风险识别、评估清册前,深入变电站(换流站)、线路每一基塔位认真开展风险初勘,结合设计安全交底深入细致开展风险识别评估,三级及以上风险提取要充分考虑工程特点、地理位置、周围环境、作业条件等要素,做到全面、准确、无遗漏,风险提取后,三个项目部要专题进行会审。工程开工后,业主项目部及时与调度、运维沟通协调,对年度停电计划提前进行认真梳理并印刷成册,让全体参建人员对跨越施工风险做到心中有数。

三级及以上施工风险作业时,施工作业负责人、施工项目部安全员现场监护,现场跟踪、逐项检查三级及以上施工风险作业情况。三级及以上施工风险作业时,各级管理人员严格执行相关到岗履职的要求。对深基坑开挖、高塔组立、大截面导线展放等四级风险，实施"挂牌督查"，建设单位组织相关职能部门对风险作业控制工作进行现场监督检查，施工单位分管领导及相关职能部门负责人现场监督到位，总监理工程师和安全监理工程师实行现场旁站，业主项目部对施工作业票的执行进行签字确认，业主项目经理或安全专责到现场进行监督。

坚持单基/单个放线段签证放行制度。组塔、架线施工时，要求施工现场按照标准化管理办法进行布置，严格要求按照审批过的施工方案进行地锚、拉线的设置，监理项目部对现场布置进行检查验收，验收合格后，允许进场施工。严格监督施工单位同进同出人员到位情况，组塔、架线现场无作业负责人或安全监护人不允许施工；对现场的起重滑车、卸扣、地锚、卡线器、链条葫芦、手扳葫芦等主要受力工器具进行每日检查并填写施工机具专项检查记录卡。

深化大型起重机械安拆及作业、临近带电线路施工等重大风险作业预警防控，严控重要风险到岗履职要求。业主项目部落实风险管理要求，严肃执行施工作业风险预警和挂牌督办制度，各级管理部门可利用信息化手段对正在进行的三级及以上风险作业的进展情况、管理人员到岗到位、作业措施落实、安全文明施工等进行随机远程抽查。被抽查项目上报的风险管控到位信息包括实地照片，并在照片中附着真实的 GPS 地理位置信息、拍摄人信息、信息内容等。

准东—皖南±1100kV 特高压直流输电线路在甘肃河西地区与运行中的酒泉—湖南±800kV 特高压直流输电线路并行，最小距离不足 60m。工程建设阶段，业主项目部编制下发《关于切实加强临近带电体施工安全工作的通知》及《临近酒湖线施工隐患清单》，对现场安全文明施工、防飘浮措施、大型机械横穿线路及线路周边作业等提出明确的安全管理要求。特别是针对临近酒泉—湖南±800kV 特高压直流输电线路线爆破作业分别邀请专家组织审查爆破施工方案，并在进行首基爆破试点后在全线顺利实施了岩石基坑爆破，确保了临近特高压线路的安全稳定运行。

4. 应急管理体系

国家电网公司建立从公司到班组，自上而下的应急指挥中心、急救援指挥部、应急救援专业组的各级体系，形成一级抓一级、层层抓落实的工作格局。各管理单位建立健全应急管理制度、严格各级应急预案编审批，根据工作实际设现场处置方案。

建设管理单位负责组建工程项目应急工作组，组长由业主项目经理担任，副组长由总监理工程师、施工项目经理担任，工作组成员由工程项目业主、监理、施工项目部的安全、技术人员组成；施工项目部负责组建现场应急救援队伍。项目应急工作组及其组成人员应报上级应急管理机构备案（包括通信方式）。项目应急工作组应建立值班机制；值班人员及通信方式在其管理范围内公布，并确保通信畅通。

项目应急工作组结合工程建设环境特点，组织制定防高温、大风、山洪、中毒等应急处置方案，监督施工项目部建立应急救援队伍，配备应急救援物资和器具，组织开展应急处置方案培训和演练。负责在应急状态下启动应急处置方案，组织应急救援，服从上级应急管理机构的指挥。

根据现场需要，现场应急处置方案中一般应包括（但不限于）人身事件现场应急处置；垮（坍）塌事故现场应急处置；火灾、爆炸事故现场应急处置；触电事故现场应急处置；机械设备事件现场应急处置；食物中毒事件施工现场应急处置；环境污染事件现场应急处置；自然灾害现场应急处置；急性传染病现场应急处置；群体突发事件现场应急处置。

现场应急处置方案报建设管理单位审核批准后开展演练，并在必要时实施。项目应急工作组在工程开工后至少组织一次应急救援知识培训和应急演练，制订并落实经费保障、医疗保障、交通运输保障、物资保障、治安保障和后勤保障等措施，确保应急救援工作的顺利进行。项目应急工作组一旦接到应急信息，即按规定启动现场应急处置方案，组织救援工作，同时上报上级应急管理机构。应急响应要及时、迅速、有序、处置正确。事故（事件）现场得以控制，环境符合有关标准，导致次生、衍生事故隐患消除后，应急响应结束。

5. 分包安全管理

随着电力体制的改革，电力施工走向市场化，企业内部职工组织结构发生了巨大变化，大批产业工人随劳务分包队伍参与到电网施工项目中来，也逐渐发展成为电力建设的主要力量，电网建设模式发生了根本性变化。由于分包队伍的管理者及作业人员普遍安全意识淡薄、技术水平较低，给工程施工带来较多的事故隐患，也给电力施工企业的安全带来很大的管理难度。因此，电网施工企业唯有适应施工管理模式的转变，并加强分包管理和完善分包监管模式，电网企业才能实现持续健康发展。

分包安全管理遵循"谁发包谁负责、谁主管谁监督、统一平台实名制管理"的原则。施工承包商落实分包安全管理的主体责任，将劳务分包人员纳入"统一管理、统一标准、统一培训、统一奖惩"的"四统一"管理范畴。施工承包商的上级主管部门负责监督管理，国家电网公司建立统一信息平台，对入场的每一位分包人员进行实名制管理。承接国家电网公司范围内的劳务分包作业必须由核心劳务分包队伍承担。

分包工程发包人和分包工程承包人应依法签订分包合同，并按照合同履行约定的义务。在分包合同中明确约定支付工程款和劳务工资的时间、结算方式以及保证按期支付的相应措施，确保工程款和劳务工资的支付。

三个项目部负责执行、落实上级单位和建设管理单位分包安全管理的各项规定与要求，依法合规开展分包安全管理工作。施工项目部具体负责工程项目的分包安全管理工作。分包工程开工前，负责组织分包商按分包合同约定入场验证，组织实施管控现场分包作业，确保分包工程安全、质量全面受控，定期上报工程项目的分包安全管理信息，对分包人员进行违章考核计分。

监理项目部负责工程项目的分包监管工作，对分包商及分包人员入场验证，防止不符合要求的分包商和分包人员进入现场，实施现场分包安全质量监理，动态掌握分包队伍的施工情况，监督或实施对分包人员违章考核计分。业主项目部负责按分包合同组织入场核查，掌握项目分包动态信息，及时纠正施工、监理项目部分包安全管理问题，实施对分包人员违章考核计分，对施工、监理项目部分包安全管理工作进行考核、评价。

电网工程要提升工程分包安全管理水平要做到：① 强化核心分包队伍培育，鼓励施工企业将有一定数量、长期稳定、业务精干的不具备相应资质的队伍纳入后备核心劳务分包队伍管理，支持其依法取得相应资质，逐步发展成为核心劳务分包队伍。② 严肃核心分包队伍准入，在招标公告、评标办法与合同范本中，明确将使用核心分包队伍作为硬约束，施工企业中标后在选择核心劳务分包队伍时，将现场核心劳务分包人员配置能力作为择优选用队伍的硬约束，杜绝施工项目部选择使用非核心劳务分包队伍名单以外的分包队伍。③ 深化核心劳务人员信息管理。

6. 安全文明施工

为规范电网工程现场安全文明施工管理，全面推行标准化建设，规范作业安全环境，倡导绿色施工、环保施工，保障作业人员的安全健康，国家电网公司出台了输变电工程安全文明施工标准化管理办法。该办法明确各施工现场全面推行安全文明施工设施标准化配置，鼓励技术创新和管理创新，倡导积极采用有利于保障施安全的技术装备、施工工艺和管理方式。统一现场安全文明施工要求，安全设施实现统一配送，工地设安全文明标语、消防器具等，沟、孔、平台等处应有临时栏杆或盖板，并设明显的标志或安全警示牌，现场材料设备等堆放合理、排列有序、标识清楚。

安全文明施工费是专门用于完善和改进工程项目安全文明施工条件、环境保护的资金。输变电工程项目在编制估算、概算书时，应严格执行国家、行业关于安全文明施工费的计列要求，按照规定的科目和费率计列项目安全文明施工费；对（增加）跨越铁路、跨越高速公路、跨越带电输电线路、跨越通航河道、改扩建临近带电体作业等环境复杂、"急、难、险、重"的工程项目，设计单位在此基础上，充分考虑特殊施工安全生产措施费用，满足安全文明施工标准化管理工作所需支出。施工项目部应结合实际情况，为施工现场配置相应的安全设施，为施工人员配备合格的个人安全防护用品，并做好日常检查、维护保养、更新、报废等管理工作。按标准化配置要求布置办公区、生活区和作业现场,教育、培训、检查施工人员按规范化要求开展作业,落实环境保护和水土保持措施,文明施工、绿色环保施工。

二、监督体系

现阶段电网工程安全监督体系一般由公司级的协同监督检查、省公司级的"四不两直"检查以及项目级监督检查组成的三级安全监督网络构成。其主要功能是运用行政上赋予的职权,对工程建设全过程的人身和设备安全进行监督,并具有一定的权威性、公正性和强制性;协助企业负责人做好安全信息、事务管理工作,开展各项安全活动等。

1. 电网公司总部的安全监督

近年来,电网工程全面进入大规模建设的新阶段,特高压工程技术创新、工程示范进入项目多、工期紧、任务重的新时期。为切实履行电网公司总部安全监督管理职责,加强部门间横向协调,充分发挥项目管理公司作用,统筹资源,提高工作效率,总部安全相关部门协同开展电网工程项目建设安全监督(简称协同监督),督促指导各参建单位落实安全责任、管控施工现场安全风险,防范安全事故(件),取得了成效。

协同督查组由电网公司总部部门及其分管负责人、有关处(部门)人员组成,组长实行轮值制,由电网公司总部四个部门按季度轮换担任。明确工作分工,协商制定季度工作计划,明确监督重点、时间、对象,带队或派员参加监督工作,按季度对电网工程开展监督。协同监督一般采用"四不两直"方式开展,即按照"不发通知、不打招呼、不听汇报、不用陪同接待、直奔基层、直插现场"的要求开展监督检查工作。

为全面加强输变电工程分级分类监督检查,建立上下联动监督网络,解决基建安全质量"四不两直"检查流程不规范、程序不统一的问题,同时为提升检查深度、统一检查标准,充分发挥基建专业监督检查实效,电网公司总部应制订《基建安全质量"四不两直"检查标准化》。

检查人员通过"自行租用或自带车辆、自行安排食宿、沿线路寻找作业点"的方式,重点到被查省份边远地市和山区,直奔塔位和作业点进行检查。"四不两直"检查通过现场检查、访谈和询问、资料核实、现场抽考以及现场反馈等方法,重点围绕项目现场重大事故隐患消除、安全质量管理责任和管控措施落实、重点工作落地三个方面,摸清现场安全管理情况。

每月"四不两直"检查结束后,检查组织部门定期发布检查通报,并通过视频会、现场交流会点评方式、总结典型经验,通报典型安全隐患、严重管理问题和部分共性问题,督促相关单位彻底整改。检查过程中,如发现现场存在重大安全隐患,立即要求暂停作业，并第一时间向检查组织部门汇报，检查组同时下发停工令。

例如，国家电网公司 2015 年累计成立了 61 个督导组，选派专家 313 人次，对所有在建"四交"特高压工程全部 10 个建设管理单位、15 个监理单位、32 个施工单位，"三直"特高压工程全部 10 个建设管理单位、16 个监理单位、35 个施工单位进行了检查，累计检查 110 个业主项目部、129 个监理项目部、280 个施工项目部以及 440 个施工作业现场，"挂牌督办"高风险作业 2500 余项，开展现场分析点评 148 次，赴施工单位开展专题讲座 4 次，发放整改通知单 176 份，重点督促参建单位逐一对工程项目提前开展重大安全风险分析，针对性制订管控措施，编制安全风险分析及管控策划方案。

在建设过程中，督查组根据项目建设实际进度，对线路基础、组塔、放线施工，变电土建、设备安装、试验调试等关键工序，以及跨越施工、落地抱杆、脚手架搭设拆除等高风险作业，开展现场抽查监督与指导，并督导各参建单位抓好策划方案的培训和管控措施的落实。同时根据国家电网公司安全工作的总体安排以及专业管理需求，对安全大检查和缺陷隐患整治、分包管理、大件运输、施工方案编审批执行等方面专项工作开展专项监督，督促落实总部安全管理措施要求。

该年度开展的 4 次协同监督检查取得了明显成效。通过协同监督，反复宣贯安全工作的重要性和安全工作的要求，传递了压力和责任，促进各参建单位提高了安全风险意识和责任意识，提升了各参建单位落实安全主体责任的自觉性；约束了个别单位忽视管理程序、技术标准、强制性条文无序赶工期的不良倾向，指导参建单位在保证安全的前提下，通过加大投入和严格管理，加快推进工程建设；及时发现并督导整改了安全管理和施工现场存在的各类安全隐患，特别是个别"落地抱杆"由无证农民工直接操作、超载吊装、抱杆倾斜、高强螺栓缺失、擅自解除超载等自动保护装置等重大安全隐患，减少了事故发生的概率；依法履行了总部安全监督管理职责，充分发挥了各部门专业化管理优势，弥补了总部部门时间、精力的不足。通过"监督＋指导"及"四不两直"的工作模式，帮助建设单位提高管控能力，受到了基层单位的普遍欢迎。

2. 省级公司的安全监督

省公司级的安全监督大体可以分为两个部分，省公司安全监察部门作为职能部门对电网工程开展的安全监督和检查工作和省公司建设部门作为专业部门对电网基建现场开展的安全监督和管控工作。

安全监察部门负责督促各级健全完善安全监督网络和开展签订安全责任书；组织拟订安全器具、安全防护用品等相关配备标准和管理制度，并监督落实和执行情况；开展基建、网络与信息通信、危化品等专业的安全监督检查；开展公司基建施工安全风险管理及相关作业安全风险管控，督促各单位落实安全风险控制措施。

基建管理部门负责本单位及所属企业的基建安全管理工作，负责开展基建安全风险管理，监督、检查工程项目关键工序及危险作业［如索道运输、线路组塔、线路跨越、临近带电体作业、变压器（换流变压器）安装、试验调试、大件运输、钢结构及构支架吊装以及复杂环境施工等］的风险识别、评估、预控措施和应急管理等工作落实情况，监督、检查项目安全文明施工费的提取和使用。监督落实总部关于分包管理的制度要求，负责管理范围内电网工程项目及所属施工企业的分包安全管理工作，负责开展输变电工程安全责任量化考核。

电网工程建设全面应用基建"e 安全"、构建基建现场物联网、实施现场风险精准管控，是逐步扭转现场粗放式管控方式、确保基建安全稳定局面的现实需要。近年来的基建安全事故警告我们，现场人员准入管控不严，尤其是临时用工随时召用，施工作业计划管控不严谨，现场风险管控存在盲区，必将造成现场管理失控引发安全事件。基建"e 安全"突出重点、抓住关键，强化现场人员实名制管控，加强施工作业计划及风险管控，实施作业现场视频监控和远程抽查，管住人员、管住计划、管住风险，对于推动配套措施落地、抓实现场两级管控具有重要意义，是全面提升现场管控水平的重要抓手。

同时，各省级公司建设部门成立安全巡查大队和视频监控中心，负责对本省电网建设项目三级及以上风险作业进行实时视频监控和现场监督检查，通过对施工现场 e 安全的应用情况、风险管控措施落实情况、人员到岗到位情况的实时可视化监控和现场巡查，实现对风险作业的精准管控，防止风险管理失控，有效开展反违章查纠工作，提升施工现场安全管控成效。

3. 项目级安全监督

结合工程建设管理的特点，为全面落实各级安全责任，在公司总部及省公司相关专项安全监督的基础上，建立以建设管理单位、业主项目部，监理项目部、施工项目部安全监督专责为成员的安全监督网络，通过工程安全专项督查、飞行检查机制，采用"四不两直"监督检查方式，落实各级安全监督责任，同时建立工程建设安全监督与考核机制。

工程项目安全监督体系由现场安全工作小组及参建单位的各级安监部门、各级安全专责、施工队安全员、各作业班组安全员组成的安全监督网络。各级安全监督部门负责对建设项目安全工作进行监督、检查。

变电站（换流站）由项目安委会、各参建单位安监部门、各参建单位安全专责、施工队安全员、各班组兼职安全员组成安全监督网络体系。业主项目经理全面负责本工程的安全管理工作；监理项目部为施工安全的监督管理者，确保施工期间的各项安全工作监督到位；施工项目部专职安全员，负责日常安全管理工作，±1100kV昌吉换流站工程安全监督体系如图4-2所示。

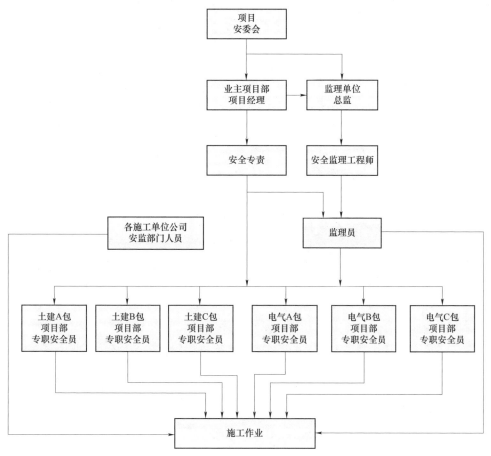

图 4-2 ±1100kV 昌吉换流站工程安全监督体系

4. 现场安全监督的主要内容

现场监督主要包括人、机、料、法、环五个方面。现场各参建项目部的安全专责对人员资质情况、到岗到位，对安全工器具、特种设备等正确规范使用情况，对作业程序中的现场勘察情况，对风险预警、三措一案、作业票、安全交底、作业实施、工作终结等环节，对现场安全措施布置、安全文明施工、物联网管控手段应用（如 "e 安全"、风控 App 等）等全面开展监督检查工作。

现场监督重点从人身安全防范措施落实情况、法规制度执行情况、责任制落实情况、安全例行工作情况、重点工作完成情况、风险隐患管理情况、应急管理工作情况、安全事件调查处理情况、各专业安全管理情况，现场风险作业管控情况开展督查。

推进 "e 安全" 现场应用，全部参建人员先入库再进场，全面实施实名制全过程管控，杜绝施工项目部临时召集队伍随意进场施工。在建项目实现移动应用、视频监控全覆盖，做到对现场人员到岗到位、施工计划安排、作业风险管控等的"心中有数"，实现人机交互、在线管控、严抓严管，使每个作业人员、每天作业计划、每项施工风险均处于可控状态，以每个作业点的安全可控确保电网工程建设的安全稳定局面。

建设管理单位适时组织开展各类安全检查活动，抽调人员组成督查队伍，依据督查计划组织开展安全督查活动。结合"四不两直"安全责任督导，对风险作业管控情况进行抽查，对存在"分包人员自行作业、施工方案管理不到位、存在较大缺陷和重大安全隐患、特种作业人员不满足要求、各级质量验收不到位"等情况，立即要求停工整改和闭环。

三、以改革破解安全管理难题

"深化基建队伍改革、强化施工安全管理"十二项配套政策是用改革的办法破解影响施工安全的难题，从管理模式、组织机构、劳动用工、薪酬分配、管控机制、市场机制、考核机制、技术装备、技术措施、管控手段等方面，统筹研究提出了一揽子配套政策，夯实施工安全基础，提升基建本质安全水平。为了从根本上解决基建安全事故暴露出的施工单位"以包代管"、监理单位"形同虚设"、业主管理"层层衰减"、分包队伍"散兵作战"等问题，国家电网公司出台强化基建安全管理十二项配套政策，用改革的方法破解影响施工安全的难题，从管理模式、组织机构、劳动用工、薪酬分配、管控机制、市场机制、考核机制、技术措施、管控手段方面，统筹研究提出了一揽子十二项配套政策，对基建管理资源与施工组织模式是一次重大变革，对基建管理方式与施工监理单位市场化经营产生深远影响。十二项配套政策如图4-3所示。

十二项配套政策归纳起来就是"做实现场两级管理""抓住两个关键因素""加强三个支撑保障""健全两个管控机制"，具体内容如下：

（1）"做实现场两级管理"。一是做实施工单位作业现场管控。加强施工单位作业层班组建设，确保劳务分包作业在施工单位组织、指挥、监护下进行，从根本上解决"以包代管"问题。二是做实甲方现场工程项目管理。整合建设管理和工程监理资源，统筹加强工程项目管理。

（2）"抓住两个关键因素"。抓住项目管理关键人，通过统一建库、持证上岗、招标核实、现场监督、量化考核，进行全过程管控；抓住现场作业关键点，划出关键作业施工安全管理的底线、红线，作为强制性措施，落实"签字放行"要求。

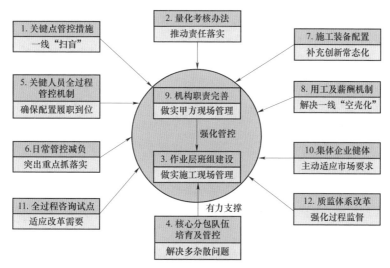

图 4-3 十二项配套政策

（3）"加强三个支撑保障"。加强施工监理企业人力支撑保障。明确了施工、监理企业长期职工、社会化用工补充渠道，重点补充急需技术技能人才；建立面向一线的薪酬激励机制，推动存量人员向一线流动，下决心解决一线"空壳化"、机关"贵族化"问题；培育核心分包队伍形成施工单位有力劳务支撑保障。通过严格准入、培育支持、择优使用等政策，推动核心劳务分包队伍逐步成长为业务精干、服务优质的劳务作业专业公司，形成施工单位长期稳定的劳务支撑；加强施工技术装备支撑保障，研究制定基建施工企业装备配置管理办法，建立施工单位技术装备定期补充、创新提升的常态机制。

（4）"健全两个管控机制"。健全队伍市场化激励约束机制，将现场关键人员配置作为施工、监理招标硬约束，从机制上杜绝成建制人员不足的队伍进入施工、监理市场，将具有一定数量长期稳定技能骨干作为核心劳务分包队伍的准入门槛，从机制杜绝没有实际作业能力的皮包分包队伍进入分包市场；健全现场督查及量化考核机制，推动"关键人"落实责任，有效管控"关键点"。

十二项配套政策改革核心内容实现了以下管理目标：

（1）从管理模式来看，实现了各层级职能管理、项目管理、技术支撑机构及职责分离，进一步厘清了管理定位、管理关系和管理界面。将建设管理中心、监理公司从省经济技术研究院独立出来组建省建设分公司（省监理公司），将地市公司项目管理中心独立出来，统筹加强项目管理。适应改革要求探索工程建设管理新模式。开展全过程工程咨询试点，统筹建管、监理资源，压缩管理层级，集中力量抓实现场管控，着力解决业主项目部和监理项目部两层都薄弱、两层都不到位问题。改革施工组织模式，做实施工现场管理。加强施工项目部建设，同时加强作业层班组建设，坚决根治"以包代管"。

（2）从组织机构来看，根据实际管理需要，通过改革调整，强化了职能管理、技术支撑、项目管理、施工管理的机构及职责。强化了省公司建设部职能管理，建设部不再直管工程（但保留特高压及其他重点工程统筹协调职能）；强化了工程前期、工程技术管理（尤其是施工技术）、项目部标准化建设、关键人员资格管理等职能管理。强化了省公司层面技术支撑，强化安全质量专业技术支撑（省经济技术研究院安全监察质量部），强化省经济技术研究院、省建设分公司工程前期工作技术支撑（同时充分发挥地市公司属地协调作用）；强化了项目管理人员配置，独立设置项目管理机构,根据未来三年建设任务动态核定各级建设公司(项目管理中心)人员编制，依据编制确保人员配置到位；强化了所属施工企业安全管理，独立设置安全监察部和安全总监，组建安全监察大队，强化现场监督监察。通过作业层班组建设，强化作业安全管控职责，切实落实施工安全管理主体责任。

（3）从劳动用工来看，重点补充一线技术技能人才，明确了施工监理企业通过企业内部培训转岗下一线（一线人员占比不低于80%）、内部市场招聘（省公司组织调剂）、毕业生招聘（优化专业及学历）、一事一议公开招聘（报总部审批）、劳务派遣（限额 10%以母公司为口径）、集体企业用工（满足实际业务需要）"六个渠道"补充一线技术技能人才。

（4）从薪酬分配来看，明确了"三个激励"政策，即施工监理企业、企业负责人、一线员工三个方面。施工监理企业工资总额核定与企业利润、营业收入、产值等指标紧密挂钩，并在省公司工资总额计划内单独申报；完善施工监理企业负责人年薪制，建立薪酬与经营效益和重点工程施工产值直接挂钩的奖惩机制，与市场接轨；施工监理企业深化岗位绩效工资制度改革，加大一线岗位薪酬激励力度，与安全质量目标量化考核挂钩。

（5）从技术装备来看，建立施工单位技术装备定期补充、创新提升的常态机制，将施工装备采购计划纳入了年度综合计划和预算安排，将施工装备创新研发需求纳入年度科技项目。

（6）从技术措施来看，印发《关键点作业安全管控措施》（口袋书）和《新版施工作业票》，明确了施工现场关键点作业风险提示、作业必备条件、作业过程安全管控措施，划出关键作业施工安全管理的底线、红线，作为强制性措施，纳入施工作业票；落实"签字放行"要求，并在每日站班会核查作业条件。

（7）从人员管控来看，提出了人员分类管理，抓住项目管理关键人员（项目部管理骨干及作业层班组骨干），统一建库、持证上岗、招标核实、履职监督、量化考核，实现全过程管控。将核心劳务分包人员纳入施工单位，实行统一标准、统一管理、统一培训、统一考核的"四统一"管理。

（8）从市场机制来看，严格队伍市场准入，重点是两个硬约束。将现场关键人员配置作为施工、监理招标硬约束，从机制上杜绝成建制人员不足、实际作业能力不足的队伍进入施工、监理市场；将具有一定数量长期稳定技能骨干作为核心劳务分包队伍的准入门槛，将使用核心劳务分包队伍作为施工招标硬约束，从机制上杜绝没有实际作业能力的"皮包"分包队伍进入劳务用工市场。

（9）从日常管控体系来看，减轻了管理人员的日常案头工作负担，明确了安全管理的主线和重点，抓实"一方案、一措施、一张票"，强化人机料法环准入把关，强化风险分级管控和质量逐级验收。

（10）从考核机制来看，创新提出了量化考核的概念，将责任具体明确到单位和个人，建立量化评价标准和现场分层级"四不两直"督查机制，"以责任不落实之事倒查责任不落实之人"，将现场督查、分析点评、量化考核、考核结果应用有机结合起来，在推动各级安全责任落实上取得了积极成效。

第三节 关键环节安全管控

电网工程建设环境纷繁复杂，建设任务千头万绪。认清电网工程建设安全的关键环节，牵住"牛鼻子"，是抓电网工程安全的一个重要方法，也是一条成功经验。下面介绍电网工程建设中的十个安全管控关键环节。

1. 深基坑及人工挖孔基础

变电站（换流站）建（构）筑物基础、线路铁塔基础基坑作业是基础性的重要工序，因其作业点的地质基础构造复杂多变、作业量大、危险因素多且难以观察识别，施工中易引发安全事故。

电网工程深基坑作业主要包括掏挖基础基坑施工、人工挖孔桩基础施工和深基坑开挖施工。变电站（换流站）常处地质不良条件区域，事故油池、工业水池等开挖深度大，开挖条件受限大。输电线路一般途径地涉及荒漠区、腐蚀地区以及湿陷性黄土区等多种地质条件，施工条件恶劣、基础形式多样，根据不同的地质条件采用人工掏挖基础、灌注桩基础等基础形式，最深人工挖孔基础挖深超过20m。

电网工程施工安全风险主要采用半定量LEC安全风险评价法，将风险从小到大分为五级，一到五级分别对应稍有风险、一般风险、显著风险、高度风险、极高风险。

深基坑及人工挖孔基础的风险等级为三级或四级。深基坑施工作业过程中易发生基坑坍塌、高处坠落以及施工机械伤害等安全问题。大开挖式基础存在高处坠落、物体打击、坍塌、中毒窒息等风险；桩基础施工，如人工挖孔、灌注施工，存在高处坠落、物体打击、坍塌、中毒窒息及有限密闭空间等风险；山区岩石区域一般采用掏挖式基础施工，主要存在如坍塌、中毒窒息等安全风险。

基坑开挖作业中，深度超过5m（含5m）的深基坑开挖作业为三级风险作业。掏挖基础作业中，开挖深度小于5m时，为二级风险作业；人工开挖深度超过5m时，采用混凝土护壁为三级风险作业，未采用混凝土护壁为四级风险作业。人工挖孔桩作业中，作业孔深大于2m小于15m时，为三级风险作业；作业孔深超过15m时，为四级风险作业。

此外，基础施工中会使用大型机械设备，所以在临时用电安全管理、起重机械及施工机械工器具的使用也是安全管理的管控重点。考虑施工用电布置、施工机械的区域选择以及周围环境的变化因素，再者承担地基处理施工的专业分包存在一些非电力行业施工队伍，造成安全管理难度大，如操作不当或对电网安全管理要求不熟悉可能导致触电伤害、高处坠落、基坑坍塌及机械伤害等安全问题。

针对以上深基坑及人工挖孔基础施工的风险特点，在工程设计、施工等阶段充分考虑施工的可行性和施工过程的安全性，以下简单阐述主要的管理和技术措施：

（1）建立现场勘察制度，推动机械化施工。方案编制前，建设管理单位组织勘察、设计、施工、监理单位对现状进行踏勘，并形成踏勘资料。深基坑施工踏勘范围为基坑、边坡顶边线起向外延伸相当于基坑、边坡开挖深度或高度的2倍距离；人工挖孔基础踏勘范围为施工区域地质情况以及水文情况。在合适的区域推动机械化施工，有效提升施工安全。

（2）进行方案编制和技术交底。相关作业中，施工单位负责完成一般施工方案、专项施工方案编制，依据《危险性较大的分部分项工程安全管理规定》（中华人民共和国住房和城乡建设部令第37号）的规定，针对危大工程编制专项施工方案，且超过一定规模的危大工程要组织进行专家论证，履行报审程序，经批准后方再开展现场施工作业。在正式施工前，工程管理人员需要组织施工人员进行技术交底工作，实际作业中必须严格按照审批方案执行。

（3）履行报审流程和持证上岗制度。使用的重要施工机械，如汽车起重机、强夯机、打桩机、牵张机等，安全工器具，如钢丝绳和卸扣等，应进场报审、检查签证，并定期进行安全性能检查、评估。特种作业人员持证上岗，如焊工、电工等。相关人员资质、机械设备检测证明文件齐全。

（4）施工过程中严格执行各项安全管理规定，如基坑（桩孔）、泥浆池、吊装区域、孔洞、高压试验区域等应设置安全围栏；深基坑等有限空间作业过程中，坑内作业应坚持"先通风、再检测、后作业"的原则；绝缘工具必须定期进行绝缘试验，每次使用前应进行外观检查；采用人工挖孔施工方法时，所有施工人员必须做好安全防护措施，佩戴安全保护工具。监理对三级及以上施工风险实施进行安全旁站监督。

（5）结合施工现场开展隐患排查，准确识别风险源，落实预控措施。如在挖孔施工过程中，如果施工人员身体感觉不适，立即换班作业。在护壁施工中，如果发现护壁出现裂纹或者塌落事故，立即采取必要的支撑措施，并及时发出联络信号，组织所有施工人员迅速撤离。

（6）开展施工人员状态评估。深基坑、人工挖孔基础具有施工周期长、施工难度大、施工环境涉及人机环管等复杂因素耦合的特点，可应用数学的方法对施工工人安全状态进行综合评价，把定性的评价指标定量化，开工前准确对施工工人的安全状态进行综合评价，提高深基坑、人工挖空基础作业的安全水平。

（7）实施深基坑施工实时监测。在深基坑开挖的施工过程中，即使采用支护措施，一定数量的变形总是难以避免的。无论哪种变形超过容许值，都将对基坑支护结构造成危害。可采用传感器、监测系统等科技手段，通过施工监测对现场所得的信息进行分析、进行信息反馈、临界报警，制定应变（或应急）措施保证基坑开挖及结构施工安全，达到动态设计与信息化施工的目的。

2. 临时货运索道

电网线路工程施工环境普遍艰险，尤其在我国西北部，输电线路多在地势沟壑纵横、地形陡峭地区，常规运输方式已不能满足施工所需要，索道运输已经在越来越多的电网线路工程中使用，大量使用索道运输对于安全施工和按期完成竣工发挥了巨大的作用。

临时货运索道是一种将钢丝绳架设在支撑结构上作为运行轨道，由支架、鞍座、运行小车、工作索、牵引装置、地锚、高速转向滑车、拉力表等部件组成。输电线路工程的临时货运索道按运输方式可分为单跨单索循环式索道、多跨单索循环式索道、单跨多索循环式索道、多跨多索循环式索道、单跨单索往复式索道、单跨多索往复式索道、缆式吊车索道等多种形式。

以青海—河南±800kV特高压直流输电工程为例，仅甘肃段线路，使用货运索道多达290条，有效地保护了西北部脆弱的生态环境，对加快施工进度、提高工作效率、降低运输成本发挥了重要作用，保障了青豫直流线路提前全线贯通。

索道架设作业安全控制核心是设备选用及设置、架设弛度控制，主要风险有"机械伤害、物体打击、坍塌、高处坠落"，风险等级属三级。索道运输作业安全控制核心是人员站位、设备使用和检查，主要风险有"机械伤害、物体打击、高处坠落"，风险等级属三级。

针对以上临时货运索道的风险特点，以下简单阐述一些加强安全管理的建议和措施：

（1）方案编制和编审批。使用索道运输，首先要根据地形等环境条件编制方案，实施"一索道、一方案"，针对受力器具（如牵引索、承载索、链条葫芦等）进行验算和选型，方案严格履行编审批程序。索道路径严禁跨越电力线、通信线、铁路、公路、航道、生活区、厂区等设施，如确因特殊地形或环境影响无法避免跨越时，组织专家论证后实施，并提高风险管控等级。一般由专业人员进行索道搭设工作，操作人员必须持证上岗。

（2）架设和验收调试。索道架设要严格按照审批的方案执行，索道架设及首次使用，要组织开展风险预警管控工作。索道搭设完成后，组织搭设、使用、监理单位进行调试和验收。索道验收包含工具设备进场验收、工作索验收、支架验收、运行小车验收、承载鞍座（组合式托索器）验收、索道牵引机验收、地锚验收。验收后应进行空载试验和负荷试验，负荷试验：按额定负荷 30%～110%依次进行集中载荷试验，试验完成后进行总结评估，并确认索道系统无异常后方可进行正常运行。

（3）使用和维护管理。施工项目部建立索道维护保养制度，并设置专人进行维护保养，按要求填写"施工货运索道运行记录表"与"施工货运索道维修保养记录表"。索道超过 30 天不使用时，放松工作索张力，排空索道牵引机冷却液，并对所有部件进行保养。停用期间，派专人看护。重新启用时，重新调试系统。货运索道操作人员必须持证上岗，货运索道使用过程中应设置专职指挥人员，索道在运行过程中要随时检查地锚（或钻锚）、拉线、支架、滑轮的受力情况，发现异常，立即启动应急预案。

（4）拆除和恢复。索道拆除要组织开展风险预警管控工作，索道拆除执行三级风险要求，索道拆除要指定专人负责、统一指挥，索道及地锚拆除、挖出后，及时对场地进行清理，对地形、地貌进行恢复。重型货运索道具有运载量大、拆装运输方便、地形适应性强等特点，可满足大吨位物料运输要求。随着近年高电压等级线路工程塔料的不断增大增重，索道规格也趋向于多跨多索、重载化。

3. 线路组塔

线路组塔即利用外装支架或铁塔自身为支撑，将铁塔自下而上逐段吊装组立的过程。目前，主要的组塔施工方法包括内悬浮内拉线抱杆、内悬浮外拉线抱杆（含铰接式抱杆）、内悬浮双（四）摇臂抱杆、座地双平臂抱杆（含智能平衡臂）、座地双（四）摇臂抱杆、座地单动臂抱杆、流动式起重机、直升机吊装分解组塔等。其中，内悬浮内拉线抱杆、内悬浮外拉线抱杆因施工技术成熟、工器具较少、操作简便、使用灵活、经济性较好等优势，受到广泛使用。

但近年来，由于线路工程地域跨度广，沿线障碍物多，地方协调困难，客观上导致线路多位于行政区域边界，以及人烟稀少、交通困难、地形复杂的地区，以目前已建成的特高压线路工程为例，山丘区占比55.7%。另外，线路铁塔呈现"高、重、大"的特点，以特高压铁塔最为突出，1000kV 特高压交流双回铁塔平均塔高约 110m，平均塔重约 223t，单侧横担长 15～24m；±800kV 特高压直流铁塔平均塔高约 70m，平均塔重约 73t，单侧横担长 18～23m。针对上述线路工程近年来呈现的新特点，为有效管控线路组塔中存在的突出问题和薄弱环节，应秉持问题导向，梳理主要作业风险点，分析事故源，制订相应预控措施。通过梳理，线路组塔主要的安全风险及隐患如下。

（1）施工单位事前现场踏勘不充分，对现场地形、临近带电体、潜在风险点认识不足，组塔方案设计不合理。

（2）山区组塔存在现场塔材堆放、上下搬运、地面组装、吊重控制等技术难点，存在材料滑移、高处坠落风险。

（3）传统的内悬浮内拉线抱杆、内悬浮外拉线抱杆组塔方式暴露出高空作业量大、施工技术经验要求高、机械化程度低、稳定性差等缺点，存在高处坠落、物体打击、机械伤害风险。

（4）组塔工器具的库存、使用、维护保养、检验试验、回收报废管理不到位，存在高处坠落、物体打击、机械伤害风险。

（5）杆塔、吊臂或悬浮抱杆外拉线临近带电体，存在触电风险。

为积极应对线路工程施工面临的新形势、新要求，进一步规范线路工程组塔施工，降低组塔施工安全风险和现场实施难度，应持续提升线路组塔建设管理水平，夯实电网工程建设安全管理基础，运用更科学、更高效的管理手段及技术措施，提升线路工程本质安全。具体措施如下：

（1）加强设计与施工衔接。强化设计终勘定位管理，建设管理单位应组织施工专家全程参与设计终勘定位，设计单位应建立施工专业人员参与设计终勘定位机制。同时，构建设计与施工双向审查机制，施工图交付前，设计牵头单位组织施工专家参与设计方案论证评审，对施工特别困难区段组织专题论证；施工图交付后，建设管理单位组织设计单位参与施工方案审查，对施工方案落实设计技术要求进行把关。

（2）落实组塔现场的风险踏勘。业主项目部应督促施工单位抓实施工作业前的现场踏勘和风险复测确认。施工单位技术负责人需充分调查沿线塔位地形、运输道路等情况，预判安全施工作业风险及控制关键因素。严禁作业现场勘察由分包单位独自完成。

（3）严格山区组塔方案选择。施工单位应组织充分论证山区组塔方案的选择，优选安全可靠性较高的组塔方案。推广配有安全保护装置的落地抱杆［双平臂、单动臂、双（四）摇臂抱杆等］。规范内悬浮外拉线抱杆安全使用条件，采用内悬浮外拉线抱杆组塔全高不宜超过 120m。限制内悬浮内拉线抱杆应用，确需应用的应由施工单位组织专家论证，报监理、业主项目部审批，单独放行。内悬浮抱杆组塔宜采用倒装提升方式组立抱杆，抱杆及拉线应配置受力监测装置，监理在现场应实行"一塔一放行"要求。

（4）强化施工机具及安全工器具全寿命周期管理。除钢丝绳外，主要受力施工机具应具有铭牌或标识，标识宜通过铸造或激光打码等不易磨损或丢失的方式进行标记，标识上至少包含生产厂家、出厂年月、规格型号（或额定载荷）。施工单位应建立施工机具及安全工器具管理平台，对落地抱杆、绞磨等具有动力的设备推行具有唯一性、终身性的身份编码管理。施工现场推行"超市化"管理，实现库存、使用、维护保养、检验试验、回收报废等全过程跟踪管理。外租机具应制作临时身份编码管理标识，视同自有机具管理。

（5）推行重要施工机具定位管理。对组塔抱杆等主要施工机具全面推行安装定位装置，施工项目部应实时掌握机具所在地理位置及使用情况，防范无计划作业。

（6）严格落实标准工艺作业要求。严格落实风险管理相关办法和措施，施工单位加强组塔专业人才队伍培养，提高组塔方案设计及方案编审批水平；监理、业主项目部严格监督安全风险防控措施落实。

（7）推广安全先进的施工机具。全面推广落地抱杆或流动式起重机组塔，提高机械化作业水平。一般情况下，组立钢管塔平丘地形应用比例不低于80%，山区应用比例不低于50%；组立角钢塔，平丘地形应用比例不低于60%，山区应用比例不低于30%。钢管塔法兰螺栓紧固电动扭矩扳手应用比例达到100%。

4. 紧、断线施工

紧、断线施工是导地线架设之后的一个重要的施工工序，它事关导地线的最终弧垂和张力，而且在这个过程中断线、压接以及挂线等需要在高处进行，高处作业较为集中，属于输电线路施工过程中作业风险极大的环节。在紧、断线施工中，挂线时因为绝缘子串重量以及导线自重较大，挂线时往往需要加大过牵引力，这易导致导线断线乃至倒塔事故的发生。

因此，为防止导线鞭击以及发生跑线倒塔等意外事故，张力放线结束后应尽快开始紧线。输电线路紧线作业一般常采用高空紧线、高空画印、高空压接的平衡紧线、高空对接平衡挂线方式，该紧线方式不需要割线长度计算、施工操作简单、适用于任何地形、区段，紧线及挂线施工精度高，具有很好的施工效果。

（1）紧线的准备工作应遵守的安全规定。杆塔的部件应齐全，铁塔螺栓应紧固，地脚螺栓应全部紧固到位戴双帽并打毛。紧线杆塔的临时拉线和补强措施以及导线、地线的临锚应准备完毕牵引地锚距紧线杆塔的水平距离应满足安全施工要求。地锚布置与受力方向一致，并埋设可靠。

（2）紧线前应具备的条件。紧线档内的通信应畅通。埋入地下或临时绑扎的导线、地线应挖出或解开，并压接升空。障碍物以及导线、地线跳槽等应处理完毕。分裂导线不得相互绞扭。各交叉跨越处的安全措施可靠。导线、地线应使用卡线器或其他专用工具，其规格应与线材规格匹配，不得代用。

（3）高空断线时，操作人员严禁站在滑车上，在杆塔上割断的线头要用绳索放下。在跨越电力线、铁路、公路或通航河流等的档端杆塔上进行作业时，还应采取防止导线或地线坠落的措施。

（4）挂线时，当连接金具接近挂线点时应停止牵引，然后作业人员方可从安全位置到挂线点操作。挂线后应缓慢回松牵引绳，在调整拉线的同时应观察耐张金具串和杆塔的受力变形情况。

在紧断线的过程中，为了防止发生跑线或倒塔事故的发生，要选择合适的紧、断线工器具，全线通信联系必须畅通。紧线时，应检查接线管或者连接头以及滑车、横担、树木等有无卡挂现象，如遇紧急情况应立即发出信号停止牵引。分裂导线的锚线作业要注意在完成地面临锚后应及时在操作塔上设置导线过轮临锚。导线地面临锚和过轮临锚的设置应相互独立，工器具应满足各自能承受全部紧线张力的要求。

5. 线路跨越

随着国民经济的快速发展，铁路、公路、输电线路等重要设施不断建设，架空输电线路与其相互影响呈常态化趋势，尤其是特高压输电线路具有线路路径长、途经省份多、沿线条件复杂等特点，对铁路、公路、输电通道及通航河流等重要设施的跨越不可避免。以青海—河南±800kV 特高压直流线路工程为例，线路长度1563km，途经青海、甘肃、陕西和河南 4 省，沿线涉及高海拔、低温区、易覆冰区、高山大岭等复杂地形气象条件，跨越铁路 11 次（含高铁 4 次）、等级公路 11 次（含 21 次高速公路）、主要河流 81 次（含通航河流 3 次）、110kV 及以上交流线路 115 次、±500kV 及以上直流线路 3 次，同时跨越施工难度大、作业复杂，涉及的公共安全和电网安全风险也高于其他常规架空线路工程。架空线路跨越主要可能的安全风险及隐患如下。

（1）线路跨越点选择未考虑前后侧能否设置牵张场的地形条件，耐张段和跨越档档距长度过大，造成施工牵张场选择困难、架线施工时间延长，存在在审批时间内无法完成架线施工作业的风险。

（2）跨越重要铁路、公路及通航河流，应取得主管部门对跨越设计、施工方案的审批，并根据审批特殊要求及现场协调进行跨越施工，预定采用搭设跨越架或使用防护网的方式进行架线，主要存在倒塌、公路通行中断、铁路停运、航道停航及其他伤害风险。

（3）跨越电力线架线，针对停电跨越，必须办理停电作业票，并接到已停电的指令，验电、接地后方可进行作业；针对不停电跨越，应编制专项带电施工方案，并通过论证、审查。主要存在高空坠落、触电、电网事故等安全隐患。

（4）张力放线中地锚坑的埋设、牵引绳连接、牵引绳与导线连接、通信联络及前、后过轮临锚布置等过程均存在安全风险隐患，如物体打击、机械伤害、触电、坍塌及其他伤害风险。

（5）附件安装，在拆除多轮滑车、耐张塔高空开断、间隔棒安装飞车作业、跳线安装中专用工具和安全用具使用、挂设保安接地线、安装跳线悬垂串和跳线压接等环节为三级风险，存在高处坠落、物体打击、电击及机械伤害风险。

为进一步规范架空输电线路工程重要跨越的设计与施工方案，降低跨越施工安全风险和现场实施难度，积极应对工程跨越面临的新形势、新要求，提升电网建设和被跨越设施安全运行整体水平与效益，结合工程实际情况，应从设计、施工及建设管理方面采取相关措施，主要内容如下：

（1）充分考虑跨越主要铁路、公路及通航河流等设施主管部门的意见和建议。跨越设计方案应综合兼顾技术先进、经济合理、安全可靠、施工安全、长期稳定运行，并充分考虑被跨越设施主管部门关于本工程跨越的意见和建议。

（2）跨越重要输电通道，宜按照不停电跨越施工条件进行设计，同时不宜同时跨越重要铁路、公路等设施。另外，牵张场的导地线、各级导引绳、牵引绳及牵张设备应可靠接地，耐张塔平衡挂线及直线塔附件安装应采取防感应电措施。

（3）应缩短跨越耐张段长度和跨越档档距。以特高压线路为例，跨越耐张段长度不宜超过 3km，跨越档档距不宜超过 300m，同时跨越点前后 2km 范围内宜具备设置牵张场的地形条件。

（4）跨越重要铁路、公路、输电通道及通航河流时，宜采用独立耐张段放线，禁止采用"一牵八""二牵八""二牵六"放线方式，应采用"一牵二"或"一牵一"的放线方式，降低导线展放张力；导线牵引应采用牵引管，并可靠连接；导地线展放及紧线后，导地线临锚应分别采用两套独立并同时受力的锚线装置。

（5）锚线、紧线等操作应设置独立的两道保险，且应与操作工器具同时受力。跨越档两侧杆塔的滑车悬挂、附件安装等作业均应设置两道保险。

（6）加强设计方案评审及落实。初步设计阶段，设计牵头单位应组织设计单位对跨越重要输电通道、铁路、公路和通航河流的设计方案进行专题论证，建设管理单位应组织专项审核，公司总部负责组织专项评审。施工图设计阶段，建设管理单位应组织设计、施工、监理等单位复核初步设计阶段重要跨域的设计方案的评审意见落实情况。

（7）加强设计与施工衔接。建设管理单位应深入组织施工专家全程参与重要跨越段设计终勘定位，设计单位也应建立施工专业人员参与重要跨越段设计方案的选择的机制。构建设计与施工双向审查机制，施工专家参与跨越设计方案论证评审，设计单位参与跨越施工方案审查，对施工方案落实设计技术要求进行把关。

（8）跨越重要输电通道、铁路、公路及通航河流应按四级风险进行管理，现场应足额投入精良的施工机具和精干的作业队伍及管理人员，应提前一周完成现场准备工作。

（9）严格控制跨越施工有效作业时间，特殊情况下可适当增加。以特高压交流线路跨越重要输电通道为例，采用两个单回路跨越停电线路时不宜超过 10 天，采用同塔双回路跨越停电线路时不宜超过 12 天，采取停电封网措施可增加 3 天。

（10）加强跨越施工工器具专项检验，严格执行《架空输电线路施工机具基本技术要求》（DL/T 875—2016）等标准、规范和管理规定。

6. 临近带电体作业

电网工程建设中，换流站双极低端投运后的高端系统施工（低运高建）、变电站改扩建工程施工、同塔双回线路工程一回运行一回停电施工等均属于临近带电体作业，临近带电体作业，存在误入带电间隔、误碰控保系统、感应电伤人等风险，可能造成人身伤亡、设备损伤、系统停电等事故。临近带电体作业，离不开优质高效的现场管控，需要采取安全、可靠的管理手段及技术措施，确保人身安全、设备安全、系统安全。

（1）施工作业区域化、定置化管控，防止误入带电间隔、感应电伤人。换流站低运高建、变电站一次设备改扩建施工，安全管控重点在吊装，要点在预防感应电，通过设置区域围栏、施工机械定置化停放等管控措施，防止人员、机械超范围作业引起事故的发生。如在高端换流变压器安装中，根据施工需要及安全距离校验，对吊车进行定置化停放，高端换流变压器安装期间起重机不移位；在起重机臂适当位置设置吊臂伸长警示标记，确保吊臂伸出长度不超过要求；在吊臂端部设置高度警示绳，确保吊臂仰角不超过安全距离的要求；设置人员、车辆行进通道，沿规定线路行走，防止人员、机械误入带电间隔。

（2）实施一次、二次及软件系统三道隔离措施。改扩建工程中，对可能向施工区域送电的设备，采取断开电源、拆除连杆等措施，防止误送电源；通过控保软件系统将运行区域、施工区域控制保护系统上隔离，并断开相关二次设备出口压板，防止施工调试期间对运行设备造成影响；所有一、二次设备拆除、软件隔离等工作，应严格执行工作票，施工、监理、调试及运行人员共同见证并确认。

（3）落实各项管理措施，从制度、措施上杜绝事故发生。严格施工人员管控，所有施工人员应经过相关安全知识培训、考试，使作业层人员对各项管理要求真正做到"入脑入心"；施工管理人员与作业人员"同进同出"作业现场，充分发挥管理人员"主心骨、指挥棒"作用。施工前应充分论证临近带电施工方案的针对性、可行性,明确具体的安全管理措施,加强各级审查审批;向作业班组进行有效交底,杜绝作业人员凭经验施工。严格执行电网建设"两票三制"的管理要求,加强监护管理,规范巡回检查制度,确保既定的方案、措施能有效实施。

(4)加强机具、材料入场管理。各类安全工器具、施工机械、绝缘工器具等进场使用前均应在检定合格周期,履行报审手续;施工作业前仔细检查合格后方可使用,杜绝不合格工器具进场使用。

7. 变电站(换流站)变压器安装

变电站(换流站)变压器作为电网工程中的主设备,结构尺寸大、安装附件多、价值高,是电网工程设备安装中的关键环节。附件安装、本体牵引就位导致的起重伤害、内部检查导致的窒息中毒、油务处理导致的火灾及渗漏,是变电站(换流站)变压器安装过程安全管控重点。

(1)规范安装前各项准备工作。施工单位应结合现场实际情况编制施工方案,履行审批手续;做实方案交底,施工前,应根据设备的安装特点由制造厂向安装单位进行技术交底,安装单位对作业人员进行专业培训及安全技术交底;现场安装过程中所用的设备、机具、材料等必须在检定有效期之内,并履行相关报审手续;明确与变压器厂家的职责,签订安全作业协议,将厂家技术人员纳入班组管理。

(2)严格起重吊装安全管控。变压器(换流变压器)安装专项施工方案中,应重点关注套管、升高座安装拟用的方法,确保套管、升高座安装过程中不磕碰、一次对接到位,防止刮伤引线表面绝缘;起重机械的额定起重能力、稳定性应满足被吊设备的要求;大型套管采用两台起重机械抬吊时,应分别校核主吊和辅吊的吊装参数;套管、升高座、有载开关等大型物件吊装前应使用厂家专用吊具,保证起吊附件重心与吊索不偏移;高处摘除套管吊具或吊绳时,必须使用高空作业车;严禁攀爬套管或使用起重机械吊钩吊人;在变压器顶部作业,应设备牢固可靠的水平安全绳。

(3)严防油渗漏及油火灾。油务处理现场应配备数量齐全、合格的消防器材;储油和油处理现场应严格火种管理,需要动用明火时,必须办理动火作业票;变压器本体、储油罐、滤油机及油管路系统应设置可靠的接地装置,做好防静电造成火灾事故控制措施;滤油机应采用站内正式电源,电源箱及电源线应符合规范要求,防止电源短路引起火灾;滤油机、油管等设备或装置在使用前应进行试运行检查,防止使用过程中出现异常状况;滤油机应设专人操作和维护,油罐、油管的连接处必须牢固可靠,易渗部位下方设置集油桶,滤油过程中应设专人值守,人员应熟悉设备操作方法,并加强巡视,严防发生跑油事故。

(4)落实有限空间作业"五必须"。变压器内检安全管控的核心是气体检测及通风,有限空间作业必须严格实行作业审批制度,严禁擅自进入变压器器身进行内检；必须做到"先通风、再检测、后作业"，严禁通风、检测不合格作业；必须配备个人防中毒窒息等防护装备，严禁无防护监护措施作业；必须对作业人员进行安全培训；必须制定应急措施，现场配备应急装备，严禁盲目施救。在器身内部检查过程中，应连续充入干燥空气；检查过程中如需要照明，必须使用 12V 以下带防护罩照明灯具。

（5）加强变压器牵引就位安全管控，确保就位平稳、顺利。牵引、就位所用的卷扬机、顶升装置应满足使用要求；牵引、就位由专人统一指挥，统一号令，应设专人监护；严格控制换流变压器就位尺寸偏差，避免二次顶升、就位；伸入阀厅的换流变就位后，应做好阀侧套管的安全防护措施，严防套管损坏。

8. 大件运输

电网工程分布于全国各地，站址附近自然环境多样、运输条件复杂，主设备运输一直是电网工程建设的难点和关键点，特高压工程的主设备运输工作更为艰巨。电网工程大件设备质量为 200～550t，运输最大尺寸达到 13.6m（长）×5.5m（宽）×5.9m（高），设备质量及尺寸大，超过公路及铁路运输限界和桥梁承载能力，其中公路桥梁由于设计荷载等级的限制，特别是早期修建的桥梁，荷载等级大部分不能满足超重设备运输的需要，桥梁承载能力不足等问题，安全隐患极大；铁路运输受到铁路限界影响，必须采取专列运输方式，运输资源有限 [目前特高压工程大件设备铁路运输车型仅有 DK36（A）、DK29、D26B 三种落下孔车型]、运输组织协调复杂；近海及内河水运受季节和航道条件影响较大。根据电网工程特点，大多宜采用多式联运方式组织运输实施，为此规范大件运输项目的安全管理措施和技术措施，做到管理精细化、决策科学化、工作规范化、队伍专业化，从而确保工程大件运输项目的安全。

（1）严把方案评审关。在项目设计阶段，组织对设计方案进行评审。设计方案主要内容应包含分析公路运输影响因素、铁路运输影响因素、水运影响因素。影响大件设备公路运输的因素主要有桥梁、空障、海拔、山区道路、低等级公路、少数民族聚居区等；大件设备铁路运输的主要限制条件是装卸及运输过程中的超限问题，包括对超限等级、超限部位、电气化区段运输条件进行细致研究；水运则从水运分类和内河运输制约因素出发，综合考虑其换装方式，对水运制约因素进行分析；大件运输设备运输费及措施费的初步核算；最后根据大件运输制约因素多、运输实施难度大的特点，综合考虑站址位置和设备外形参数，提出安全、经济、可行的大件运输设计方案。在项目正式实施前，组织对项目施工方案进行评审。施工方案主要应包含以下内容：大件运输方式的选择是否科学合理、大件货物的装载加固方法是否安全可靠、大件运输线路的规划是否合理可行、大件运输组织保障是否全面可靠、大件货物的运输各环节论述是否科学详细、配车方案及相关安全性计算是否完整科学等。通过对上述主要内容的评审，确保项目施工方案的安全、经济、可行。

（2）建立全过程监理体系。建立全过程监理体系，实施全过程运输监督。监理单位对大件运输单位进行全过程安全检查。安全检查的流程包括计划制定、检查实施、问题整改、闭环管理。安全检查内容见表4-1。

表4-1 安 全 检 查 内 容

检查项目	检查内容	检查依据及方法
检查机制	建立机制：企业应建立常态化安全检查工作机制，明确责任部门，按照"方案制定、检查实施、评估分析、问题整改、闭环管理"流程开展安全检查	检查企业制度、记录和台账等相关资料。检查职责划分的合理性，组织实施的有效性，机制运转的顺畅性
检查实施	编制计划：企业应结合实际制定检查计划，确定检查方式、检查项目、检查时间等内容	检查企业编制的检查计划、检查内容、检查提纲、检查记录等相关材料。检查企业制定检查内容或提纲的针对性、完整性和规范性，检查活动开展的及时性、有效性
	制订方案：企业应按照检查计划、相关规定和业主安全工作要求，编制完善的检查内容和提纲	
	开展检查：企业应依照检查方案开展安全检查，并做好记录，针对发现的问题，进行梳理分析，形成检查报告	
问题整改	整改安排：企业应按照责任、措施、资金、期限和应急预案"五落实"要求及时编制整改计划，并组织整改	检查企业检查工作总结、整改方案、跟踪督办单、问题（隐患）管理台账等相关材料。检查"五落实"要求执行的有效性，检查问题整改的及时性
	动态跟踪：企业应明确责任归口部门，动态跟踪管理问题整改治理工作，定期总结分析整改治理情况	
	闭环管理：企业应及时对问题（隐患）评估、定级和建档，整改完成后按规定进行复查和验收	

监理人员全程参与大件运输，根据报审并批复的运输实施方案，在每次运输实施过程中检查安全体系文件的落实，专业人员执业证及机具安全性检查签证，组织大件设备的状态检查、移交等工作。

（3）应急预案的制定及执行。应急预案的建立，为了在任何时候对大件运输过程中可能所面临的危险、事故和紧急情况做出及时反应，尽量消除或减少可能发生的事故损失。完整的应急预案应包括应急反应机构、应急情况报送方式及相关记录、水路、铁路、公路运输应急预案（包含相应的适用范围、应急工器具及材料、施救责任与分工、具体的应急措施等）。

1）公路运输应急预案适用于大件设备在公路运输途中发生的特殊事件/事故的施救。为保证公路途中车辆出现故障、发生交通事故以及大件设备在公路车辆移位等事故时能够及时处理故障，需配发电机、液压顶升和推移系统等施救设施与设备。若为小故障则随车维修人员和技术人员进行维修或更换零部件，若出现大的故障如发动机、变速箱损坏、平板车断裂、框架车断裂等情况时，应立即停车，采用备用机具设备进行换装运输，同时立即通知特约维修站进行机具设备抢修。当运输线路出现新的临时障碍时，应停靠好车辆后认真查看线路是否有影响，若无法安全通行时，寻找合适场地停放运输车辆和设备，同时寻求公路部门支持，积极抢修运输道路。

2）水路运输应急预案适用于大件设备在水路运输途中发生的特殊事件/事故的施救。为保证水运途中船舶出现故障、遭遇恶劣天气、货物出现位移等情况的影响时能够及时处理故障，需配备沙袋、发电机、大功率水泵、高标号水泥、钢丝绳等施救设施与设备。

3）铁路运输应急预案适用于大件设备在铁路运输途中发生的特殊事件/事故的施救。为保证铁路途中车辆出现故障、紧急制动、变压器在铁路车辆移位等事故时能够及时处理故障，需配发电机、液压顶升和推移系统等施救设施与设备。

4）大件设备运输途中发生的特殊事件/事故的施救由承运单位负责；施救中必要时请求公路管理部门、海事局、海运管理部门及铁路管理部门等其他外单位支援；事故现场的隔离区由押运人员按预定方案设置；承运单位所有人员均有义务在统一指挥下进行施救和救护伤员（如果事故中有人员受伤）。

（4）危险点/危险源的识别和控制。根据事故致因理论中的危险源理论，通过排查出事故源，对事故源进行有效管控，从而达到减少或避免事故发生。为贯彻"安全第一、预防为主、综合治理"的方针，保障大件设备及施工人员的安全，对大件运输施工现场的危险点危险源进行提前分析，并采取相应的预控措施（见表4-2）。

表4-2　　　　　　　　　危险点/危险源的识别和控制

运输方式	作业	危险点/危险源	控制措施
铁路运输	铁路装卸车	承载侧梁抬吊时跌落	1. 检查钢丝绳是否符合要求，棱角处兜好包铁； 2. 起重指挥人员手势明确，信号清晰； 3. 抬吊作业前办理安全施工作业票并进行安全技术交底； 4. 起吊时搭建顶杆位置处各安排1人负责监护
	铁路车液压系统顶升货物	设备损坏	1. 顶升前确认液压管路系统连接良好，管路设备良好； 2. 顶升过程中四个角位处各派一人负责监护管路系统是否存在漏油现象； 3. 保证油缸行程小于190mm，一侧油缸行程之和与另一侧之的差值小于20mm
		加固装置松动	1. 驻车时由专人负责检查； 2. 在车辆中底架以下区域进行加固处理； 3. 启运前铁路列检人员检查车辆安全状况，确认符合要求并开具证明后启运
	车辆运行	交通事故	1. 注意观察临线信号灯以及过往车辆； 2. 不得在轨道线上漫步行走； 3. 加强安全监控； 4. 严格按照铁路添乘人员的指导和铁路电报要求运行

续表

运输方式	作业	危险点/危险源	控制措施
公路运输及卸车就位	装卸及就位	液压油管爆裂	1. 确保油路连接正确、畅顺，避免由于漏油造成泄压、设备倾翻； 2. 前期检查，确保使用合格的油管； 3. 作业时加强监控管路系统
		液压千斤顶失稳	1. 千斤顶支座搭设牢靠、道木合格； 2. 千斤顶与设备之间垫放防滑垫； 3. 泄载缓慢进行，作业时加强监控； 4. 每次顶升高度不大于 75mm； 5. 在千斤顶和设备之间加放橡胶防滑
		制动失灵导致货物损失、人员伤亡	1. 运输前检查车辆制动性，确认制动性能良好才下坡； 2. 下长坡时低速行驶，间歇制动，车组两旁配备三角木； 3. 配备淋水系统，防止轮毂过热导致刹车失效； 4. 加强安全监控和对来往车辆、人员的疏导和监控
		桥梁垮塌，道路塌方等线路障碍	1. 运输前确认道路整改已符合要求； 2. 引路车做好线路勘察工作，遇有道路险情会危及运输时及时通知大件运输车组，确保大件车组通行状况良好
水路运输	装卸船作业	吊机负荷不足	1. 吊装前制订详细的吊装方案，查验吊机负荷参数，确保在负荷范围内吊装； 2. 查验吊机相关检验手续，确认其性能参数合格
		钢丝绳强度不够	1. 采用 6 倍以上安全系数吊装； 2. 检查钢丝绳检验合格证； 3. 钢丝绳无断股、断丝等现象
		运输船舶承载力不够	1. 查验设备运输船的相关手续，确保船龄不大于 10 年，证照齐全，人员符合要求； 2. 选择承载能力符合合格的运输船舶； 3. 装载时严格按照计算确定的位置摆放
	船舶航行	船只触礁与碰撞	1. 严格按照航标灯和规定信号航行； 2. 加强同航道指挥台的联系； 3. 不明航道夜间禁止航行，如需航行需领航护航； 4. 加强值班人员对测深仪监控，选派熟悉航道人员驾船
		设备移位	1. 启运前检查捆扎加固装置，符合要求后才起航； 2. 运输途中加强对设备的捆扎加固的检查，一旦发现有松动现象立即进行整改
		遭遇恶劣天气	1. 通过船上广播收听运输沿途经过海域的天气预报，根据天气情况调整航行时间和途径； 2. 遇大风、大浪、浓雾等恶劣天气时按照海事部门的要求停靠到指定的港口或避风港

（5）实施模拟运输。为确保大件运输安全，每个工程均组织实施全过程模拟运输演练，按照实际大件设备重量的 110%，外形尺寸 1:1 制作模拟物（铁路运输方面主要做最大运输尺寸限界模拟）。模拟运输主要目的包括校核运输沿途桥梁、

路基承载力是否满足大件设备运输要求；校核公路运输牵引车牵引力是否满足运输沿途爬坡要求；校核运输沿途弯道转弯半径是否满足大件设备运输车组转弯要求；校核运输沿途空障是否满足大件设备运输车组通过要求；复核铁路运输的限界，检测铁路运输的限界是否满足大件设备装运后通过要求；对内河水运航道通行状况进行检验；校核起重设备起重能力及设备工作状况；对于运输所涉及各单位参与人员协同配合演练。对模拟运输全过程情况观测和记录，必须保持所有记录的真实和准确性，为后期大件运输提供可靠的依据。模拟运输完成后必须将运输过程中相关的监测数据资料整理存档，并且进行认真分析，形成整改措施，对运输中出现的问题进行总结、运输线路上的障碍进行整改，保障大件运输安全、可靠。

（6）使用可视化大件设备运输监控管理平台。根据大件设备运输项目分散性、流动性特点，为全过程安全保障可控，使用可视化的大件设备运输监控管理平台，可通过平台监控中心实时监控及可视化展示大件运输的各类关键信息。系统功能架构由实时终端、数据通信交互以及监控中心管理平台三大部分组成，实时终端包括各类监测终端、集中控制器等，数据通信交互包括台账数据、实时数据、专业数据、分析数据、空间数据五种类型的数据交互处理，将视频（图片）数据与设备信息、车辆信息、地理信息进行关联集成，在监控中心进行运输实时监控及可视化的一体化统一展示，对运输实时状态及位置提供分析报警信息，并利用专业分析对存在问题的合理性、可靠性进行判断和确认，对于确认的问题进行报警，同时及时通知相关管理人员采取应对措施，及时消除大件设备运输安全隐患。

9. 钢结构及构架吊装

变电站（换流站）大型钢结构建构物主要有主控楼、高低端阀厅、GIS 室、备品备件库、交流场及交流滤波器场构架等，建构物钢结构高度高、跨度大，如换流站阀厅 H 形钢柱高度超过 26m、人型屋架横向跨度超过 30m、1000kV 构架高度超过 70m、横梁跨度超过 50m、750kV 交流滤波场构架高度超过 50m、横梁跨度超过 36m，具有单件吊重大、起吊高度高、高空作业多等多重特点，均应按照危大工程进行管理，部分吊装工程属于超危大工程，施工中易发生高处坠落、机械伤害、机械失稳、杆件倾倒等安全风险，主要应从安全组织管理、安全技术管理、危险源管理等方面进行管控。

（1）严格人员入场管理。高处作业的人员健康状况应满足现场工作需求，严禁有高血压、癫痫等禁忌症人员登高作业；特种作业人员持证上岗，确保人证合一；人员岗位职责应清晰，现场指令要唯一，作业人员严格遵守"十不吊"原则。

（2）严格施工方案管理。施工单位应根据工程特点、难点，组织工程技术人员编制专项施工方案，按规定履行审批手续；超过一定规模的吊装工程，施工单位应当组织召开专家论证会对专项方案进行论证；专家论证前专项施工方案应当通过施工单位审核和总监理工程师审查；在正式施工前，管理人员要组织施工人员进行技术交底，实际作业中必须严格按照审批方案执行。

（3）严格受力分析计算。选用通过安全验算、检验合格的吊装机具，其额定载荷应保证安全吊装的需要；构架柱、横梁、屋架等桁架吊装，吊点应经计算确定，保证吊装过程中结构及构件的强度、刚度和稳定性；地锚结构形式应根据受力条件和施工地区的地质条件设计和选用，地锚的设置应计算校核；埋入式地锚回填、缆风绳与地面的夹角应符合规范要求；多机吊装时应采取可靠措施实现多机吊装的同步；细长的构件应采用多吊点吊装；当天安装的钢构件应形成稳定的空间体系；布置的各类安全措施不得随意变动安装位置。

（4）加强起重作业区环境管理。起重机械工作位置的地面承载力应满足要求；在复杂地基上吊装，应对地面进行处理；起重工作区域应设置封闭围挡，吊装区域内不得有垂直交叉作业；严格特殊环境下的安全管控，在六级大风等恶劣气候条件下严禁室外高处作业；在霜冻、雨雪后进行高处作业，人员应采取防冻和防滑措施，应对起重机械行走路线、站车位置进行检查，及时修理加固；高处作业区附近有带电体时，传递绳应使用干燥的绝缘绳。

（5）落实各项防护措施。高处作业应搭设专用的上下通道，高处水平移动时，应设置水平安全绳；垂直攀登自锁器、软体、安全带等防护用品应在检定合格周期内；高处作业应采取可靠措施防止高空坠物，严禁上下垂直交叉作业；自制高处作业平台，应经计算、验证，并制定操作规程，经批准后方可使用，使用过程中应定期检查、维护与保养，并做好记录。

10. 复杂环境施工

高海拔、高寒、多年冻土地区电网建设是人类电网建设历史上难啃的"硬骨头"，不能回避也无法回避。高海拔、高寒、多年冻土地区电网建设面临多年冻土区杆塔基础设计施工、高原医疗卫生保障、机械设备将效等一系列重大安全难题。

以青海—西藏联网工程为例，青藏高原是我国重要的安全屏障和生态屏障，是典型的高海拔、高寒、多年冻土地区。2011年12月±400kV直流联网工程克服高原缺氧、寒冷，施工环境艰苦等诸多困难提前投运，填补了复杂环境电网建设安全管理的空白，为我国在高海拔、高寒、多年冻土地区电网建设积累了宝贵的经验。

高海拔地区施工安全控制核心是解决高海拔、寒冷、缺氧、高原疾病对生命的考验，解决高原环境对施工机械、工器具及交通工具的不利影响，解决高原地区机械出力降效的影响，以及多年冻土环境对施工安全的极不利影响。

高海拔地区施工后勤保障的主要风险有"窒息、高原反应、疫情传播"，为三级风险作业。进入高海拔地区施工的主要风险有"高原反应"，为三级风险作业。

针对以上高海拔、高寒地区复杂环境施工的风险特点，以下简单阐述一些加强安全管理的建议和措施。

（1）建立医疗卫生保障体系。坚持"以人为本，预防为主"和"医疗卫生保障先行"的原则，创建全线统一的三级医疗卫生保障体系，即由单所医院承建制对全线进行统一医疗卫生保障，每30km设立一个一级医疗站，每100km设立一个二级医疗站，在大城市设立三级医疗站和习服基地，保障全体建设者的身体健康。严格控制劳动时间（每天不超过6h），限定每天工作量，施工人员定期、定时吸氧，配合医疗站坚持夜间查铺和巡诊。

（2）做好重点防控和应急处置工作。针对高空作业、桩基础施工、主设备安装、组塔等关键风险因素做好重点防控举措，并建立应急预案。在进行高处作业时，作业人员随身携带小型氧气瓶（袋），高处作业时间不应超过1h；在桩基础施工上，加强施工组织，配备齐全的安全设施，对设备和电源增加检查频次；在变压器（换流变）、换流阀等主设备安装上，认真检查所有机具，对操作人员进行安全技术交底，确保持证上岗、按规操作；在组塔方面，做好铁塔组立现场安全监护，设置专责安全监护人。做好重大天气信息和地质灾害的预防预报工作，动态发布更新安全风险信息。

（3）加强安全技术培训和交底。建立培训制度，定期、不定期向全体人员培训、宣贯高原施工的特点和安全管理要求，提升安全意识和防范水平。针对高原施工作业的特点，加强专业技术交底、特殊作业技能培训，如多年冻土区塔基冬季施工、高原病治疗技术、高原吸氧技术，并开展高原病和地方病防治科普，编印《健康教育手册》向作业层班组施工人员发放。加强对分包队伍和劳务队伍的资质审核，签订安全施工协议，开展安全交底技术培训。定期、不定期对劳务分包队伍开展安全检查和督导，对发现问题的整改情况进行动态跟踪管理。

（4）做好物资资源保障工作。建立以各参建单位分管领导为组长的物资供应保障组，加强物资供应保障。保证物资资源配备的充足性，减少现场人员、机械设备的劳动（使用）强度。配备足够的、必需的高原劳保用品。优化物资运输组织，协调供应商提前考虑运输计划。

（5）充分发挥科技的保障作用。根据实际情况，在基础施工阶段可大量采用机械作业。例如，冻土基坑的开挖采用大型挖掘机，岩石基坑的开挖采用大型冲击钻，灌注桩基础采用大型旋挖钻干法成孔方法，基础浇筑采用出口量较大的搅拌机、配以装载机等机械设备。在铁塔组立时，可通过大型机械设备进行分片、分段吊装，减少施工人员劳动强度和高空作业风险。在架线工程中，可选用直升机、无人机、飞艇放线。

11．试验调试

交直流输电工程调试和试验是工程建设的最后一道工序，是对工程设计、设备性能、施工质量的全面、完整、严格的系统检验。通过工程的调试和试验，验证直流输电系统各项性能指标是否达到合同和技术规范书规定的指标,确保工程投入运行后设备和系统的安全可靠性。试验调试过程中涉及的一次设备和二次设备繁多,涉及的参与人员众多,包括工程的设计、设备制造、安装施工、调度、运行、试验等单位人员,所以设备安全风险和人身安全风险隐患突出,需要在试验调试过程中充分做好安全风险管控。

从系统调试角度,主要在试验方案可实施性、试验人员资格、专业测试试验仪器设备及试验接线、试验现场管控等方面进行安全风险管控。

(1)充分论证试验方案可实施性。精心编写调试试验方案,从技术资料的收集与研究开始,根据工程特点和仿真研究分析掌握工程接入系统后的运行特性,结合以往直流工程调试经验,组织技术人员确定调试的项目,调试方案初稿编制完成后组织建设、调度、运行等各生产单位和专家进行评审,经过广泛征求意见后形成报批稿。组织骨干技术力量协助调度部门编写调度调试方案和反事故预案。以上方案均须正式通过工程启动验收委员会的审查和批准,确保调试万无一失。

(2)严控试验人员资格资质。系统试验过程中,参与试验人员,包括试验指挥组人员、试验测试组人员、运行操作人员、设备厂家技术保障人员等均需要经电力安全相关培训,并考试合格后持证上岗。试验指挥在指挥现场调试工作时,必须贯彻安全生产的原则,在调试进度和安全发生矛盾时,坚持"安全第一"的原则。试验测试人员严格执行岗位责任制,确保持证上岗,不准将仪器设备交给无证者操作,在未熟悉设备性能和操作规程前不能上岗操作,严格执行安全技术操作规程、规则、规定、制度,听从现场运行、监理人员在安全生产上的指导。运行操作人员严格执行调试指挥命令,编写操作票,按照安全规定完成试验操作,严格把关工作票内容,开工前应明确工作范围,做好安全措施;工作时应注意与相邻带电设备保持足够的安全距离。设备厂家技术保障人员严格按照业主项目部、运行单位等的安全管理规定和制度开展技术支撑和保障工作。

(3)严控专业测试试验安全关。专业测试试验涉及的仪器设备在试验前应对测试设备进行检查和校准,确保安全工器具有合格证、试验仪器设备经过有效溯源并在有效期内,试验线绝缘情况良好,测试设备状态良好。在施工现场搬运测试设备、材料时,要注意与现场带电设施保持足够的安全距离。工作前,工作人员、设备仪器、安全工器具等应满足工作资质或现场安全技术要求,并按变电(换流)站管理规定报批。现场工作前应仔细检查确认安全工器具、设备仪器合格后方可使用。工作票中涉及的工作地点和设备状态应经运行管理人员现场确认,工作票内所列安全措施全部落实到位,特别注意确认隔离开关应处于分位,接地刀闸应处于合位。接、拆线工作地点必须经运行人员确认位置并许可后方可实施,涉及套管末屏接入适配器操作的,应有设备厂家人员到场见证,并负责末屏盖的打开和复位。测试结束拆线后设备复位，清理现场，经运行管理人员现场复核无误后，销结工作票。在进行专业测试试验时，试验人员要严格按照相关的安全管理规定开展试验，听从运行、监理的安全指导。

（4）严控试验现场安全管理。在试验工作开始前，业主项目部应组织变电（换流）站运行管理单位、调试单位、送变电公司、生产厂家等相关单位完成试验方案技术交底和安全交底；试验前相关人员应检查试验回路和安全措施，所有测量引线应连接牢固可靠，防止出现被拉脱、轧断或松动等意外，确保 TA 二次不开路、TV 二次不短路；试验过程中，安全措施的布置、临时接线的安装和拆除均经过施工单位、监理以及调试单位的核对并做详细记录，确保无误；试验过程中，现场人员确保做好安全措施，对换流变压器、分接开关等设备的运行情况加强监视；试验过程中，各单位应严格按照调试方案执行，遵守电气作业安全规程和严格执行"两票三制"制度；试验过程中，由于试验系统，包括所有的硬件和软件还未移交给业主，因此设备制造单位负有进行调试以及在调试中做系统改进的责任，其中一次、二次设备修改等需要经现场技术分析会讨论确定后方可实施；对于重要缺陷，需召开专题讨论会，经相关权威专家或有资质的评价单位认可后方可实施，软件修改，应严格按照调试软件修改流程执行，在软件装载时，应有病毒检测措施，防止计算机感染病毒；试验过程中发生危害人身安全和严重损坏主设备的紧急情况时，现场人员应立即向现场启动调试总指挥汇报，并紧急停运试验系统，由启动调试总指挥按照相关事故管理规定向调度部门、业主项目部等上级部门汇报相关情况。

第五章

质 量 管 理

第一节 质量管理总体要求

中国特色社会主义进入了新时代，我国经济发展也进入了新时代，我国经济已由高速增长阶段转向高质量发展阶段。我国 220 多种工业品产量居世界第一，但总体上仍处于国际分工的中低端。从某种意义上讲，大国与强国的根本区别就在于质量。要成功转型升级，加快社会主义现代化国家建设，必须奠定坚实的质量基础，全面提升质量水平。

电网工程建设质量是工程安全性、可靠性、耐久性、经济性等各项指标的综合反映，是大电网安全的基本保障，是经济高质量发展的重要内容。行业内各单位十分重视电网工程建设质量，国家电网有限公司就明确提出了以下电网高质量建设的"三个更高"目标，从设计、设备、施工三个维度提升电网工程建设质量。

（1）高质量的设计。落实设计责任，强化引领管控，弘扬卓越文化，严格执行规程规范，着力提升设计品质。深化设计理念，推行广义的设计，将通道、协议等内容纳入设计要求，推行可研初设一体化管理，抓早、抓深、抓细设计，为工程的合规建设、顺利实施打好基础。提升设计标准，补强补齐设计短板，针对生产运维环节反馈的"常见病""易损件"，加强差异化设计，提高设计裕度，为安全稳定运行奠定基础。创新设计手段，推进三维设计在工程建设各环节的研究应用，进一步发挥三维设计的技术优势，促进提升建设水平。

（2）高质量的设备。适当提高设备档次，优选可靠性高、技术成熟的设备，优化质量评价指标，有效指导设备采购，为优选"好设备"打通"堵点"。精简优化设备种类，强化通用互换，引导设备厂商集中精力做优做强，优胜劣汰，从源头保证设备质量。加强设备质量管控，明确关键材料部件技术指标，严把监造、抽检、出厂试验、交接试验关，以过程管控推动设备质量"零缺陷"。掌握关键核心技术，提高政治站位，坚持问题导向，依托工程牵头组织产、学、研、用联合攻关，着力解决关键设备"卡脖子"问题，牢牢掌握设备质量控制主动权。

（3）高质量的施工。落实施工单位的主体责任和监理的监督责任、业主的管理责任，高标准、严要求，落实质量标准，严格质量把关，不达标准推倒重来，提升工程的观感质量和内在质量。开展深入有效的方案策划，紧扣工程实际，突出重点难点，做好项目管理策划，抓实施工方案编制，严格审查把关，确保方案合理可行。推行先进适用的工艺装备，深化标准工艺应用，推行工厂化加工、机械化施工、装配式建设，以成熟的施工工艺、先进的技术装备、实用的专用工具，有效保证施工质量、降低劳动强度、提高工作效率。实施细致严格的过程管控，弘扬工匠精神，精细建造方式，加强物资进场、设备安装、工序交接及隐蔽工程等关键、薄弱环节质量检查，抓实施工单位三级验收，强化监理、业主验收责任，落实工程质量终身责任制，推动过程创优、一次成优。

第二节 质量管理体系

质量管理体系是企业为实现质量目标而采用的质量管理模式，它根据企业特点选用若干体系要素加以组合，加强从设计研制、生产、检验、销售、使用全过程的质量管理活动控制，并予制度化、标准化，成为企业内部质量工作的要求和活动程序。电网工程建设也要建立相应的质量管理体系。

一、设计质量管理体系

1. 质量控制目标及要求

工程设计工作紧紧围绕建设"安全可靠、自主创新、经济合理、环境友好、国际一流"优质精品工程的工程建设目标，通过精心组织管理和强化设计管控，深入开展设计优化工作，确保工程设计质量和进度，实现一流的设计、一流的技术、一流的质量。

为保证工程建设目标实现，设计质量需满足以下要求：

（1）设计方案需满足国家和行业现行的有关规范、规程和技术规定的要求，以及"工程建设标准强制性条文"和国家电网公司各项反措的要求。

（2）全面落实"可研—设计"一体化，做好初设与可研的无缝衔接，将初步设计工作前移，可研设计阶段提前开展相关专题研究，提升设计深度，对总平面等重点设计专项适时组织专项评审，确保"一个方案"做到底。

（3）充分吸收以往工程建设经验、科研成果和设计研究成果，吸收建设管理、运行等部门的意见与建议，优化设计方案，提高设计质量。

（4）通过设立合理的设计专题，深化重大方案研究，提升设计方案的技术水平，保障安全可靠运行。

（5）强化初步设计内容深度，地质勘察、不良地质治理、桩基试验和检测、大件运输、站外水源和给排水等重要技术方案向施工图深度靠拢，确保工程技术方案不出现颠覆性因素。

（6）落实"设计＋环水保"一体化设计，设计方案全面落实工程环境影响报告书、水土保持方案报告书及其批复要求，环保水保专项设计与批复方案一致。

（7）对接初步设计和施工图设计，落实可行性研究报告和初步设计审批文件中对环保、水保及其他支撑性文件的各项要求。

（8）设计方案全面落实国家电网有限公司关于三维数字化设计的相关要求，从设计源头开展三维数字化设计，全面提高设计精度和设计质量，为建设"三型两网"夯实数据基础。

（9）依托最新的设备、材料信息价编制合理、精准的工程概算，满足工程建设和采购需要，提升造价管控精益化水平。

2. 设计工作机制

为保证工程设计质量，采用联合（集中）设计、分项实施、自行负责的原则，对工程设计实行统一组织、统一管理和统一协调。

（1）"可研—设计"一体化制度。按照"三个一"的原则开展工作，各部门、各单位分工合作、优势互补、协同推进，共同推动可研和设计，促进项目核准和开工建设。"一个设计单位"：通过可研和设计一体化招标，一并确定项目各个标包的承担单位，负责可研、初步设计和施工图设计等全过程咨询，设计责任自始至终、清晰明确；"一个技术方案"：电网公司总部明确的技术原则和设计方案在可研、初设、施工图设计阶段一以贯之，避免发生重大变更，提高投资管控精益化水平，适应国家事前核价和事中事后监管要求；"一条工作主线"：将可研和设计工作作为一个整体，总部部门协同管理，贯穿始终、各有侧重、阶段递进，统一考核设计质量，统筹落实协议意见，减少重复劳动，提高工作效率。

（2）分步和分级评审制度。工程设计采取分步、分级评审原则。对于工程设计的重大技术原则，例如变电站的主要设备选型、总平面布置等，换流站的阀厅布置、直流场、交流滤波器场等，接地极选址等，线路的路径、设计气象条件、绝缘配置等，采取专家研讨会或评审会的方式研究确定。必要时召开总部级审查会，审定工程重大设计原则。对于工程设计报告、工程勘测成果和初步设计专题，采取分阶段技术评审方式。

（3）设计联络会（例会）制度。为统一技术原则、协调设计进度，讨论和确定日常设计进度计划和有关的技术要求，根据设计进展情况定期或不定期组织召开设计联络会（例会），对例如变电站（换流站）的总平面布置、接地极极环布置、线路的路径、设计气象条件等重要设计方案以及工程设计疑难问题以及突发事件进行专题讨论并形成会议纪要。

（4）设计变更管理制度。设计变更实行分级管理。建管单位负责组织各相关部门对设计变更进行论证和审批。对金额超过 200 万元及以上或电网公司总部批复的工程初步设计方案在工程实施过程中其站区布置、接线方式、主要设备选型以及线路路径走向、线路回路数、线路导线（电缆）截面等原则意见改变的变更，需委托原初步设计评审单位进行评审，并出具评审意见，由电网公司总部负责审批。

（5）设计考核评价制度。电网公司组织对设计单位初步设计、施工图设计、现场服务、设计变更、竣工图设计等五部分设计工作进行考核评价。参评单位包括电网公司主管部门、建设管理单位、设计牵头单位、设计评审单位。工程设计考核评价工作完成后，由电网公司审核、确认和发布。

3. 设计过程管理

（1）设计配合管控。

1）可研设计单位应与初步设计单位进行资料交接，相关设计成果与资料应无缝对接；承担初步设计的设计院应梳理在初步设计和施工图设计阶段需要进一步深入研究的问题，并尽快开展研究，需要科研单位配合的尽早提出科研需求。

2）各线路设计单位之间、变电站（换流站）不同分包之间、主体设计单位和成套设计单位之间、变电站（换流站）设计单位和承担出口线路设计的设计单位间要做好资料交接和配合；主体设计单位应根据成套设计结论和主要设备选型方案，及时复核设计方案并反馈设计意见，满足成套设计要求；各设计单位的设计深度和图纸表达形式应一致，如有异议时，应由牵头单位（技术支撑单位）协调统一，或组织专家组讨论确定；牵头单位（技术支撑单位）应及时将各工程设计进展情况和存在的问题反馈给各单位，避免同一设计问题在其他站或线路标段设计中重复出现。

3）设计单位应与环评方案编制单位对工程沿线涉及的生态敏感区、电磁和噪声环境敏感目标、变电站噪声计算及采取的降噪措施等环境保护措施进行充分沟通，取得统一的推荐意见；与水保方案编制单位对变电站和线路的挡墙、护坡、截排水沟、植被恢复等水土保持措施及弃土处置方案等进行充分沟通，取得统一的推荐意见，确保工程实施方案落实环评水保批复的要求。

4）设计单位应及时向课题承担单位提供所需资料。科研条件发生变化时，应及时与课题承担单位反馈相关资料，说明发生的变化情况及需要对方提供的配合等。

5）课题承担单位进行前期科研成果复核、修正和完善，必要时开展进一步研究，提出适用于本工程的研究成果。课题承担单位应根据里程碑计划及时提供盖章版科研成果，满足工程需要。

6）设计单位应高度重视设备技术规范书的编制工作，确保规范书和附图的正确性、完整性。设备技术规范书在完成设计院内部校审流程后方可提交国网公司组织审查。设计联络会前，各设计单位应做好会前准备工作，提前熟悉厂家图纸，草拟修改的意见和要求供会议讨论，确保设备方案满足设计要求，提高设联会效率。

7）设计应充分听取各单位的意见和建议，在初设确定的原则范围内将各方的要求体现到施工图设计中。当施工、运检、建管等单位要求调整设计方案时，如涉及初步设计原则及方案修改，应在通过电规总院审查后，方可实施。施工单位提出的工程联系单生效后，设计单位应及时出具设计变更。其他单位提出的需修改设计的联系单和会议纪要等均不能作为修改图纸的依据。

（2）设计过程管控。

1）执行统一设计原则和标准，提高设计质量和设计效率。应用通用设计和施工图标准化设计模块，统一设计原则和标准，在各设计单位投标方案的基础上提出进一步优化和完善方案的建议，避免设计重复工作，提高设计效率。初步设计评审前，牵头单位（技术支撑单位）组织集中工作，核查设计文件是否满足现行有关规程、规范、标准和反措的要求，是否符合已批准的可研报告及审查意见要求，是否满足初步设计深度要求。重点检查设计文件的一致性。施工图阶段的设计方案调整和设计重大问题，应及时报送牵头单位（技术支撑单位）并向总部汇报。

2）重视科研成果转换应用，开展设计专题研究。参与特高压输变电技术相关科研课题的研究工作，提出设计需求，为科研成果尽快转化应用奠定基础。根据工程特点，开展相关变电和线路专业设计专题，设计专题的研究结论应能支撑工程设计方案。共性的专题研究由各设计单位共同配合完成；其他专题研究由具体工程负责设计单位结合具体工程特点完成。

3）设计单位应加强勘测内、外业质量管理，确保资源投入。对于地质情况复杂、站址区域地形起伏大的工程，应提高初勘和详勘工作要求，根据设计需要增加钻孔数量和深度。设计单位在详勘、钻探过程中，要遵循属地公司相关要求，避免对后期工程实施造成影响。

4）落实"先签后建"，做细做实通道设计。建立通道设计新机制，初设阶段落实建筑、厂矿、跨越等通过性协议和主要拆迁协议，相关费用进入工程概算，落实路径支撑性文件，取齐省、市、县、乡等各级协议，办理跨越铁路、高速公路、水利、保护区等各类设施协议，提出林勘、防洪、通航、文物、压矿、生态等专题评估需求并配合取得批复文件，杜绝后期出现重大变更导致设计反复；开工前全面落实拆迁补偿协议，协助办理规划、土地、安全生产、环水保等开工建设必须的相关报建手续，实现"先签后建"，保障工程现场建设顺利推进。

5）设计单位应严格执行国家相关环保、水保法律法规要求，按照"批复方案、初设原则、施工图设计、现场实施四环节一致"原则，在设计方案上充分考虑环保、水保措施，并增加环水保专项措施卷册，在相关文件和图纸中应有具体设计方案和实施措施，严格控制施工图设计方案的变更，对拟发生工程环保、水保的重大变动和变更，需报电网公司审批。

6）重视大件运输方案编制，确保运输路径成立，费用计列合理，满足工程要求。牵头单位（技术支撑单位）和设计单位应指定专人负责大件运输专题研究并对设计单位提交的大件运输报告进行把关，对重点和难点路段应组织设计单位进行现场踏勘，跟踪大件运输方案的实施过程。

7）设计单位应确保人员到位，加强设计单位内部、不同设计单位之间的沟通交流，确保设计原则和技术方案的贯彻落实。各设计单位应安排投标文件承诺的设计人员参加设计工作，确保优势资源投入，保证设计质量。参加设计单位应配合汇总设计单位严格按照质量要求完成设计文件。设计单位内部各工程设总和专业人员之间应及时沟通，确保设计要求或会议确定的事项能够落实到所有工程中。建设管理单位和设计牵头单位（技术支撑单位）应加强对各设计院设计过程的监督，检查设计人员到位情况，检查设计要求或会议确定事项的落实情况。

8）设计单位应进一步加强内部校审和培训，建立特高压工程问题跟踪机制，确保设计文件质量。各设计单位应与建设、运行、检修等相关单位密切沟通，充分听取属地相关单位提出的意见和要求，严格按照招标文件模板，编制设备及材料、施工安装招标文件。设计院提交的招标文件应按照质量体系文件要求完成相应的校审工作。各设计单位根据工程要求，确需修改通用设计确定的设计原则或相关招标文件模板中规定的设备参数等内容时，应在内部专业间协调后，得到有关单位同意确认后方可修改。牵头单位（技术支撑单位）组织设计单位统收集整理、汇总分析特高压工程中设计、施工、运行过程中出现的问题以及处理措施等。设计单位应完善信息沟通渠道，加强内部设计人员培训，了解掌握相关信息，及时修改、完善设计文件和策划文件，杜绝重复、错误地套用图纸等情况发生。对于工程中出现的重大设计质量问题，要分析原因，尽快提出可行的修改方案，撰写典型案例分析材料，并对相关设计单位予以通报和考核。

9）抓实设计评审工作，严格执行会议纪要、设计原则等相关要求。一要抓好本体设计质量评审，组织设计例会及专题评审，分阶段对技术参数、路径、图纸等进行评审，突出抓好工程常见病、多发病防治及"补短板"措施审查，切实把好工程本体设计质量关。二要高度重视通道设计评审，组织路径方案专题审查，确认合理路径；开展通道协议专项审查，确认路径成立；做实补偿费用审查，力争据实进入概算。三要抓好环水保设计评审，根据工程进展分阶段组织审查，落实环水保工作"四环节一致"原则。

10）完善质量管控文件，固化设计技术要求，确保设计质量控制的一贯性。各设计单位应将输变电工程建设标准强制性条文、电网重大反事故措施条文、防质量通病措施条文、标准工艺、属地省公司设计、建设运行要求落实到卷册任务书中，并纳入作业文件，使特高压工程设计技术要求标准化，确保各项要求在工程中均能得到有效落实。设计单位应及时总结以往工程的设计技术和要求，并将其纳入设计文件中进行固化。

4. 图纸质量管理

（1）校审制度。加强质量管理、提高评审等级，强调工程设总（项目经理）、主工、主设人、设计人员全员参与工程质量管理。设计文件的评审等级较一般工程提高一个等级。初步设计阶段核查设计文件是否满足现行有关规程、规范、标准和反措的要求，是否符合已批准的可研报告及审查意见要求，是否满足初步设计深度要求。重点检查图纸中各专业的协调一致性。施工图设计阶段核查设计计划、技术组织措施及卷册任务书，重点核查卷册目录的完整性、设计图纸的深度；核查设计文件对设计联络会议内容的落实情况；核查初设评审意见和批复的落实情况；核查《工程建设标准强制性条文》执行情况；核查电网公司反措及相关技术规定的执行情况；核查标准施工工艺在设计中的落实情况；核查施工图设计和厂家最终资料的一致性；核查各专业图纸的协调一致性。

（2）中间检查制度（含施工图检查）。在工程设计过程中，工作设计工作组独立或组织专家根据制定的阶段性目标开展检查工作，检查内容包括质量目标落实、设计计划的执行情况以及设计单位质量体系在本项目中运行的有效性。重点对设计的关键点和重要设计图纸、资料进行检查和评审，施工图交付施工前组织施工图检查。

（3）施工图交底和施工图会审。各设计单位施工图交底文件应确保施工图交底文件深度和主要原则的准确性和一致性。设计单位对各建管、施工、运行单位提出的施工图会审意见，应进行逐条回复落实并形成施工图交底、会审报告。

二、设备质量管理体系

随着电网工程技术持续创新，工程集中大规模建设，设备大批量集中交付，特高压工程设备种类繁多、数量巨大、技术参数要求高，这些都对设备可靠、稳定保持高质量水平提出巨大挑战，对设备质量管控提出极高要求。

电网工程技术更新迭代加快，不断实现持续创新。交流电网工程由 500、750kV

主干网络逐步发展为 1000kV 特高压交流电网为骨架，500、750kV 电网配合，超远距离、跨大区域电网。直流工程由±500kV/1.2GW，发展为±800kV/10GW、±1100kV/12GW、柔性直流电网输电工程。10GW 直流工程首次将额定电流提升至 6250A，并首次引入超高压、特高压交流电网分层接入结构。准东—皖南特高压直流工程首次将直流电压提升至±1100kV，输电容量提升至 12GW，送电距离达到 3324km。张北柔性直流电网工程额定电压±500kV、容量 3GW，是世界上电压等级最高、输送容量最大的柔性直流工程，核心技术和关键设备均为国际首创，实现柔性直流组网技术、将柔性直流输电容量提升至常规直流水平、将柔性直流可靠性提升至常规直流水平三大突破，取得世界上第一个真正具有网络特性的直流电网、最高电压等级最大开断能力直流断路器、最高电压等级最大换流容量柔性直流换流阀等 12 项世界第一。新一代升级版特高压输电工程，在前期工程基础上，对工程安全稳定运行、设备可靠性提升提出更高要求。

电网工程快速发展及大规模集中建设，电气设备持续、稳定高质量、批量化生产交付面临巨大压力。电气设备制造企业在电网工程大规模集中建设的背景下，长期以来一直承受设备产能紧张的压力，这对原材料、组部件供应质量保障，生产工艺过程质量控制，资源调配及投入等均提出极高要求，部分设备制造厂对于各台次设备制造质量控制敬畏之心、重视程度有所下降，在大规模集中生产交付条件下，各项资源难以得到充分保障。变压器、GIS 等核心设备质量控制难度加大，原材料增大供应及国产化导致供货质量水平下降，大量民工参与制造导致制造厂低级失误增多，存在影响设备安全稳定运行的设备质量管控风险。

电网工程设备种类繁多、数量巨大，特高压工程技术参数及裕度要求高。直流输电工程设备既应用一般交流变电设备，同时又包括换流变压器、换流阀、平波电抗器、穿墙套管、直流控制保护系统、直流转换开关、交直流滤波器、直流避雷器、直流测量装置等设备，此外根据工程实际，部分工程还应用调相机、直流断路器、交流耗能装置等设备。±1100kV 换流变压器，设备单台（相）容量达 600MVA，绝缘水平最高达 1100kV，设备总长达 37m，重达约 900t，参数均达世界之最。±800kV/10GW 特高压直流换流阀，将直流输送电流能力提升到 6250A。张北柔直工程采用 4.5kV/3000A 压接式 IGBT 应用于±500kV/3000A 柔性直流换流阀，采用混合式、机械式、负压耦合式 500kV 直流断路器，开断能力提升至 3ms 以内开断 25kA 短路电流。特高压交流变压器单柱容量由 334MVA 提升至 500MVA 容量，单台容量达到 1500MVA，均为世界之最；GIS 短路开断能力达到 63kA。这些都使得设备质量管理难度大为增加。

设备质量管理工作是物资需求方对供应商提供产品进行监督的一种方式，建立在供应商对其产品全面质量保证的基础上，设备质量监督的主要方式包括监造、抽检、巡检、出厂验收（试验见证）等。设备招标技术规范由成套设计及工程设计单位编制，设备质量监督管理工作由项目单位总体归口及指导管理，监造管理单位牵头组织，委托专业咨询监理公司，依据国家相关法律、法规、设备监造规范等相关规定，以及设备采购合同、监造服务合同等，监督并引导设备供应商开展设备质量管控。

1. 设备技术规范编制及审查

设备技术规范是设备生产制造的重要依据文件，设备技术规范由成套设计单位和工程设计单位依据设计研究结果开展编制。设备技术规范编制过程中，设计单位需充分吸取以往工程的典型经验教训，并及时与调度、运行、监造等单位对接，切实保证反事故措施，以及新技术、新要求在规范中的落实。针对设备的特殊参数和特殊要求，由设计单位或物资管理单位与潜在供货商提前对接，确保技术要求的可实施性。项目单位负责组织开展专题讨论，对技术规范的相关专题等进行讨论和审查。

设备技术规范的审查在招标前进行，按照设备技术规范内审和设备技术规范外审两个阶段开展。由项目单位负责组织设备技术规范内审，专家团队技术支撑，对技术规范中的使用条件、技术参数、性能要求、试验参数、接口、协调、技术服务等内容，以及以往专题会议要求的落实情况和各项反事故措施的落实情况等进行审查，编制单位根据审查结果进行完善后，由物资管理单位负责组织设备技术规范外审，专家团队技术支撑，对技术规范进行再次把关。

设备技术规范编制及审查过程中，应重点加强对于电网反事故措施、工程专项要求、以往典型经验等的落实。在重要设备，如变压器技术规范中应要求供应商提交绝缘材料使用过程质量控制方案，明确套管取油及乙炔含量要求，要求提出温升控制方案，并核算分接开关（若有）引线总电流。换流阀技术规范中应明确晶闸管、IGBT、电路板卡检验检测要求。GIS 技术规范中应明确要求供应商提交关键原材料、组部件检验检测及存栈方案。

2. 设备设计方案评审

设备设计方案审查是设备高质量生产制造及管控的重要环节，在设备供货合同签订后，按照设备设计联络、设计冻结两个阶段开展。

项目单位负责设备设计审查工作牵头管理，明确设计审查目标、要求和工作计划，负责设计方案审查质量总体把关，成套设计、工程设计、建设管理、监造管理、物资管理、运行管理等单位共同参与，专家团队技术支撑。成套设计单位负责审查设备设计方案是否符合技术规范要求，梳理设备投标技术文件与招标文件差异，审查相关技术参数、试验参数、一次/二次接口，以及以往专题会议要求、各项反事故措施是否在设计方案中落实。工程设计单位负责审核设备外形尺寸、间隙、端子荷载和通流能力是否满足要求，校核一次和二次的电气接口是否合理，负责设计范围内设备技术方案、技术参数、技术接口的审核，以及相关技术要求、反事故措施是否在设计方案中落实。监造管理相关单位确认以往工程产品制造出现的问题是否有针对性的管控措施，审核设备的型式试验、出厂试验项目和试验方案是否满足技术规范和工程需求。物资管理单位重点审查组部件清单。建设管理及运行管理相关单位共同参与以上设备设计方案审查相关工作。

设备设计方案应重点对变压器总体结构及参数，关键部位电场强度、绝缘裕度参数等电气绝缘性能，出线装置结构，套管、分接开关设计，机械性能，冷却与损耗等进行审查。对换流阀总体结构及电气特性，晶闸管、IGBT 静态、动态性能参数，损耗、发热与冷却系统设计参数，空气间隙，机械特性，二次接口设计等进行审查。对 GIS 总体结构及电气特性，以及包含的断路器、隔离开关、电流互感器、电压互感器、避雷器、SF_6 气体、套管、伸缩节等参数性能进行审查。

3. 质量隐患排查

坚持"治于未病"工作思路，防患于未然，深入梳理以往工程设备典型、重大质量问题案例以及不同设备供应商设计、材料、工艺等技术特点和使用习惯，梳理工程环境和系统等外部条件、设备技术参数等历史数据，掌握同类型设备不同技术路线设备特点和可靠性裕度分析潜在质量风险，制定对应设备质量隐患排查措施，通过标准文件、工作例会、会议纪要等多种媒介和形式，在设备供应商、监造单位之间进行即时和反复宣贯推广落实，不断提高质量风险预控能力，加大设备质量隐患排查力度，并定期检查落实情况，杜绝频发性"顽固病""慢性病"问题重复发生。

重点在设备各阶段对质量隐患进行排查，如在设计阶段对接线端头接口发热、结构件过热、线圈结构，GIS 低温、防风沙措施（若有），换流阀抗震、冷却水管接头、屏蔽罩结构、电子板卡电磁兼容性能设计等，在原材料组部件阶段对绝缘材料、套管、升高座、功率半导体器件、电子电路板卡、盆式绝缘子、绝缘拉杆检验检测，在生产工艺过程阶段对线圈绕制、器身装配、阀组件装配、GIS 组件装配污染及异物控制等，在试验阶段仪器仪表检验检定、试验环境干扰源控制等强化隐患风险排查。

4. 标准化监造作业

电气设备种类繁多、产业链覆盖广，尤其对于特高压工程、柔性直流输电等工程，新技术、新设备应用多，技术参数要求严苛，设备质量监督过程管控极其复杂，需要开展标准化、规范化监造作业，才能有效保证电气设备质量管控水平。电气设备标准化监造，要求针对原材料组部件检测检验，生产工艺过程控制，型式及例行试验检验见证，设备包装存栈及发运等不同阶段，制订标准化监造作业卡片，在各个阶段，针对各个工艺细节进行有效监督管控，逐条逐项进行落实，通过标准化、规范化过程监造作业，尽量减少人为主观因素，以及人员技术水平差异化影响，夯实设备质量基础，稳定、高效保障大规模电气设备制造质量水平。

标准化设备监造工作由监造管理单位牵头组织，委托专业监理公司具体实施。监造管理单位根据具体工程设备特点，编制《设备监造管理大纲》，明确设备监造工作总体思路，以及监造管理、监造实施、设备供应商等单位工作职责，监造人员技术水平工作业绩要求，各监造实施单位监造设备类型、数量范围，并提出标准化监造作业管理具体要求。监造单位依据《设备监造管理大纲》，分设备类型结合工程专项要求，依据不同设备技术标准、标准化监造作业指导书、电网反事故措施、专项会议要求等，编制各种类设备《监造实施细则》，并按照工序环节编制设备监造质量控制卡。设备监造质量控制卡分为驻厂监造、关键点见证两大类，以换流站为例，驻厂监造过程设备质量控制卡包括换流变压器、换流阀、平波电抗器、GIS、交流断路器、站用变压器等设备，关键点见证过程设备质量控制卡包括控制保护系统、穿墙套管、滤波电容器、电抗器、电阻器、隔离开关、测量设备、避雷器等设备。应用设备质量控制卡实施全过程标准化监造，并在监造见证过程中重点检查供应商标准化体系执行情况，持续完善设备监造标准化作业水平。

5. 抽检及巡检

在标准化监造作业的基础上，监造管理及监造实施单位开展主要电气设备、重要原材料组部件抽检及巡检工作。抽检是设备质量管理的重要手段，依据抽检技术标准、供货合同以及国家有关标准，对所采购设备、原材料、组部件在批次产品中随机抽取一定比例的数量进行有关项目检测，确定质量的活动。抽检范围主要包括各类电气设备，以及重要设备原材料、组部件等。设备主要包括变压器、换流阀、电抗器、电流互感器、电压互感器、GIS、断路器、隔离开关、避雷器、电容器、电阻器、附属设备材料等。重要设备的关键原材料、组部件主要包括电磁线、硅钢片、绝缘材料、晶闸管、IGBT、散热器、饱和电抗器、盆式绝缘子、绝缘拉杆等。各类物资抽检比例、数量，由各单位或项目管理部门根据实际确定。

抽检方式依据检测地点的不同，分为厂外抽检和厂内抽检，推荐采取厂外抽检，且采取厂外抽检的检测样品原则上应采取盲样的方式进行检测。厂外抽检是指项目单位在供应商生产制造现场以外实施的抽检，包括项目现场抽检、仓储地抽检、试验室检测（含送第三方检测）。厂内抽检是指在供应商生产制造现场实施的抽检工作，当需要对半成品及重要原材料组部件或者重要工序进行检测时，可采取厂内抽检。

对于关键电气设备核心原材料、组部件，应执行加强版强制检验检测。对电磁线漆膜厚度、均匀性，阻燃特性，绝缘纸板、成型件、层压纸板件绝缘性能，套管油样检测，分接开关动作时序、过渡电阻，装配至器身前后各分接位置对应变比及直流电阻等进行强化检验检测。对晶闸管、IGBT 开通、关断性能，电子板卡功能测试及电磁兼容特性，IGBT 功率子模块功率循环试验等，以及盆式绝缘子水压破坏试验、绝缘拉杆拉伸破坏试验、断路器弧触头机械强度及金相分析，伸缩节密封性能等进行强化检验检测。

巡检工作由监造管理单位不定期检查、考核、监督监造实施相关工作，并联合物资管理、建设管理、运行管理及专家团队，见证重要设备、原材料、组部件关键试验。监造管理单位制定设备监造巡检方案，组织巡检专家组，检查、监督设备监造工作实施情况，对监造组织机构及人员派驻情况，监造实施细则、技术协议、专题会议纪要等监造依据，设备风险点梳理及落实情况，驻厂监造、关键点见证质量控制卡执行情况，监造过程质量异常事件或故障分析报告等过程文件，设备供应商质量管理体系文件、生产试验人员资质证明等供应商生产资质文件，以及原材料、组部件质量证明文件，型式、例行、专项试验方案及报告进行检查。

巡检过程中，应重点监督见证主要生产工序的生产工艺设备、操作规程、检测手段、测量试验设备，外购主要原材料、组部件的质量证明文件、试验、检验报告和外协加工件、委托加工材料的质量证明以及供应商提交的进厂检验资料，并与实物相核对，并在制造现场对主要及关键组部件的制造工序、工艺和制造质量进行监督和见证，监督见证在技术协议中约定的产品制造过程中拟采用的新技术、新材料、新工艺的鉴定资料和试验报告，重点审查设备型式、特殊试验方案，并组织专家组及相关单位进行试验见证。

6. 延伸监造

延伸监造是对于设备供应商的分供商产品质量的有效控制手段，是在重要原材料、组部件抽检基础上的强化检验监督方法。监造管理单位牵头组织重要原材料、组部件分供商产品质量的延伸监造，监造单位具体实施，设备监造过程中，开展不少于 2 次延伸监造，第 1 次延伸监造针对重要原材料、组部件首批次入厂前进行，第 2 次延伸监造在重要原材料、组部件过程批次入厂前进行。第 1 次延伸监造前，监造单位编制延伸监造方案及质量工艺控制卡，按照计划时间和质量工艺控制要求进行延伸监造。第 2 次延伸监造前，应梳理总结前续产品原材料、组部件出现的质量问题，对质量薄弱的原材料、组部件进行重点延伸监造。监造管理单位根据设备原材料、组部件出现的程度严重、频率较高的质量问题以及延伸监造反馈结果，组织专题会议进行原因分析，明确整改措施，跟踪落实效果。

应加强对于电磁线分供商产品质量延伸监造，重点对电磁线拉制和涂漆阶段裸线表面质量、漆膜厚度、铜线电阻率、抗拉强度、屈服强度、击穿电压、黏合强度、绕制工艺阶段对换位导线换位节距，出厂试验阶段对线间绝缘性能进行检查。对绝缘材料水萃取液电导率、体积电阻率和表面电阻率、电气强度试验、成型件 X 光检测进行检查。对晶闸管、IGBT 掺杂、光刻、电子辐照等制造工艺，以及封装测试、重要动态静态参数、开通关断性能进行重点检查。对 GIS 盆式绝缘子表面缺陷，绝缘拉杆拉伸强度、电气强度等关键性能进行检测。

三、施工质量管理体系

1. 工程前期的质量管理

建设管理单位参与工程招标文件的编写、审查工作及评标工作。招标文件应明确对投标人的资质要求，明确工程质量目标和相关单位质量工作责任，明确工程质量违约索赔条款，根据质量隐患和工程负面清单的内容制定相应的条款，避免以往工程类似问题的发生。

2. 工程策划的质量管理

工程现场组建业主、设计、施工、监理项目部，组成人员均应具备相应的资格和能力。业主项目经理、项目勘察负责人、项目设计负责人、施工项目经理、总监理工程师应有法定代表人授权。

工程各参建单位应分别建立健全质量管理及控制体系，并制定并落实质量控制措施。必须对作业人员进行相应的质量教育和技术培训，将工程质量要求贯彻到每个作业人员。

工程项目各参建单位应结合工程实际开展工程质量管理策划。业主、监理、施工项目部分别编制《建设管理纲要》《监理规划》《项目管理实施规划》，其中应对工程质量管理进行专题策划，建设过程动态调整并严格实施。针对《工程建设管理纲要》中明确工程创优目标，业主项目部应单独编制《工程创优规划》《绿色施工总体策划》《新技术应用策划》文件。监理单位编制《工程创优监理计划》《工程绿色施工监理实施细则》《工程新技术应用监理实施细则》。施工单位编制《工程创优施工实施细则》《工程绿色施工方案》《工程新技术应用实施方案》。设计编制《工程绿色施工设计实施细则》《工程设计创优实施细则》《工程新技术应用设计实施细则》。

工程项目各参建单位开展质量通病防治工作，设计单位编制质量通病防治设计措施，施工项目部在《项目管理实施规划》中编制质量通病防治措施相关内容，经监理项目部审查、业主项目部审批后实施；监理项目部在《监理规划》中编制质量通病防治控制措施相关内容，经业主项目部审批后实施。工程项目各参建单位开展反事故措施及质量隐患、工程负面清单排查治理工作。工程项目各参建单位在施工方案中编制工程施工强制性条文执行计划相关内容，按规定审批后执行。

建设单位应明确标准工艺实施的目标和要求，负责组织参建各方开展标准工艺实施策划；设计单位应全面开展标准工艺设计，确定工程采用的标准工艺项目；施工项目部在工程施工组织设计中编制标准工艺施工策划章节，落实业主项目部提出的标准工艺实施目标及要求，执行施工图工艺设计相关内容；监理项目部在工程监理规划中编制标准工艺监理策划章节，按照业主项目部提出的实施目标和要求，明确标准工艺实施的范围、关键环节，制定有针对性的控制措施。

施工单位应收集最新版本的技术标准、管理制度，建立台账，并随时更新。工程开工前，施工单位应按照国家、行业、企业标准，编制工程施工质量验收范围划分表，报监理审核，业主审批。工序作业前后，按要求对施工作业过程的关键环节或设备材料的质量进行验收，包括设备材料进场验收、隐蔽工程验收和设备交接试验等。

业主项目部组织参建单位完成质量监督注册申请，获得质量监督注册证书。

3. 施工过程的质量管理

施工项目部在开工前落实施工人力和机械、物资材料、计量器具、特殊工种作业人员、检验试验计划、施工方案等准备工作，将相关资质、检测报告等证明文件报监理项目部审查，监理项目部对开工应具备的条件审查合格后，签署开工报审意见，报业主项目部批准。

监理项目部组织主要设备的到货验收和开箱检查，并做好材料的进场检验、见证取样等质量控制工作。对于施工单位采购的原材料和设备，施工项目部在进行主要材料或构配件、设备采购前，应将拟采购供货的供应商资质证明文件报监理项目部审查，并按合同要求报业主项目部批准。施工项目部应在主要材料或构配件、设备进场后，将有关质量证明文件、复试报告报监理项目部审查。监理项目部应按有关规定对用于工程的材料进行见证取样、平行检验。

业主项目部组织设计交底和施工图会检，签发设计交底纪要、施工图会检纪要。施工项目部应严格按施工图纸、施工方案组织施工，控制工序质量。严格执行三级自检制度（班组自检、项目部复检和公司级专检），做好工程质量检验记录及质量问题管理台账，做到内容真实，数据准确并应与工程进度保持同步。施工项目部在隐蔽前48h前通知监理，监理项目部于隐蔽前组织相关人员对隐蔽工程进行验收。地基验槽等重要隐蔽工程的验收应通知建设管理单位、运检单位、勘察、设计单位参加。

监理项目部应及时审批施工项目部的各种报审资料，符合要求后予以签认或准予实施并进行现场核查。监理项目部运用见证、旁站、巡视、平行检验等质量控制手段，对工程施工质量进行检查、控制。对重点部位、关键工序进行旁站监理；根据工程进度开展巡视、平行检验；对隐蔽工程进行检查、签证；组织检验批、分项、分部工程质量验收，核查工程建设标准强制性条文、质量通病防治措施、标准工艺的执行情况。当发现质量问题时，监理项目部应及时签发监理通知书，要求责任单位整改，并应监督其形成闭环管理，整改完成后，监理项目部应进行复查确认。

工程项目每月应质量工作例会，对工程质量状况进行分析，解决施工过程中出现的质量问题，提出质量工作的改进意见和整改要求。监督工程质量管理制度、工程建设标准强制性条文、质量通病防治措施和标准工艺等执行情况。

当项目工期应按照合同约定执行。当工期需要调整时，建设管理单位应组织参建单位从影响工程建设的安全、质量、环境、资源方面确认可行性，并应采取有效措施保证工程质量。

业主项目部应阶段性开展中间验收及质量巡查工作，并应在确认发现问题整改闭合完成后想质量监督机构申请质量监督检查。

当工程发生质量事件或质量事故时，建设管理单位应按规定组织或配合调查和处理工作。

4. 验收阶段的质量管理

施工单位针对输变电工程质量开展的自行检查分三级实施，分别为班组自检、项目部复检和公司级专检（简称施工三级自检），施工三级自检应做好工程质量验收记录及质量问题管理台账，做到内容真实，数据准确并应与工程进度保持同步。

施工项目部完成施工三级自检后，应及时完成整改项目的闭环管理，出具自检报告，向监理项目部申请监理初检。监理项目部复核初检条件，合格后组织初检。对初检中发现的施工质量问题，由监理项目部指令施工项目部整改消缺，设计、设备质量问题和缺陷由建设管理单位协调责任单位整改消缺。整改消缺完毕后监理项目部应及时复查并签认，出具质量评估报告。

建设管理单位按照竣工预验收方案组织运检、设计、监理、施工、调试、技术监督及厂家单位开展竣工预验收，出具竣工预验收报告。

技术监督实施单位负责完成竣工预验收阶段的技术监督工作，出具报告，建设管理单位负责审核并确认有关问题整改闭环。

项目法人负责成立工程启动验收委员会。启动验收应在工程竣工预验收合格后进行，验收中发现的问题和缺陷由责任单位负责整改消缺，并向质量监督机构审查质量监督检查，获得质量监督检查专业意见书、转序通知书、并网通知书等。工程完成启动、调试、试运行后，启动验收委员会及时办理启动验收证书，完成向生产的移交。

5. 工程移交后质量管理

工程移交后，建设管理、设计、监理、施工、调试等单位应分别组织编制工程总结。总结工程质量管理中的经验与教训，分析、查找存在问题的原因，提出工作改进措施，定期更新质量隐患排查手册和工程负面清单等文件。

建设管理单位应组织参建单位进行档案资料整改归档工作,组织达标投产考核与创优检查工作。设计、施工、监理等单位在工程投产后开展质量回访及保修工作。

第三节 质量标准化与创新

美国麻省理工学院的经济学家达龙·阿塞莫格鲁在《经济增长的两大引擎:创新与标准化》论文中指出"如果只有创新而没有适时的标准化,则创新的成果就很难转化为经济福利和未来创新的制度基础。但若过分强调标准化,则容易形成官僚化的管理体制,从而扼杀创新。健康的增长模式是在创新与标准化之间权衡。"通过多年电网工程建设经验总结,标准化建设有助于奠定坚实的质量基础,通过质量创新全面提升质量水平,点面结合、以点带面,推动电网建设高质量发展。

一、设计标准化和创新

(一)设计标准化

为顺应电网工程大规模建设、高质量发展的新形势,实现"安全可靠、自主创新、经济合理、环境友好、国际一流"优质精品工程的建设目标,公司总部以"质量第一、效益优先"为导向,在系统总结工程设计、设备、建设、运行经验和科研成果的基础上,发挥设计龙头作用,着力设计标准化,以通用设计、标准化设计方案和技术标准为载体,开展设计标准化工作,全面提高工程设计质量,推进电网高质量建设,支撑电网高质量发展。

1. 通用设计

自 2005 年以来,国家电网公司相继开展了输变电工程通用设计的研究编制与修订工作,遵循"安全可靠,经济合理,先进适用,标准统一"的基本原则,力求实现可靠性、经济性、先进性、适用性、统一性和灵活性的有机协调统一。可靠性就是充分应用经工程实践验证的成熟技术,结合科研攻关成果进一步优化完善,确保设计方案安全可靠;经济性就是从设计方案源头考虑工程全寿命周期的总体费用,坚持标准化和差异化相结合,有效控制工程投资,降低电网工程建设和运行成本;先进性就是在满足安全可靠的前提下,积极应用成熟的新技术、新设备,鼓励设计创新,持续推进设计全过程优化;适用性就是综合考虑特高压输电技术的现状和创新发展,合理确定设计方案,在一定时间内满足不同设备型式、外部条件的工程建设需求;统一性就是设计方案实现"建设标准统一,设计原则统一,设计深度统一,设备规范统一",并充分体现国家电网公司企业文化特征;灵活性就是通用设计模块划分合理,接口灵活,便于调整,方便使用。

按照上述原则，目前已形成涵盖常规 35～750kV 以及特高压 1000、±800、±1100kV 各电压等级的国家电网公司输变电工程通用设计系列成果，并且针对西藏高海拔、电铁牵引等特殊项目制订了专项通用设计，以满足不同地区的个性化需求。同时，为加强和规范通用设计等基建标准化建设成果在输变电工程中的应用，搭建成果与建设管理、设计、设计评审等专业使用者的"桥梁"，切实抓好输变电工程设计和评审关键环节工作，进一步提升通用设计、通用设备等基建标准化建设成果的应用水平和应用效益，国家电网公司自 2009 年起组织制定了《国家电网公司标准化建设成果（通用设计）应用目录》，并按年度滚动修订。通过多年标准化建设，现已具备了在各电压等级全面应用"三通一标"的条件，通用设计成果规范了工程管理，统一了建设标准，提高了设计和造价管理水平，并进一步提高工程质量和供电可靠性，促进输变电工程建设效率和效益提升。

近年来，随着电网技术的不断更新以及规范标准的相继升级，部分通用设计成果也暴露出模块利用率低、适用性差等问题。为此，应梳理通用设计成果，落实通用设计应用，提高标准化水平。

（1）适应电网发展，科学精简通用设计方案数量。优选 GIS 方案，缩减 AIS 方案，适度提高 35～110kV 架空输电线路同塔双回应用比例，取消应用率低的通用设计方案、模块，提高标准化水平。

（2）吸收专业意见，优化完善通用设计。依据最新规程规范、技术标准等要求，充分听取规划、施工、运行、调度等专业的意见建议，优化完善、动态修订通用设计，保持成果先进性。

（3）结合地域特点，做深做实省公司实施方案。深化应用变电站通用设计，因地制宜制定省公司通用设计实施方案，达到施工图深度。各省公司每电压等级实施方案控制在 3 个以内，工程各阶段严格执行，实现标准化复制、规模化应用。

2. 标准体系

标准是行业之本，是推动电网工程高质量发展的关键基因，为企业生产、经营提供有力的技术支撑。电网技术体系分为规划设计、施工建设、设备材料、调度运行、实验计量、安全环保、技术监督等方面，设计标准体系作为其中的重要组成部分，是整个电网建设的龙头，是电网高质量建设的重要保证。纵观国际一流电力企业的建设之路，国家电网公司始终坚持推动电网设计规范体系的建设工作，通过规范电网设计技术要求，提升了电网设计质量，推动了电网技术快速进步，保证了电网安全经济运行，而且在促进国际交流、支撑行业管理等方面发挥了不可替代的作用。

目前，国家电网公司积极推进特高压电网建设、智能电网研究，在以建设特高压为核心的坚强智能电网的发展目标下，输电网形态和功能定位将发生深刻变化，需要配套的特高压设计标准作为支撑。但现有的设计标准体系有待完善：① 伴随新技术和新科技的发展以及国家产业政策的出台，部分新成果、新方案、新要求未能在标准中落实。② 受制于技术发展水平，部分标准中技术要求深度存在差异。③ 不同专业领域的标准存在交叉，技术要求不统一。同时，设计标准体系需与国际标准体系加速接轨。伴随全球化进程，国际电力设计标准已超越了其原有内涵，成为决定技术演进趋势、影响前沿产业生态，乃至国家核心竞争力和创新能力的重要因素。随着中国国力的增强与科技创新发展水平的提高，中国已经有能力参与和引领标准制定。目前，依托特高压及柔性直流领域的技术突破，已制定发布《特高压交流变电站设计》（IEC TS63042 – 201）、《交流架空线路设计导则》（IEEE 1863—2019）、《电压调整与绝缘设计》（IEC TS63042 – 101）等标准，但标准化整体水平与国际先进企业尚存一定差距，相关领域装备材料、试验测量等系列标准建设仍由其他国家主导。

针对上述情况，电网企业应积极推进标准体系建设。① 体系先行。以标准体系为先导，按照"体系—规划—计划—项目—标准编制"的流程开展标准体系化和编制立项工作。针对重点技术领域，全面考虑设计、制造、建设、运行、施工、验收、测试、维护等各个环节，进行重点领域标准体系研究和系列标准规划，科学、合理地安排标准制定的计划和步骤，实现节能降耗，高效发展。② 重点突出。瞄准电网总体发展目标，紧密围绕坚强智能电网建设、清洁能源接入和消纳等电网重点发展领域，定位国际先进技术发展前沿，研究技术的先进性和前瞻性，分析国际、国内现行标准的适用性，发掘标准化工作的新领域和新需求。积极开展国际标准申请和制定工作，从国际标准领域的引用者、参与者，逐步转变为主导者。主导制定特高压、智能电网等领域国际标准，占领国际智能电网技术的制高点，实现公司引领国际智能电网发展战略目标。③ 自主创新。依托电力行业特有的重点技术领域，结合公司需求推进自主创新，快速将技术成果转化为设计标准，将成熟标准提升为行业、国家、国际标准，实现"技术专利化、专利标准化、标准国际化"，力争主导优势领域的技术标准话语权，引领产业发展；四是经济安全。关注重点发展领域的经济性和安全性，对于关系安全质量的重大命题，适时制定强制性企业、行业和国家标准，建立标准宣贯机制，保障电网安全运行，最大限度地创造经济、社会和环境的综合价值。

3. 特高压变电站标准化设计方案

从 2009 年我国首个晋东南—南阳—荆门 1000kV 特高压交流工程建成投运至今，特高压变电站已经累积了丰富的设计经验，通过全面系统地总结特高压交流工程设计、建设和运行经验，将设计优化及科研攻关实践中的优秀成果进行固化，提炼形成 1000kV 变电站标准化设计方案。

（1）配电装置选型。主变压器方面，除皖南变电站试点采用户外、单相、油浸、自耦、中性点有载调压变压器外，其余工程均采用无励磁调压变压器；隔离开关方面，试验示范工程的南阳变电站和荆门变电站 1000kV 采用 HGIS 设备，长治变电站采用 GIS 设备。考虑到 HGIS 设备占地大，后续工程中，1000kV 均采用 GIS 设备，显著降低用地指标。另外，锡林郭勒盟、胜利、张北变电站站址位于高寒地区，环境温度低，GIS 采用户内布置；断路器方面，110kV 总断路器采用 SF_6 瓷柱式，总断路器应具备投切 2 组 240Mvar 110kV 并联电抗器或 2 组 240Mvar 110kV 并联电容器的能力。110kV 并联电容器无功补偿回路采用带选相合闸装置的 SF_6 瓷柱式断路器或 HGIS（负荷开关）；无功补偿方面，考虑到 110kV 无功补偿配电装置区占地面积较大，通过将电容器的双塔结构形式优化为单塔结构，降低了无功区域的占地面积。

（2）总平面布置优化。早期试验示范工程中，1000kV 出线回路采用"7 元件"方案，依次为 GIS 套管、接地开关、CVT、支柱绝缘子、避雷器、支柱绝缘子、高压电抗器套管。后经相关计算和出线回路抗震研究，并兼顾检修需要，对高压电抗器回路进行优化。自皖电东送工程起，最终定位采用"4 元件"方案，依次为 GIS 套管、避雷器、电压互感器和高压电抗器套管。后考虑到运维阶段现场主变压器、高压电抗器备用相快速更换的需求，自锡盟—胜利特高压交流工程开始对总平面图布置进行优化。主变压器备用相更换采用轨道整装搬运方案，将主变压器避雷器布置在主变压器运输道路对侧，主变压器进线电压互感器采用 GIS 内置的罐式电磁式电压互感器，主变压器运输轨道布置于主变压器前广场，不利用主变压器运输道路；高压电抗器备用相切换采用平板车整装搬运方案，恢复供电时间短，布置灵活，可满足一台备用相为多回出线，甚至出线方向不同时的高压电抗器备用相切换需求。

（3）消防标准提升。2018 年，针对特高压变电站消防形势及大型带油设备特点，开展了消防标准提升专题研究。通过对现有特高压变电站与特高压换流站、常规超高压变电站消防设计差异进行纵向、横向对比，重点研究灭火系统的供给强度、持续喷雾时间及保护范围、高压电抗器隔声罩顶盖及基础优化、消防控制等关键消防方案，分析论证主变压器、高压电抗器防火间距及重点区域构筑物防火能力，系统构筑多道防线，提高特高压变电站消防灭火能力。同时，研究电缆防火设计提升措施，固化电缆封堵方案标准化图集。

4. 特高压换流站标准化设计方案

自 2009 年向家坝—上海 ±800kV 特高压直流输电工程建设以来，特高压换流站额定容量由最初的 6.4GW 逐步提升至 7.2、8、10GW，并在准东—皖南 ±1100kV 特高压直流输电工程实现了电压、容量的双提升，额定电压达到 ±1100kV，额定容量达到 12GW。通过 10 余年的技术积累及工程实践，目前已固化形成 ±800kV、8GW 的"双 800"特高压换流站建设方案。

（1）换流站平面布置。换流站早期均采用阀厅"面对面"布置方式，即同极的高、低端阀厅面对面分开布置，2 个低端阀厅背靠背紧挨布置，4 个阀厅平行布置在站区中央，24 台工作换流变压器按阀组分为 4 组插入阀厅，设置两块换流变压器安装广场，主控楼、辅控楼布置在阀厅首端。至锡盟—泰州 ±800kV 特高压直流输电工程，受端换流站高低端换流器分层接入 500kV 和 1000kV 交流电网，为解决"面对面"布置方式接线复杂的问题，提出了"一字形"布置方案，即 4 个阀厅、主控楼与 2 个辅控楼一字排列布置在一条线上，24 台工作换流变压器并排布置在阀厅同一侧。该方案有利于换流变压器的安装及转运，换流器交流引线清晰简单。目前，"一字形"布置已成为分层接入换流站的标准化平面布置方案之一。交流滤波器场因占地面积大、布置复杂，一直是占地优化的重点，其先后经历了"一字形""田字形"等多种方案的优化升级，并最终形成适用于"双 800"直流输电方案的改进"田字形"布置方式，滤波器场长度方向可节省 40m，按 16 小组滤波器计算，节省占地约 5800m^2。

（2）建、构筑物。换流站建、构筑物标准化方案经历了三代升级过程，以主、辅控楼布置为例，第一代是以锦屏—苏南 ±800kV 特高压直流输电工程为代表的建设方案，其考虑运行维护便捷性及舒适性，适度增加了建筑面积约 300m^2；第二代是以灵州—绍兴 ±800kV 特高压直流输电工程为代表的建设方案，其采用三层布置，考虑到功能需求及运维习惯的变化，站内不单独设置阀外冷建筑物，并将相关功能与阀内冷设备间统一在控制楼内；第三代是以锡盟—泰州 ±800kV 特高压直流输电工程为代表的建设方案，将控制楼内的阀冷、阀控、空调、配电等功能房间以阀组为单位分别配置在 4 幢辅控楼内，分别毗邻对应阀厅并布置于低端阀厅靠直流场侧空余场地，同时将站公用控保、主控室、运行办公等功能用房集中布置在 1 幢主控楼内，该方案为后续准东—皖南 ±1100kV 特高压直流输电工程提供借鉴。

（3）阀控等关键设备二次接口。早期换流站直流控制系统与阀控接口通信方式多样，接口信号不规范，给直流系统调试和运行带来困难。2013 年，国家电网公司组织开展换流阀阀控、阀冷系统、换流变压器、安控装置等主要设备通用接口技术研究工作，统一了换流站关键设备的通信方式、接口信号、逻辑功能，形成了通用接口规范，发布多项企标，节约了控制保护联调和现场调试时间。

5. 特高压线路标准化设计方案

自特高压工程大规模建设以来，导线选型、绝缘配置、杆塔基础等直流线路关键技术研究及应用经验逐步成熟，依托工程设计优化成果和工程经验，形成了一系列固化的技术原则及设计方案，并根据新一代升级版特高压工程的总体要求，研究确定了特高压输电关键技术的标准化设计成果。

（1）导线选择。直流工程方面，随着输送容量不断提高，6×900、6×1000、6×1250、$8 \times 1250 \mathrm{mm}^2$ 截面导线方案相继应用，大截面导线研制及施工经验日趋成熟，导线选型原则固化形成。随着"双 800"直流输送方案的标准化，为满足不同送受端电源及消纳特点，$\pm 800 \mathrm{kV}$ 直流线路按不同损耗小时数分别采用 6×1000、$6 \times 1250 \mathrm{mm}^2$ 两种标准化截面导线方案，并在重冰区分别对应采用 6×900、$6 \times 1000 \mathrm{mm}^2$ 截面导线方案，用以降低不平衡张力，进而优化本体投资；交流工程方面，输送容量相对固定，单、双回路分别采用技术成熟、经济合理的 8×500、$8 \times 630 \mathrm{mm}^2$ 截面导线方案。

（2）绝缘配置。导线截面的增大导致绝缘子串联数逐渐增加，进而降低了整套绝缘子串的可靠性，为优化串型结构，减少绝缘子串联数，大吨位绝缘子应运而生。通过解决材料配方、头部结构优化、长期机械疲劳性能等盘形绝缘子技术难题和超长棒形绝缘子制造、场强控制和均压环优化等复合绝缘子关键技术，现已形成 420、550、840kN（直流）大吨位盘形绝缘子和 420、550、1000kN（直流）大吨位复合绝缘子系列化产品，并通过大量工程实践积累了成熟的设计及建设经验。绝缘子配置方面，特高压直流线路由等值盐密法逐步升级为饱和盐密法，在满足现状污秽水平的同时，为远期污秽发展预留防污提升空间；交流线路由爬电比距法升级为污耐压法，通过将污耐压法与绝缘子的污闪电压建立了直接的关系，提升了线路绝缘配置水平。

（3）金具串。为优化连接金具尺寸、减少金具零件数量、节约加工制造成本、提升运行维护性能，针对不同导线截面和分裂数，逐步形成了配套系列金具方案，并在特高压交直流工程中广泛应用。同时，针对大风区、舞动区及低温区，通过采用锻造加工工艺、35CrMo 合金钢、金具连接形式改进等优化措施，提高了金具耐磨、轻质、高强性能，固化了金具选型及选材要求，为高质量建设提供支撑。

（4）杆塔和基础。经过十余年的技术积累，杆塔选型方面，目前已形成特高压交直流工程典型的铁塔选型方案，同时结合走廊拥挤、采空区等特殊区段，提出了 F 形塔、复合横担塔、分体塔以及单极塔等解决方案，满足了工程建设需求；杆塔选材方面，逐步固化了钢管塔及角钢塔的适用范围，推动了高强钢、大规格角钢以及耐候钢等新材料应用，并针对高寒地区钢材的低温冷脆问题，固化了低温选材原则；基础选型方面，在常规基础方案的基础上，逐步完善固化了岩石锚杆、防护大板、PHC 管桩等新型环保基础的适用范围、计算理论，全面支撑绿色线路建设。

（5）极间距选择。随着大截面导线的推广应用，线路电磁环境得到有效改善，轻中冰区直线塔最小极间距从 22m 逐步优化到 20m，耐张塔优化到 16～18m；结合多年来特高压直流线路工程极间距研究成果及西藏羊八井试验基地电磁环境试验数据，综合考虑设计、加工及运行便捷性，经梳理整合，逐步形成不同海拔条件下的极间距取值原则。

6. 直流输电工程标准化成套设计方案

自向家坝—上海±800kV 特高压直流输电工程以来，已建直流工程总体运行状况良好，但也暴露出容量提升后系统元件的载流能力裕度相对下降等"短板"。针对上述情况，国家电网公司持续优化直流输电工程成套设计方案，固化设计成果。根据国内外设备企业的制造能力、换流站址及系统条件，归纳直流工程绝缘配合、无功配置等基本策略，优化直流系统整体性能，研究设计主回路参数及接入方式、控制保护系统结构及功能，明确各设备间的技术接口要求，提炼出可覆盖大部分直流工程及相关成套设计内容的标准化设计方案。同时，规范直流系统设计参数，进而带动下游设备参数标准化，精简优化设备种类，达到设备通用互换、降低生产制造成本、缩短材料采购周期的目标。

（1）主回路接线。直流输电工程的标准接线方式为双极两端中性点接地方式，由正负两极对地，两端换流站的中性点均接地的系统构成，利用正负两极导线和两端换流站的正负两极相连，构成直流侧的闭环回路。两端接地极所形成的大地回路，可作为输电系统的备用导线。输电系统包括 2 个完整单极，每个完整单极的送、受端均由 2 个电压相等的 12 脉动换流器串联组成，采用单相双绕组换流变压器。每个完整单极中任何一对 12 脉动换流器退出运行，都不影响剩余换流器构成不完整单极运行。直流系统可采用以下接线方式运行。

1）双极全换流器运行接线；

2）双极单换流器运行接线；

3）单极大地全换流器运行接线；

4）单极大地单换流器运行接线；

5）单极金属全换流器运行接线；

6）单极金属单换流器运行接线；

7）双极混合换流器运行接线。

由于特高压直流输电工程的输电线路长，跨越区域大、路径复杂、地形地貌多变，一旦在重冰区线路敷冰严重，将对特高压直流输电线路安全运行造成威胁。因此部分特高压换流站直流侧会采用融冰接线方式，通过开合相关隔离开关和设置融冰回路的方法将换流站两个低端阀厅退出运行，将两个高端阀厅并联运行，将构成双极的两组换流器通过相应的隔离开关、引线改造成相并联的换流系统（见

图 5-1）。其特点是在输送相同功率时，直流线路融冰电流为正常运行时电流的 2 倍，但要更改主接线，增加绝缘支柱、管形母线等辅助设备。

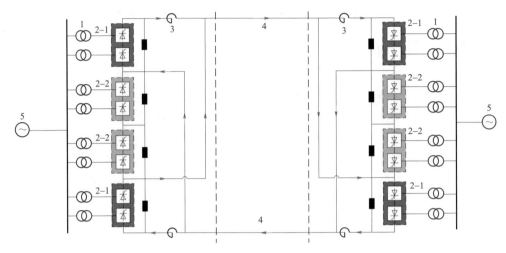

图 5-1　直流输电系统融冰接线方式示意图

1—换流变压器；2-1—高端换流器（投入运行）；2-2—低端换流器（退出运行）；

3—平波电抗器；4—直流输电线路；5—两端交流系统

（2）绝缘配合。根据已建工程的成套设计经验，直流系统送端和受端的绝缘水平差距很小，不同工程的绝缘水平也基本一致，为保证各主要设备的绝缘耐受能力，提高运行安全裕度，并提高设备的可互换性，直流系统各主要电气点的电压耐受水平和绝缘水平取值标准化并保留一定裕度。为将阀厅空间限制在适当水平，极母线和高端 Yy 换流变压器阀侧的雷电和操作冲击耐受水平为按 1800kV 和 1600kV 考虑。直流系统主要电气点的电压耐受水平（送/受端）见表 5-1。

表 5-1　　　　　　直流系统主要电气点的电压耐受水平（送/受端）　　　　　　kV

主要电气节点	额定直流电压	操作冲击耐受水平	雷电冲击耐受水平
直流线路（平抗侧）	800/800	1600/1600	1950/1950
上 12 脉动桥直流母线	800/800	1600/1600	1800/1800
上 12 脉动桥中点	600/600	1180/1175	1335/1335
上下两 12 脉动桥之间中点	400/400	850/850	945/945
下 12 脉动桥中点	200/200	570/570	630/630
中性母线	150/40	505/505	575/575

换流站设备关键间隙和阀厅内空气间隙与海拔、温度、电极形状系数有关。目前主流的 IEC 60071 标准中的海拔修正方法仅修正海拔 1000m 以上的部分，每一

具体海拔对应某一特定海拔修正系数。根据电工设备规模化生产的需要，结合换流站高度的分布差异性较大（如武汉换流站、南昌换流站海拔不超过1000m，而海南换流站、白鹤滩换流站的海拔都超过了2500m），提高设备的通用互换性并考虑经济性，将设备关键间隙和阀厅内空气间隙海拔修正从0~3000m范围内分三档：海拔为0~1000m，统一按照1000m考虑；海拔为1000~2000m，统一按照2000m考虑；海拔为2000~3000m，统一按照3000m考虑。

修正后换流阀阀厅内各关键节点的空气间隙见表5-2。

表5-2 修正后换流阀阀厅各关键节点的空气间隙

海拔（m）	高端Yy换流变阀侧套管对地/对墙间隙取值（mm）	高端Yy换流变阀侧中性点套管对地/对墙间隙取值（mm）	高端Yd换流变阀侧套管对地/对墙间隙取值（mm）	低端Yy换流变阀侧套管对地/对墙间隙取值（mm）	低端Yy换流变阀侧中性点套管对地/对墙间隙取值（mm）	低端Yd换流变阀侧套管对地/对墙间隙取值（mm）
≤1000	7300	6800	5700	4000	3200	3700
1000~2000	8000	7500	6400	4600	3600	4300
2000~3000	8500	7900	6800	5000	3900	4600

结合以往工程经验，各送、受端换流站污秽等级在C~E级之间，考虑增加一定裕度，交流系统设备的外绝缘可统一按照E级污区配置，对个别污秽较为严重的换流站可按照实际情况进行考虑。

直流系统设备的外绝缘是根据污秽调研结果，用当地的交流等值盐密结合交直流积污比预测直流积污和爬电比距。而以往直流工程的直流爬电比距差距不大。为了标准化生产，直流设备外绝缘（不考虑海拔修正）统一按照新建工程换流站最大的爬电比距要求进行配置，一次配置到位。

无功配置原则：当直流系统在最小功率方式下运行时，各交流换流母线可通过配置的低压感性无功设备实现无功平衡；当直流系统在额定功率运行时，有一组交流滤波器（电容器）作为备用；在长期过负荷功率运行时，备用交流滤波器（电容器）投入实现无功平衡；在2h过负荷功率运行时，备用交流滤波器投入且需从交流系统吸收一定容性无功。

（二）设计创新和设计质量提升

为落实安全、优质、经济、绿色、高效的电网发展理念，深入推进电网高质量建设，打造世界一流坚强智能电网，在标准化设计工作的基础上，进一步解放思想、转变观念，按照"问题导向、目标导向"原则，以"免维护、补短板"为目标，依据电网实际需求及运行环境条件，从设计源头把关对重要、特殊运行环境下的变电站及线路提升设计标准，提高电网防灾抗灾能力，全面提升电网本质安全，并在实际工程中得到应用，成效显著。

1. 特高电压条件下设计质量提升

随着特高压直流输电技术的发展，我国特高压直流输电电压等级已提升至国际领先的±1100kV。高电压条件下，从保证直流场设备外绝缘特性角度考虑，±1100kV换流站直流场推荐采用户内式布置，如此高电压等级的户内直流场为国内外首次应用，由此阀厅及户内直流场的过电压及电磁环境问题更加突出，现有±800kV工程中普遍采用的阀厅空气净距计算、阀厅及直流场金具选型方案，已不能适应±1100kV特高压直流工程的需要。

额定直流电压提升至±1100kV后，换流站阀厅及户内直流场的电场分布更复杂，工程建设中应重点关注如下典型环节的设计质量：一是阀厅空气净距计算应考虑交流、直流及冲击电压的联合作用，并结合海拔、温度和湿度条件，确定放电电压 $U_{50\%}$，再通过放电间隙曲线得到空气间隙，同时还应重点关注电压提升带来的绝缘特性饱和问题，进而确定阀厅内带电体对阀厅地面、墙面及钢屋架的空气间隙，应按主间隙和并联间隙区分，做到并联间隙空气净距取值大于主间隙，以保障阀厅内电气设备的安全稳定运行。二是户内直流场应设置地面双层屏蔽笼用于保障运维安全，且应严格控制屏蔽笼电位。户内直流场布置完成后，应对所有电气设备包括直流厂房在内进行整体建模，并以屏蔽笼及户内直流场墙面、屋面等内板及钢屋架加载零电压作为有限元计算的边界条件，计算并校验各设备电位分布及设备表面场强。对于平波电抗器顶部绕组均压环端口等电位及表面场强超标敏感点位置，可适当增大绝缘距离或加装屏蔽罩以满足运行要求。

额定直流电压提升至±1100kV后，阀厅及户内直流场内导体和金具将承受更高的电压、电流应力，工程建设中应重点关注如下典型环节的设计质量：一是针对阀厅及直流场金具设计，应以表面电场强度分布计算为依据、以电晕抑制为控制目标，重点校核金具端子的机械强度及载流密度，确保稳态满载运行时金具发热控制在允许范围内。二是针对不同类型金具选择，应重点关注局部最大场强出现位置、屏蔽球类金具的边缘处理及球体开孔设计、PI 连接金具机械去耦合因素等，采用软导线从屏蔽环上端垂直进入减小场强影响。

2. 特大电流条件下设计质量提升

随着特高压直流输送容量的提升，换流站额定直流电流已从 5000A 提升至最高 6250A，相应的额定交流电流亦有显著提高。对于额定电流 5000A 及以下的特高压直流换流站，可参照现有±800kV 特高压直流输电工程的设计经验及方案。电流提升后，大电流通流对站内 GIS 母线选型、设备端子板设计、站外接地极导流系统布置方案等提出更高要求，宜通过专题研究确定具体技术参数要求，并给出最终设计方案。

额定直流电流提升后,换流站内电气设备接头发热问题日益突出。设备端子板尺寸设计合理、安装工艺到位,是大电流条件下端子板温度不超过允许值及换流站电气设备稳定可靠运行的前提。工程建设中应重点关注如下典型环节的设计质量:严格校核并选用更大尺寸端子板并确保有效载流接触面,以满足 6250A 的载流密度要求;适当增大端子板厚度、螺栓开孔及尺寸,以确保所选尺寸端子板机械强度和接触面积的有效利用;确保金具端子板尺寸和材质与设备相匹配,且图纸中应明确端子板压接螺栓的力矩要求和防松动措施。

额定直流电流提升至 6250A 后,换流站接地极导流系统常规等分方案下电极外环通流压力较大,接近通流能力上限。接地极的内外环导流系统及电极的均衡溢流,是确保跨步电压及接触电势等核心指标不超限、接地极稳定可靠运行的关键因素。应重点关注如下典型环节:结合具体运行工况及运行条件,严格校核所选导流电缆的允许通流能力上限;相同工况下,计算并校验常规等分布置方案下电极外环导流电缆的稳态通流安培数,若超标,则考虑引入导流系统非等分布置方案以均衡电极内外环溢流;相同工况下,针对所选定导流系统布置方案,计算并校验接地极内外环导流电缆在典型断线及退运故障下,非故障电缆过载通流安培数是否满足通流能力上限。

3. 适应"强直弱交"的直流系统接入方式

特高压直流建设初期主要为西南水电外送华东地区,直流换流器的网侧统一接入 500kV 交流系统,随着西北火电及新能源外送工程上马,直流换流器网侧需接入 750kV 交流系统。但受制于当时换流变尚无直接接入 750kV 电压的制造经验,因而采用了 750/500kV 联络变方案。后续随着设备制造能力的提高,自灵州—绍兴±800kV 特高压直流输电工程换流变压器网侧可直接接入 750kV 交流系统,简化了系统接线,提高了系统稳定极限。随着锡盟—泰州±800kV 特高压直流输电工程输送容量的进一步提升(10GW),受端电网采用一级电压接入交流系统,潮流疏散压力大,考虑将特高压直流每极的两个换流器分别接入 500kV 和 1000kV 两个电压等级,将电力就地消纳和更大范围消纳相结合,并提出了高端换流器接入 500kV交流、低端换流器接入 1000kV 交流的"交叉分层"接入方案,优化潮流疏散的同时,降低了设备制造难度(见图 5-2)。

随着送端系统新能源的大规模开发,电网传统机组占比降低,新能源系统电力电子设备集中,系统电压支撑能力降低,直流故障后系统电压稳定问题尤其是过电压问题突出。受端系统外来电占比持续提高后,负荷端传统机组减少,电网空心化加剧,交流系统故障后电压恢复难度增大,呈现出典型的故障后低电压稳定问题。为了解决上述电压稳定问题,提出在特高压直流的送受端加装新一代大型调相机。

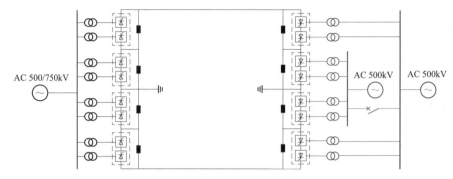

图 5－2　受端分层接入方案

新一代调相机具有极好的暂动态响应特性，能够在电压扰动的瞬时提供大量容性或感性无功支撑，同时为系统动态电压稳定提供支撑。调相机成为大容量特高压直流解决系统接入稳定问题的解决方案。

对于华东地区多回大容量特高压直流馈入带来的受端多馈入短路比下降的难题，提出了受端采用混合级联、多落点接入方案，结合了常规直流和柔性直流的优势，可有效改善受端交流电网的稳定性，且可靠性高，运行方式灵活。受端的高端LCC换流器串联低端若干个电压源换流器（VSC）分别接入多个落点的不同500kV交流电网，高、低端各输送一半直流功率（见图5－3）。

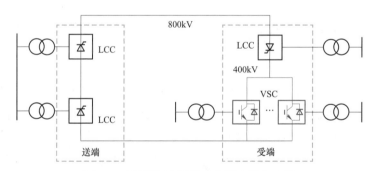

图 5－3　受端混合级联、多落点接入方案

4. 提升直流系统过负荷能力

国内已建±800kV 特高压直流工程多不设置系统的长期过负荷能力，2h 过负荷的能力也普遍较低。如锦屏—苏南、哈密—郑州、锡盟—泰州±800kV 特高压直流输电工程等直流工程的无长期过负荷能力，2h 过负荷能力仅为 1.05（标幺值）。为进一步提高额定容量输送时的运行可靠性，同时为故障情况下提供更大的备用容量，长期过负荷提升为 1.1（标幺值），仅在必要时（如水电大发或紧急功率支撑时）使用，提高了额定功率下运行的安全裕度；2h 过负荷提升为 1.2（标幺值），3s 过

负荷水平提升为 1.3（标幺值），主要目的在于发生直流系统单极或单换流器闭锁时减少送受端的功率盈余或缺额，降低系统安全风险。

5. 优化直流控制保护策略

换流站控制保护系统为满足协调控制、系统故障保护及直流线路故障快速恢复等要求，控制策略采取了有效提升措施：一是逆变侧换流器由传统定熄弧角控制改为定直流电压控制。在定电压控制策略下，交流系统电压降低后，控制系统为提高直流电压将降低 γ 角，减小无功消耗，有助于系统电压恢复；二是采用动态电流控制器，实现直流电流的四象限调节以及变参数调节，可有效抑制送端弱系统条件下特高压直流工程换相失败时的交流过电压问题，有助于特高压直流工程新能源送电能力的提升；三是采用送端换流站交流滤波器快切策略，在直流单极、双极闭锁时，基于换流器闭锁指令以及直流功率转带情况，可实现交流滤波器的快速切除，达到无功功率快速平衡的目的。四是减少换流变压器分接开关动作次数，整流侧的触发角度范围由 15°±2.5° 调整至 [10°，25°]，增大触发角的死区，使直流输电工程稳态运行时，直流功率和交流系统电压的变化导致的触发角变化达到死区边界的几率减少，从而降低分接开关动作次数。

6. 特殊自然环境条件下设计质量的提升

外部自然环境条件是电网工程设计的重要输入条件，设计方案受其制约，必须满足工程外部环境条件的要求。特殊的外部自然环境条件，如高海拔、高温、高寒、大温差、高湿度、强风沙、重污秽、深冻土、重覆冰等，对于工程的建设和运行有着更高的要求，由于工程外部自然环境条件千差万别，有时面临不止一项特殊的外部环境条件，必须因地制宜，综合考虑各种环境因素采取有针对性的预防措施。例如，我国西南地区，高海拔同时伴随着高寒、强紫外线；西北地区深处沙漠戈壁，昼夜温差大，同时伴随着强风沙。针对以上特殊自然环境条件的差异，尤其在工程设计源头应采用合理方案，针对性地开展措施提升或方案升级，减少、弱化外部不利环境条件对工程安全稳定运行的影响。

高度重视特殊自然环境条件下工程设计的提升。特殊条件下的工程设计面临技术难度大、成熟经验欠缺等问题，且往往由于运行环境恶劣对工程质量、安全性能要求反而更高，由此与常规工程相比，应采取科学合理的技术手段提升设计标准或适当放大设计裕度。以高海拔环境为例，随着海拔的升高，大气压力下降，空气绝缘放电电压随之下降，对于设备绝缘水平和电气安全距离取值产生较大影响。因此需重点关注空气绝缘放电电压降低引起的问题，根据绝缘配合理论，需对设备外绝缘水平和空气间隙放电电压进行海拔修正，根据修正结论，开展设备选型和电气平面布置，必要时进行设备制造能力和外形尺寸调研，同时应结合设备制造能力综合确定合理的绝缘水平，既要满足工程需要，也不能无限拔高要求。电气总平布置时，需要根据修正后的电气安全距离，合理确定配电装置间隔宽度、纵向尺寸、挂线点高度、道路尺寸等进而确定竖向布置尺寸，同时应结合设备调研情况，使得布置方案对于不同厂家的产品具有良好的适应性。

高度重视特殊自然环境条件下设备选型的提升。工程特殊需求最终需要通过设备性能来实现，不同的设备型式适应于不同的环境工况，需要提高设备的环境适应性，尤其是极限环境的适应性。以高寒环境为例，其对电气设备运行的主要影响是低温导致的绝缘气体液化、设备润滑油或绝缘油固化，使得设备运行性能降低，造成设备故障概率升高可靠性下降。设备选型及材料使用在以下环节进行了重点提升：对于 GIS 和罐式断路器，为防止 SF_6 气体液化加装了伴热带；对于油浸式变压器和电抗器，选择更低凝点的变压器油、保证密封材料满足温差要求、耐老化，并尽量避免在低温下启动；对于隔离开关，采用特殊的润滑油脂，保证在低温环境下不凝固，并采用优质材质；对于电容器塔，选用凝固点低、黏度低的液体介质浸渍电容器；对于干式电抗器，需要整体采用耐低温绝缘材料，并在产品表面采用特殊 RTV 涂层；对于户外箱体，提高箱体的密闭性，箱内元件采用耐寒产品，在箱内加装温湿度控制器，防止箱内温度过低出现凝露和结冰。

高度重视特殊自然环境条件下辅助系统的提升。特殊外部自然环境条件不仅影响输变电工程电气设备主体的运行工况，对于建筑、水工、暖通等辅助系统影响也很大，因辅助系统故障导致停电运行的现象时有发生，由此设计方案必须充分考虑这些影响，站在工程整体的高度，树立系统思维，从细节入手，提高工程的运行可靠性和便利性。以水工管道设计为例，为了便于巡视和检修管道漏水部位，传统设计中，一般将给水管道布置在管沟内，但在高寒地区，如继续采用该方案存在以下问题：寒冷空气从管沟的人孔检修缝隙渗入，造成管沟内持续低温，导致管道冰冻。同时管沟内的管道不同于直埋于土壤中的管道，环境温度在冬季和夏季变化较大，因此，容易受热胀冷缩现象影响，发生管道断裂事故。针对上述问题，设计方案在综合管沟人孔处设置了加厚岩棉保温盖板，并用橡胶条封边，防止冬季冷空气进入沟内。除此之外，对于站址场地存在冻土现象的，则宜采取直埋式暗沟作为管沟，且沟顶覆土厚度应满足冻土深度要求，同时对管沟检修人孔采取保温措施。考虑到管沟内环境温度变化大于土壤，还可以考虑在较长的直管段设置伸缩补偿装置。

易雷击、易覆冰及大高差地形条件下线路可靠性措施提升。输电线路尤其是特高压线路，绵延上千千米，途经多雷区、重冰区及大高差地形的山区等特殊自然条件不可避免，雷击、关键金具损伤引起的电网故障时常发生，提高特殊自然条件下的线路运行可靠性势在必行。以易雷击区为例，特高压直流线路位于多雷区，且沿线土壤电阻率较高，地形复杂，雷击闪络故障频发；通过梳理易雷击区段，从设计阶段差异化采取减小地线保护角、降低杆塔接地电阻、重点区段加装避雷器等措施，既可单独采用，也可组合采用构成多重防护，能显著提高线路防雷可靠性。以重冰区为例，因重冰区导地线不平衡张力及线夹握力较大，在档距不均匀、大高差地形条件更为严峻，已发生多次耐张联板弯曲变形和地线预绞丝线夹散股、滑移等金具故障；通过去除减重孔、调整联板宽度或者厚度，并焊接加强筋，重冰区耐张联板整体抗弯、抗失稳性能显著提升；差异化选择地线预绞丝线夹型式，适当增加预绞丝长度和地线悬垂串长度，可明显增加线夹握力，减小不平衡张力，提高重冰区预绞丝金具可靠性。

7. 提升防灾减灾能力，开展设计质量提升

电网工程常见的灾害类型有地质灾害、气象灾害、运行灾害。其中地质灾害主要包含地震、泥石流、滑坡等，气象灾害以洪水、暴雪、大风等为代表，运行灾害主要指火灾，这些灾害一旦发生将会带来巨大的直接损失和不可估量的间接损失，并且产生恶劣的社会影响。为了应对这些风险，应当将"以防为主，防减结合"的思想在电网工程建设全过程中贯彻落实，尤其在设计阶段要予以足够的重视，采用合理的方案将灾害发生的可能性降至最低，对于不可回避的灾害，应当采取有效的措施将灾害的后果降至可以接受的程度。

实际工程中，大部分的地质灾害可以通过优化总体方案的方式加以回避，站址应避开破坏性地震及活动构造区、岩溶发育区、活动中的断裂带、崩塌、滑坡和隆起地带等区域。受政策及规划等因素的制约不可避免时，抗震设防烈度不应低于地震区划规定的等级。枢纽站、高电压等级变电站的重要建构筑物应当提高设防烈度，设计时应当选用延伸性能较好的建筑材料，造价差距不明显的情况下优先选用抗震性能良好的结构型式，一些与电气设备密切关联的建筑物，例如阀厅，其抗震设防等级不应低于电气设备；尽量选用重心低、底盘大的设备，研发并且使用强度大、韧性好的设备材料；若有必要，在建筑物、电气设备设计时适当采用新型消能隔震等措施。输电杆塔的抗震性能良好，单纯的地震危害较小，但是滑坡、泥石流等灾害带来的危害比较明显，需要选址时应回避地质不稳定区域，杜绝因为片面追求路径指标而增加灾害发生的可能性，必要时应当进行专题研究和论证。除完全自然发生的地质灾害外，还有一类人为因素导致发生的灾害。例如，施工时大量砍伐沿线、塔基附近的植被，导致坡面水土保持能力下降，暴雨等极端天气来临时，滑坡发生的概率急剧增大；塔基施工过程中，开挖的基槽余土未运送至指定的堆土场，而是临近塔基随意堆放，直接改变边坡的受力状态，打破原有的平衡，增大了滑坡发生的可能。这些人为灾害虽然直接原因是施工不规范，但是设计阶段应当予以考虑，并且在设计交底时明确风险所在。对于地质条件复杂多变、单元类型丰富的区域，要高度重视勘察工作，其质量直接影响设计的方案选择进而影响工程的安危，当勘察成果深度不足以满足设计要求时，应当要求进行增补。设计时切勿照搬标准

化设计成果，应充分研究分析勘察结论，地基处理及基础型式应当因地制宜地进行设计，尽量避免基础大开挖，防止高切坡产生，同一基础应当避免采用一种以上的地基处理方式，重视沉降的验算。

相对于地质灾害的可预测性，气象灾害的随机性更强，发生的频率也更高，难以完全避免灾害的发生，所以更多地需要着力于应对方面。对于防洪，变电站站址标高不应当低于规程规范要求的重现期洪水位，除此以外，应当充分考虑站址周围的不利因素，因地制宜地采用恰当的措施减小洪水的危害。例如，某特高压交流站位于东部沿海丘陵地区，站区三面环山，不远处有一座多年前修建的水库，设计时，除满足常规要求的洪水位及山洪汇流排放的要求外，考虑了一定程度的水库泄洪的可能，在水库排洪的一侧充分加宽了排水沟，在变电站即将投运的时候，当地遭遇百年一遇洪水，上游水库超容开闸泄洪，该措施即发挥了巨大的作用。洪涝灾害除洪水本身引发的以外，还有泥石流等次生灾害，设计时还需考虑这些因素，采用防洪墙、边坡加固等措施，减小或者避免洪灾的危害。大风灾害容易在西北、东南沿海地区发生，短时瞬间风速超过设计荷载，导致杆塔构筑物等倒塌。在前期设计阶段要重视水文、气象调查工作，应全面调查站、线所经包含微地形在内的区域气象情况，适当提高关键部位的冗余度，做到损而不倒，为救援赢得机会。暴雪的危害机理与大风类似，短期强降雪会引起导线结冰，从而急剧加大导线张力导致杆塔倒塌，这种极端天气发生时，一般伴随道路阻塞引起救援困难，非传统的降雪区域需要格外重视雪灾的危害，不可降低警惕性。

与地质灾害、气象灾害等自然灾害不同，火灾的发生多是人为因素，包括设备缺陷、操作不当、年久失修等原因，除优先选用制造工艺成熟的设备外，建设过程中应当重点落实消防措施，从全局出发，统筹兼顾，正确处理生产和安全、重点和一般的关系，做到促进生产，保障安全，方便使用，经济合理。总平面布置时要合理划分生产区、生产辅助设施区、办公生活区等，不同火灾危险的建构筑，则应尽量将火灾危险性相同的或相近的建筑集中布置，以利于采取防火防爆措施，便于安全管理。站区消防道路均为环形道路，路面宽度不小于 4m，消防通道转弯半不小于 12m。建筑物耐火极限不应小于现行规范的要求，阀厅等钢结构建筑的防火涂料的厚度、施工工艺及验收应严格按照与其受力形式一致的钢结构防火涂料耐火极限的型式检验报告和钢结构防火涂料相关技术标准执行，防火墙应高于储油柜，换流变压器及高压电抗器采用 Box−in（隔声罩）时，隔声罩顶部宜采用可脱落部件。消防给水应采用独立的稳高压消防给水系统，消防水池的容量不应小于最大一起火灾的用水量，消防泵应当有完整的备用设备，消防系统应当有多种启动措施，可以满足自动或者手动的要求，灭火装置可以在水喷雾、CAFS、消防栓等措施中选取一种或多种同时采用。变电站应当设计有火灾自动报警及消防联动控制系统，能够尽早发现火灾并报警，采取对应措施，联动送、排风、排烟挡板，向暖通程控系统发出停机、排烟等指令和信号。针对特高压工程，变电站内应设有消防车库，满足消防车和消防专业人员的驻站消防队伍的需求。

8. 优化设备运行环境，促进设备可靠性提升

良好的设备运行状况是电网生产经营的必要基础，设备一旦出现故障导致停电给电网运行带来的经济损失及社会压力不言而喻，如何创造设备的良好运行环境，提升设备的适应性，达到少维护、免维护的目的，实现设备全寿命周期最优，设计不断探索及改进，并取得显著成效。

阀厅环境对换流阀敏感设备安全运行起着至关重要的作用，设计在阀厅通风、温度、湿度及防尘设计应充分考虑阀设备对精密环境的要求，阀厅一般设置全空气空调系统，夏季按照空调模式运行，当室外气象条件合适时，则按照通风模式运行，以满足换流阀运行对室内温、湿度环境的要求，并且使阀厅保持一定的微正压防止室外灰尘通过维护结构的缝隙渗入阀厅。为改善阀厅空气品质，阀厅空调系统上设置二级或三级空气过滤，在风沙较大地区，空调系统新风口采取防风沙措施，在湿度较大或寒冷地区配置电加热装置，达到降低湿度、防止冷却水管存水结冰。

严寒地区换流阀空冷器保温室的抗低温措施经过工程实际探索不断提升，历经三代设计方案：应用于哈密换流站的第一代设计方案，在空冷保温室屋顶配置不锈钢电动卷帘，采用上置电机盒。应用于灵州换流站的第二代设计方案，将上置电机盒改为下置式电机盒，将上推式卷帘改进为下垂式卷帘。以上两种方案均未从根源上解决因风沙堆积造成的轨道卡塞、帘片卡塞问题，设计总结了之前工程经验，发现问题的根本原因在于电机盒及滑道珠距，取消外置电机盒采用无盒的轴电机，该方案目前广泛应用于后续开展的空冷换流站。通过以上相关措施彻底解决了换流阀空冷器的抗低温问题，提升了设备质量的耐久性、设备运维的便捷性、最终达成人、设备、环境的和谐统一。

持续强化电网设备的状态智能感知，提升设备本质安全水平。从设计源头提升电网基础设施及关键设备状态感知的智能化水平，助力电网数字化、网络化、智能化发展。构建变电站远程智能巡视系统，实现换流站远程智能巡视，对换流变等重点区域配置红外双光谱热像检测仪、高清摄像机、拾音器等设备；线路重要交叉跨越或跨江和湖泊大档距、外力破坏易发区、火灾易发区配置可视化监拍装置；在大跨越、易覆冰区和强风区等特殊区域区段以及传统气象监测盲区配置微气象监测装置；跨越高铁等重要交叉跨越段配置分布式故障诊断装置。

二、设备标准化和创新

（一）推进电网设备的标准化和序列化

我国已基本掌握了各电压等级尤其是特高压设备技术特点和电网特性，为电网

主要设备设计和制造提供了技术依据。为了巩固研究成果和工程经验，满足我国电网工程科学发展的需要，保证后续工程项目的顺利完成，也为了从根本上带动我国输变电设备的国产化，需要综合考虑技术和经济因素，建立相关标准体系，全面推进电网工程设备标准化与序列化，适应大规模模块化推广与建设的需要。

近年来，我国以企业标准化建设作为强化科学管理的基础和转变电网发展方式的重要举措，以电网工程标准化建设为切入点进行标准化工作，逐步解决传统的电网工程设计标准不统一、设备类型多、建设和运行成本相对较高等问题，在交流电网设备方面取得了初步成效。由于直流输电系统成套设计是一种定制化设计，主回路参数与接入交流系统情况、直流线路参数、换流变短路阻抗的选取息息相关，因此直流电网设备的标准化与序列化推进始终与差异化并存。不单纯追求更高电压与更大容量，围绕高可靠性、高标准化和高利用率的提升，是新一代升级版特高压直流输电关键技术的主题，总结特高压直流系列工程的经验，从设计源头进一步提升关键环节的安全裕度、载荷能力与寿命，追求更高的运行可靠性与利用率，从减少设备类型、固化设备参数等方面着力提高运行可靠性和利用率。

1. 换流变压器

标准化换流变压器对标新一代升级版特高压直流输电工程的要求，其容量、绝缘水平、过负荷水平由直流系统成套设计确定，在此基础上提高电气及机械强度，进一步提升设备运行可靠性和安全性。

从设备制造的角度看，换流变压器的阻抗直接影响到设备尺寸与运输重量，同时与损耗、磁密等关键设计参数密切相关，例如对受制于运输条件且网侧电压较高的西北地区，阻抗降低有可能会获得较低的经济技术指标，并对运输造成困难。在电网系统方面换流变压器阻抗也会对系统无功消耗和最大短路电流产生影响。因此对于标准化换流变压器阻抗序列值选择，应对当前的设备制造能力、运输条件、经济性以及系统参数适应性进行综合考虑。标准化换流变压器网侧电压和短路阻抗可分为四个档次，可覆盖我国主要的交流电网类型、能源送出和消纳地区以及普遍适用的水路、铁路和公路大件运输条件，工程中可根据实际条件进行选择。其中类型1用于网侧750kV、铁路运输的换流站，多分布于我国西北地区，类型2用于网侧500kV、铁路运输的换流站，类型3和类型4用于网侧500kV、可水路运输的换流站，其中3适用于西南、华中和华北等区域的换流站，4适用于华东地区的换流站。

为兼顾网侧交流系统极端情况下的电压升高与最高70%的降压运行，分接头统一按照31档进行设计。考虑当前成熟设备的制造能力，分接头调节步长为1.25%（网侧500kV）和0.86%（网侧750kV）。由于后续工程直流线路相对不长且直流线路电阻率较小，送受端的换流变压器容量按送端统一考虑，进一步提高了设备的容量裕度。标准化换流变压器的试验电压以新一代特高压直流输电工程的绝缘水平为基础，在沿用以往工程换流变设计基础上，对网侧或阀侧的雷电冲击、操作冲击、工频外施或感应、直流外施及极性反转等试验电压值进行了标准化，以高端 800kV 换流变压器为例，其阀侧的绝缘水平为 1870/1675/941/1298kV（雷电冲击/操作冲击/工频外施/直流外施）。

以往工程分接开关故障时因短路电流引起的电动力，导致调压绕组摆动破坏，造成调压引线区域发生多处放电。为提升调压引线结构可靠性，降低调压引线故障风险，低端换流变压器线圈布置采用每个铁芯柱由里向外按照"阀侧绕组—网侧绕组—调压绕组"的排列方式，调压绕组布置在所有绕组最外层，向内依次是网侧绕组和阀侧绕组，以降低调压绕组的安装难度，避免调压区域故障后从内向外发展成绕组整体故障。高端换流变压器绕组布置采用每个铁芯柱由里向外按照"调压线圈—网侧线圈—阀侧线圈"的排列方式。同时校核计算调压绕组的抗短路能力，全面增强调压绕组固定，通过提升调压绕组安装工艺水平，提升调压绕组的机械强度，保证运行可靠性。

所有换流变压器铁芯统一采用"两个铁芯柱＋两个旁柱"的结构，简化设计，提高设计可靠性。对于统一电压等级的换流变压器，除阀侧线圈及阀侧套管外，要求采用相同设计，油箱外形相同。铁芯柱、调压线圈、网侧线圈、阀侧线圈、油箱内壁之间的绝缘距离以及各线圈至上下铁轭的绝缘距离原则上要求不小于类似成熟工程的经验值，否则建议采取加强绝缘的措施。

对于低端网侧出线装置，开展规范化提升设计，要求参考特高压交流 1000kV 出线装置电气及支撑结构设计经验，统一进行标准化设计校核及试验验证，要求设计强度为已建工程中最大电气裕度及机械强度，在绝缘裕度试验及振动试验验证后进行生产装用，标准化出线装置可装配国内外不同结构套管，增加产品装配及运维的灵活度。对于高端网侧出线装置，要求设计时提交电场校核报告，提升电气裕度及机械强度，优先采用增加绝缘层数、加强机械结构的新型网侧出线装置，并配合网侧套管开展电气试验及振动试验的验证。

2. 变压器

电力变压器按照容量系列划分，有 R8 容量系列和 R10 容量系列两大类，R8 容量系列容量等级按 10 的 1/8 次幂倍数递增，是我国旧有的变压器容量等级系列。R10 容量系列容量等级按 10 的 1/10 次幂倍数递增，容量等级较密，便于合理选用，是国际电工委员会的推荐方法，我国电力变压器的额定容量应优先从此系列中选取，如 100、125、160、200、250、315、400、500、630、800kVA 和 1MVA 等。

根据《油浸式电力变压器技术参数和要求》（GB/T 6451）、《电力变压器》（GB 1094）等系列标准的要求，110～750kV 乃至 1000kV 交流电网用变压器已经形成了较为完整的标准化序列。对每一电压等级，给出了涵盖范围广泛的容量等级选择，每个容量等级都有对应的损耗要求和电压组合，并在每一容量范围内对阻抗值进行了固化要求，涉及无励磁调压、有载调压、自耦变压器和各种类型绕组电压组合，此外对每一电压等级也有固化的试验电压要求，可较好满足通常无特殊要求的电力变压器应用场合。

随着电压等级的升高，可供选择的序列相也越少，特高压交流 1000kV 变压器的技术要求已固化一套参数，其额定电压为（$1050/\sqrt{3}$）/（$525/\sqrt{3} \pm 4 \times 1.25\%$）/110kV，对应绕组的额定容量为 1000/1000/334MVA，主分接短路阻抗为 18%（高—低），高压绕组的额定绝缘水平为 1800/2250/2400/1100kV（操作冲击/雷电冲击/雷电截波/交流耐压）。

电力变压器在结构形式方面的标准化仍然以特高压交流变压器最为典型，特高压变压器本身容量大、电压等级高，且设备主、漏磁通幅值大，磁通分布较为复杂，虽然三柱结构相对两柱结构的单柱容量和漏磁更小，结构设计相对简单，但因主材用量多，整体损耗较大，且其所需的装配空间更大，运行成本相对较高，因此随着目前技术水平的不断发展，特高压交流变压器以两柱结构为标准化方向。

特高压变压器采用主体变压器和调压补偿变压器分体布置的结构，主体变压器采用双柱并联结构，两主柱的高压、中压、低压绕组均为并联，调压补偿变压器内设置调压变压器和补偿变压器两个器身，调压开关放置在调压补偿变压器油箱内。调压变压器由调压绕组和调压励磁绕组构成，补偿变压器由补偿绕组和补偿励磁绕组构成，主体变压器与调压补偿变压器通过管母线在油箱外部进行连接。特高压交流变压器 1000kV 出线采用中部出线方式，相比端部出线方式，电极形状良好，电场相对均匀，形状简单，装配方便。采用中部出线方式的交流变出线采用成型角环保护引出，所以交流变出线装置装配时出线装置的绝缘筒需要与器身绝缘中的成型角环配合搭接。特高压交流变压器出线装置的标准化是基于当前设计制造水平的最优选择，通过专家评审、试验验证和 10 余年的成功投运，证明其出线装置的安全可靠性，也作为了换流变压器标准化的参考。

（二）提升关键设备的质量水平

1. 提升变压器/换流变压器网侧套管的电压耐受和通流能力

交流 1000kV 变压器套管总体运行情况良好，仅意大利 P&V 供货套管出现过 1 起由于套管顶部密封结构失效导致变压器进水引发的故障。针对此问题，对交流 1000kV 变压器套管的接线端子结构进行了优化改进，将套管头部接线柱接线端子改为"一字形"板，接线柱位置增加抱箍装置，法兰采用不锈钢以提高抗震性能，杜绝了套管密封失效进水的问题。

换流变压器网侧套管由于运行负荷率高，运行工况更为严苛，近年来 ABB 公司 GOE 套管发生多次故障/缺陷，为此对换流变网侧套管进行改进。提升网侧套管绝缘水平，750kV 网侧套管外绝缘统一按海拔 3000m 修正，500kV 网侧套管外绝缘统一按海拔 2500m 修正，修正后绝缘水平要求有所提升，套管设计时芯子厚度、油中部分长度增加，以满足绝缘水平要求。通流能力要求提升，新一代标准化特高压换流变压器，其 500kV 网侧套管电流要求提升至 2500A（温升电流 3000A），750kV 网侧套管电流要求提升至 3100A（温升电流 4000A）。优化网侧套管载流结构，针对 ABB 公司网侧 GOE 套管故障，采用通流结构优化的 GOP 套管，绝缘拉杆顶部增加中心定位环，中部增加绝缘护套，采用新型紫铜接线座，增加弹簧触指，改进底部连接方式，实现载流和承受拉力结构的分离，提高整体连接强度，提升套管通流能力。

2. 提升换流变压器阀侧套管的电压耐受和通流能力

换流变压器阀侧套管运行负荷率高、运行工况恶劣，对套管设计、制造等诸多环节要求更高。近年来发生多次因换流变阀侧套管载流结构铜铝过渡区域异常发热导致套管芯体炸裂、套管环氧筒裂纹导致 SF_6 气体泄漏等引发的换流变故障。

为此对阀侧套管进行改进提升，换流变压器阀侧套管统一采用 10GW 套管技术，相较于前期 8GW 工程，套管通流能力要求大幅提升（从 5000A 提升至 6250A）。此外，为保障防止阀侧升高座故障影响阀厅设备，改进并延长法兰尺寸，阀侧套管升高座油中部位不得进入阀厅。换流变阀侧套管分为干式充 SF_6 型阀（胶浸纸芯体）侧套管和油纸充 SF_6 型阀（油浸纸芯体）侧套管。干式充 SF_6 型阀侧套管主绝缘使用环氧树脂浸纸电容芯体，外绝缘采用硅橡胶复合绝缘子外套，辅助绝缘为 SF_6 气体，采用双导管或单导管结构，外导管为铝合金电容芯卷制导管，用于缠绕电容芯体但不载流，单导管结构去除了电容卷制管，无燃烧风险，满足阀厅无油化要求。油纸充 SF_6 型阀侧套管主绝缘采用油浸纸电容芯体，空气侧外绝缘采用硅橡胶复合绝缘子外套，油中侧不包含瓷套，运行中换流变油可进入套管芯体内部，电容芯体有内绝缘套，进行油和 SF_6 隔离，采用导电管载流，导电管内通过拉杆将连接有换流变压器绕组引线的接线端子与载流导电管连接。

3. 提升变压器/换流变压器出线装置的可靠性

在运特高压变压器/换流变压器发生多次因出线装置缺陷导致的产气、局部放电超标缺陷，出线装置所在的升高座区域仅依靠热胀冷缩自然循环，属于半"死油区"状态，本体油色谱不敏感，且该区域一旦发生放电击穿，由于短路电流不经过绕组，放电能量极大，可能导致大的事故发生。

为此对变压器/换流变压器的出线装置进行可靠性提升，研制标准化换流变压器网侧出线装置，对于低端网侧出线装置，开展规范化提升设计，参考特高压交流 1000kV 出线装置电气及支撑结构设计经验，统一进行标准化设计校核及试验验证，设计强度按照已建工程中最大电气裕度及机械强度，在绝缘裕度试验及振动试验验证后进行生产装用，标准化出线装置可装配国内外不同结构套管，增加产品装配及运维的灵活度。高端换流变压器网侧出线装置提升电气裕度及机械强度，ABB 结构采用新型网侧出线装置，增加绝缘层数，加强机械结构，配合 GOP 套管，开展电气试验及振动试验的验证。特高压交流变压器的 1000kV 出线装置优化设计，改善载流引线电极形状，优化均匀引线与升高座之间的电场，分割电极间的油隙，使之形成薄纸筒小油隙的绝缘结构，提高油隙的击穿电压，使引线与地电极（升高座壁）之间的绝缘距离满足电气强度要求。

4. 提升换流变压器有载分接开关的可靠性

分接开关是超、特高压变压器/换流变压器必不可少的关键组件之一，是唯一经常动作的部件，机械稳定性和动作可靠性要求极高。近年来，在运的 ABB、MR 分接开关先后因开关切换芯子主驱动轴机械断裂、开关内部出现油隙绝缘击穿等原因引发多起故障，造成了换流变压器非电量保护报警、紧急停运，甚至突发起火，对直流工程的运行可靠性、设备和运维人员安全造成了严重影响。

为此分别对 ABB、MR 分接开关进行可靠性提升。ABB 改进切换开关驱动轴材质，主驱动轴改为合金钢主轴，与铸铁轮盘通过热装配形成整体，较球墨铸铁性能显著提升，改进其驱动轴的韧性，原顶盖替换为加强型顶盖，铝制顶盖替换为更厚的钢制顶盖，顶盖承受静态压力的能力由 8bar 提升至 24bar，防止故障时换流变油从顶盖喷出起火。MR 采用新型有载分接开关，整体提升了通流能力、电气及机械结构设计，以及装配工艺的质量控制，切换结构由 2 组真空泡提升为 4 组真空泡，真空泡与静触头之间均增加绝缘屏障，提高许用场强，在辅助转换开关两侧的裸铜导线上覆盖绝缘层，并增加导线间的距离，阻隔异物，防止形成"小桥"造成闪络，避雷器顶盖区域绝缘加强，优化绝缘配合，避雷器阀片由 5 片减为 4 片，增大避雷器顶盖与辅助转换开关之间的绝缘距离，开关的额定级电压、额定短时电流、峰值电流、最大及容量都进行提升，机械设计方面，由直线运动改为旋转运动的储能机构，采用凸轮传动，提升机械可靠性。

5. 解决变压器/换流变压器局部过热问题

变压器/换流变压器局部过热问题主要表现为绕组热点温升超标，夹件和油箱过热等。例如锡盟换流站高端换流变压器绕组热点温升超标，驻马店换流站高端换流变压器上部夹件拉带与紧固件紧固不到位，导致接触位置发热，产生乙炔和乙烯等特征气体，箱沿位置漏磁较大，导致箱沿温升偏高。

对于绕组热点温升超标问题，采取优化结构、散热设计与绝缘设计的配合，利用多种软件进行温升校核，以光纤测温的方式对设计结构进行验证，优化冷却器配置以确保冷却效率，严格控制线圈、器身制作过程中的油道装配以避免出现堵塞、漏油问题，保证对设计、工艺、生产过程的有效质量控制。对于油箱、夹件过热问题，采用优化引线布置，避免集中布置，优化磁屏蔽设计，确保有效控制漏磁，生产和工艺方面严格控制夹件各处接触面和箱沿接触面的连接，采取短接铜排或焊接方式，避免局部接触不良，通过建立三维仿真模型，对磁场分布情况进行详细分析，对结构件紧固力矩进行验算，在生产过程中严格控制螺栓偏心度，严格对接触面及紧固力矩进行检查，确保紧固件可靠接触。

6. 解决变压器/换流变压器局部放电问题

局部放电超标是变压器/换流变压器在出厂试验、现场调试等阶段的常见问题，引起变压器/换流变压器局部放电超标的主要原因包括绝缘材料、装配质量、工艺控制问题等。

对于绝缘材料问题，通过选用国内外优质绝缘材料供应商产品，严格按照质量工艺要求供货，加强入厂检验检测控制，并对绝缘纸板、绝缘成型件等进行 X 光全检，加强绝缘材料存储、转运质量控制，加强绝缘材料使用前检验及装配过程清洁度控制。对于装配质量问题，通过严格控制各处绝缘尺寸、绝缘距离，包括线圈端部及线圈间绝缘、引线绝缘、引线屏蔽、出线装置、套管等安装质量，明确各部位的等位连接的工艺要求和检查方案，确保连接到位、可靠。对于工艺控制问题，通过制定适合制造产地环境、制造装备、产品结构的干燥工艺、真空、油处理工艺并严格执行，严控变压器油品质，如微水含量、含气量、耐压强度、介损特性等，保证工艺处理全过程的有效控制。

7. 解决变压器/换流变压器油箱机械强度问题

油箱机械强度是关系到变压器/换流变压器能否安全运行的重要性能之一，其设计、制作缺陷可能会引发严重事故。例如，特高压变压器运行中故障起火，1000kV 套管升高座撕裂，油箱顶部焊缝处发生撕裂，暴露出特高压变压器油箱机械强度方面依然存在不足，需进一步优化提升可靠性。

考虑到特高压变压器/换流变压器发生故障时箱盖斜顶处与竖直箱壁连接处所受应力较大，使用焊接方式的油箱，在该处增加连接立板加强铁的数量，使用螺栓连接方式的油箱，箱沿螺栓由 8.8 级提升至 12.9 级高强度螺栓，在油箱短轴侧油箱增加槽型加强铁，减少该处加强铁间距，油箱壁使用强度更好的 U 形加强筋，合理选择加强筋厚度、加强筋间距，整体提升油箱机械强度。特高压变压器油箱内部如果发生严重电弧放电事故，电弧产生的气体会造成内部压力急剧上升，破裂起火的风险较高。可采用柔性油箱方案，发生故障时通过油箱变形鼓包释放内部压力，降低变压器燃爆的可能性。柔性油箱通过仿真计算各种内部严重故障的短路能量，分析故障发展和能量释放过程，优化和提升油箱的结构，在油箱壁上设置缓存褶皱，增强油箱的柔性度，实现油箱机械强度和柔性特性相结合，确保在内部发生放电故障时，通过油箱的变形来降低内部快速上升的压力，防止油箱破裂起火。

8. 提升穿墙套管可靠性

直流穿墙套管是换流站阀厅内部和外部高电压大容量电气设备间重要的电气连接设备，承载系统全电压和全电流，处于直流输电系统的"咽喉"位置，是直流输电系统中的关键设备，套管绝缘结构和机械结构设计及制造工艺都较难，运行中穿墙套管曾多次发生内部放电、外绝缘闪络放电等故障，对电网安全运行带来不利影响。

穿墙套管分为干式直流穿墙套管和 SF_6 气体绝缘直流穿墙套管。干式直流穿墙套管采用全密封结构，主绝缘采用环氧树脂胶浸纸电容芯体，外绝缘选用空心复合绝缘子，电容芯体和空心复合绝缘子之间充 SF_6 气体，套管为双导管结构，采用整体导电管直接载流，并采用强力弹簧补偿结构，户内、外空套气室连通，套管中部法兰上设计末屏装置，用于套管电气参数的测量，设 SF_6 密度继电器，用于充气及气体密度的监测，在导电管与卷制管之间设置绝缘的径向限位装置，避免接触不良引起的放电，有效降低导电管载流发热对环氧树脂电容芯体的影响。SF_6 气体绝缘直流穿墙套管，绝缘参数按海拔 3000m 设计，绝缘裕度提升为常规产品 1.2 倍以上，通流能力也进行了提升，温升试验电流设计值由 6644A 提升为 7000A，提高外绝缘干弧距离，外绝缘裕度大大提升，优化伞形结构，大伞裙和小伞裙的高度差加大，降低空心复合绝缘子电场强度，优化套管电场分布，加大空心复合绝缘子直径，重点降低空心复合绝缘子外表面的电场强度，提升绝缘性能。

9. 提升交流滤波器小组断路器的可靠性

交流滤波器小组断路器是投切滤波器组/并联电容器组的重要设备，用以调节换流站的无功补偿容量。开合容性电流对于交流断路器来说是较为严酷的工况，在工程实践中也发生过多起断路器故障。例如灵州换流站 800kV 交流滤波器罐式断路器曾多次发生故障，断路器合闸不成功，合闸波形明显异常，合闸电阻严重烧损，分闸过程断路器内部击穿闪络。

通过建立适用于交流滤波器小组断路器的容性开合极限裕度试验体系，采用试验室集中相位检测与现场运行随机相位开合工况的等效评估技术，解决了以往试验室容性开合性能检测结果难以支撑现场运行及检修策略的难题，实现了断路器频繁开合滤波器组极限性能的有效评价。充分利用最短燃弧时间开断试验考核频繁投切滤波器组时的重击穿概率，可高效地获得其极限裕度性能。基于累计电弧能量法和燃弧时间均匀分布理论，开发容性开合性能试验室集中相位检测与现场运行随机相位开合工况的等效评估技术，实现断路器频繁开合滤波器组极限性能的有效评价。

基于以上成果，交流滤波器小组断路器可在试验室实现无检修连续通过滤波器组开合 C2 级及 4 轮极限裕度试验的集中相位检测，等效现场运行随机相位开合

5000 次，满足运行需求，有效支撑了运维检修策略，极大地提升了交流滤波器小组断路器的可靠性。

10. 提升 GIS 设备盆式绝缘子电压耐受能力

盆式绝缘子是 GIS 的关键绝缘部件，用于支撑中心导体并使之对地绝缘，通常分为隔盆和通盆，隔盆还能够起到隔离气室的作用。盆式绝缘子一般采用环氧浇注工艺生产而成，常用的填料为氧化铝，在运行过程中的常见缺陷有机械开裂、内部放电炸裂、沿面闪络。机械开裂主要由于浇筑过程中内应力控制不佳造成盆式绝缘子耐受温度交变和机械载荷的能力变差；内部放电炸裂主要是由于绝缘子内部存在的气隙、杂质等缺陷在电场长期作用下逐渐劣化发展引发；沿面闪络主要是由于绝缘子表面存在异物造成场强畸变引发对地绝缘击穿。内部放电炸裂和沿面闪络故障都属于绝缘子电压耐受问题。近年来，随着国内环氧浇筑技术的进步，盆式绝缘子内部缺陷导致的放电故障占比明显下降，沿面放电成为最常见的故障形式。

对于绝缘子内部缺陷（气隙、杂质等）质量控制，应做好原材料的洁净度检查和控制，建立原材料的抽检制度，做好装模过程中的洁净度控制，保证原材料浇注前脱气充分，严格控制浇注时的真空度和洁净度，提高缺陷检测精度，如 X 射线探伤和局放测量。对于绝缘子的沿面闪络故障质量控制，应在装配前后仔细清擦绝缘表面，避免异物残留，严格控制装配过程中的环境洁净度，优化绝缘子结构设计，控制绝缘子沿面场强，增强异物耐受水平，绝缘子表面涂覆介电功能梯度涂层，优化沿面场强分布。

国内的环氧浇注技术已经处在世界一流水平，为进一步提高盆式绝缘子的耐受电压能力，保证电网运行安全，可进一步对供应商的盆式绝缘子产品进行技术评定，抽样检测其产品质量水平，对盆式绝缘子进行场强校核和优化，提高绝缘子表面异物耐受能力，研究绝缘子表面的功能梯度涂层技术，促进沿面电场均匀分布，提高沿面闪络电压。

11. 提升 GIS 设备绝缘拉杆的可靠性

绝缘拉杆是 GIS 断路器中的关键部件，是用于将运动从接地部分传送到高电位部分的结构元件，以实现电气连接的通断。绝缘拉杆一般采用纤维增强的环氧树脂制作而成，常用的纤维材料有玻璃纤维、芳纶纤维和聚酯纤维。绝缘拉杆在运行过程中出现的故障问题主要有内部放电炸裂、沿面闪络和机械断裂，其中内部放电炸裂是最为常见缺陷。绝缘拉杆内部放电主要是因为内部存在气隙、杂质等缺陷，气隙的产生原因可能是由于真空浸胶过程中工艺控制不当或由于机械操作造成了树脂和纤维之间的剥离。沿面闪络主要是由于拉杆表面附着了异物造成电场畸变。机械断裂的机理比较复杂，可能的原因有端部机加造成拉杆受损、拉杆自身机械强度设计不足、装配偏差造成机械卡滞等。

对于绝缘拉杆内部缺陷（气隙、杂质等）质量控制，应做好原材料的洁净度检查和控制，建立原材料的抽检制度，做好纤维绕制、装模等过程中的洁净度控制，保证真空浸胶过程中的真空度和浸胶压力，保证纤维和树脂之间的浸润程度，必要时对纤维表面进行改性处理，提高树脂和纤维的相容性。对于绝缘拉杆的沿面闪络问题，应在装配前后仔细清擦绝缘表面，避免异物残留，严格控制装配过程中的环境洁净度。对于绝缘拉杆的机械断裂问题，应明确断裂薄弱点，提高绝缘拉杆的机械强度设计值，控制端部机加（如有）精度，避免造成拉杆本体损伤，保证传动系统的装配质量，避免绝缘拉杆异常受力。

国内的绝缘拉杆制造水平较国际领先水平仍有一定差距，进口比例较大，为保证绝缘拉杆质量，可进一步研究绝缘拉杆的缺陷检测技术，提高对内部气泡、层间缺陷的检测能力，建立健全绝缘拉杆的质量检测体系，制定专用标准。

12. 提升晶闸管可靠性

近年来，晶闸管的各项技术参数较以往工程有了较大提升并基本实现了国产化，但是由于特高压工程电压等级和输送容量不断提升，部分技术要求已经接近晶闸管的极限能力，导致晶闸管的实际安全工作裕度不足。厂家在优化部分参数的同时，忽视了技术参数的一致性控制。器件安全裕度不足、参数一致性差等问题逐渐成为特高压直流输电工程可靠性的短板。在以往工程中，多次出现了晶闸管损坏故障。例如，在酒泉—湖南±800kV特高压直流输电工程中，晶闸管在开通过程中出现 di/dt 失效，说明器件对开通性能筛选方案和条件考虑不充分；在准东—皖南±1100kV特高压直流输电工程中，晶闸管由于关断一致性控制不好导致多次出现反向恢复期失效。

为解决以上问题，主要从器件选型、厂内筛选、专项试验等几个方面开展工作。在新建特高压工程中，选用通态压降更低的 8.5kV/5.5kA 晶闸管产品，同时加强关键参数的一致性管控，例如在以往工程只强调降低晶闸管关断时间，而对不同晶闸管的关断时间差异范围没有要求明确，新建特高压工程中要求晶闸管关断时间上限应小于 550μs，关断时间参数上下区间范围小于 150μs，有效提高了参数一致性。加强生产制造阶段晶闸管筛选、抽检等质量管控措施，要求所有晶闸管在出厂试验中均进行高温阻断试验，对晶闸管的电压耐受能力进行筛选，同时按照5%比例对晶闸管进行抽检，抽样试验项目应与出厂试验项目相同。

组织开展晶闸管极限能力测试及专项比对试验，对晶闸管的实际性能进行摸底，确保晶闸管各项技术参数满足要求。通过开展晶闸管断态电压临界上升率、通态电流临界上升率专项试验，掌握其极限能力并与以往工程进行对比，确保安全裕度。分别从不同厂家抽取晶闸管，在不同试验平台上开展专项比对试验，提高晶闸管结温、提高 di/dt 冲击水平等测试条件，从而对晶闸管关键参数进行全面摸底，确保产品性能。

13. 提升 IGBT 可靠性

我国柔性直流工程输电容量不断提升，所用 IGBT 器件由焊接式结构改进为功率等级更高的压接式结构，整体运行情况良好，但由于缺乏有效的筛选手段，在换流站现场调试或运行初始阶段，IGBT 器件早期失效问题频发，导致换流阀设备故障率偏高，系统跳闸或停运频繁，大大增加了现场调试及运行维护的工作量。同时由于在功率半导体器件领域，国际厂商制造水平较高，已经形成了较高的专业壁垒，柔直输电用大功率 IGBT 器件对进口产品的依赖性较强，国外厂家存在产能有限、供货不及时等问题，对设备故障的响应速度和应急处理也难以达到预期。国产 IGBT 器件研究起步较晚，其可靠性亟待提高。IGBT 早期失效率较高、检测手段缺乏、对进口器件依赖性强等问题是柔直换流阀应用的主要"短板"问题。

为解决上述问题，主要从 IGBT 厂内筛选、阀组件级试验、推进国产化研发等几个方面开展工作。在 IGBT 器件例行试验基础上，补充开展 IGBT 器件老化筛选测试，强化器件封装工艺可靠性抽检测试，提前暴露潜在失效隐患，全面考核 IGBT 器件产品质量。为进一步提升器件早期缺陷筛查率，将高温反偏试验考核时长提升至 8h，对不低于全部供货器件 5% 进行测试，对全部产品按照 1‰ 比例抽样开展功率循环试验、热阻测试。组织各换流阀厂家建立可模拟实际工况的功率循环试验平台，对全部换流阀子模块进行"预运行"，在设备发运前排除设备风险。协调多方力量，全力推进国产器件的可靠性提升，项目单位组织换流阀、功率半导体器件供应商开展可靠性提升专项工作，编制可靠性提升规范文件，并在生产、监造工作中予以落实，一旦在过程中发现质量问题，积极组织专家开展专题分析讨论，快速排除隐患，为国产化器件的顺利应用提供保障。例如，在张北可再生能源柔性直流电网示范工程中，国产化 IGBT 产品曾在功率循环试验中多次出现较为严重问题，针对此问题，项目单位组织联合攻关，在 4 个月内实现问题原因定位准确、工艺改进方法落实到位，改进后产品通过各项型式试验与 72h 功率循环试验，具备了工程应用所需的基本可靠性。

相比于前期工程，近年来新建柔性直流工程中 IGBT 器件可靠性显著提高，经渝鄂直流背靠背联网工程统计，子模块失效率整体已降低至 0.3% 以下，运行可靠性方面首次实现与常规直流工程相当。在新建柔直工程中，国产化器件也得到了小规模应用，整体运行情况良好。

三、施工标准化和创新

1. 施工标准化

（1）近年来，国家电网公司大力推行基建标准化建设，形成了电网工程全电压等级的通用设计、通用设备、通用造价、标准工艺（简称"三通一标"），建立了电网建设全专业的技术标准体系和基建管理全业务的通用制度体系。标准工艺体系包括输变电工程"施工工艺示范手册""施工工艺示范光盘""工艺标准库""典型施工方法""典型施工方法演示光盘""标准工艺设计图集"等六个体系组成。"施工工艺示范手册"对输变电工程最基本的施工工艺进行规范，编写时注重通用性。"工艺标准库"对输变电工程基本工艺单元的工艺标准、施工要点进行规范。"典型施工方法"的内容涵盖了输变电工程常用的施工方法，对施工工艺流程及操作要点、安全质量控制措施等重点内容进行规范，并附有相关应用案例，对具体的施工作业有很强的指导意义。"标准工艺设计图集"是以"工艺标准库"内容为依据，总结借鉴成熟的管理及施工经验，融汇输变电工程强制性条文、质量通病防治措施及标准工艺应用等有关要求，分专业逐条落实并转化为设计成果，形成可资参考或借鉴的样图，满足标准工艺设计的深度要求。国家电网公司常态地开展标准工艺研究，完善和补充现有标准工艺成果，进一步提高既有成果的适用性，保持标准工艺的先进性。各省级公司根据各自地域、电网发展的特点，还出台了标准工艺补充规定或实施细则，强化标准工艺的应用。在工程建设阶段，普遍实行标准工艺"样板先行"制度。在每一项标准工艺实施前，认真分析研究该项标准工艺实施的要点和难点，制定针对性措施，向操作人员进行交底，业主、监理、设计及施工质量管理人员对标准样板的制作过程进行监督、控制，组织对样板成品进行验收，总结经验和教训，完善补充措施，再全面推广实施。

（2）推进变电（换流）站分系统调试项目划分标准化，保证分系统调试不漏项、不缺项。比如，北京柔性直流换流站将全站分系统调试分为交流场、双极换流变、启动区、双极阀厅、换流阀、直流断路器、直流场、耗能装置、水系统、一次注流加压试验及辅助系统等 11 个大项，再明确各大项中的分系统调试项目，共631 项。推进分系统调试方法标准化，对每个分系统调试项目的试验条件、试验仪器、试验项目和步骤、安全质量控制要点、试验记录等具体内容进行逐一开展研究，形成标准化的分系统调试方法，保证分系统调试标准统一。推行分系统调试工作分工界面标准化，从总体管理、安全管控、质量管控、技术管控、档案资料、进度管理、线缆敷设、分系统调试投运前检查、问题整改、质量验收等 10 个方面明确分工界面，落实各方分系统调试责任。

（3）国家电网公司在特高压换流站工程中推行采用标准化作业指导书，供各工程编制作业指导书参考使用。标准化作业指导书包括 9 个土建作业指导书、5 个电气安装作业指导书、7 个分系统调试作业指导书、10 个调相机作业指导书，共

31 个换流站工程特有分部分项工程作业指导书。土建施工作业指导书包括换流变压器防火墙、换流站防火墙（高端）脚手架、阀厅钢结构吊装、主控楼装饰工程、阀厅装修、压型钢板维护结构、换流变压器搬运轨道基础及广场、严寒地区特高压换流站工程大体积混凝土冬季施工、特高压换流站工程塔式起重机安装与拆除等施工方案及专项施工方案。电气安装作业指导书包括换流阀安装、换流变压器安装、控制保护及二次设备安装、阀冷却系统安装、分阶段启动安全隔离措施作业指导书。分系统调试作业指导书包括换流阀分系统调试、换流变分系统调试、交流场分系统调试、交流滤波器场分系统调试、直流场分系统调试、站用电分系统调试、换流站辅助系统调试作业指导书。调相机作业指导书包括调相机本体安装、调相机定子吊装（液压专向、顶升法、液压顶升法）、调相机吊装（液压提升法）、调相机转子穿装（单行车起吊法、液压提升法）、润滑油系统安装及冲洗现场安装、水系统安装及冲洗现场安装、调相机本体及出口电气设备现场安装、仪控设备现场安装作业指导书。

2. 施工质量提升

随着电网工程向大容量、高电压、大电流发展，仅仅满足于标准化建设还不行，还得通过创新施工管理、施工装备和工艺工法，降低作业风险，提升工艺质量。

（1）引入第三方检测、监测机构，避免检测、监测单位与参建各方有隶属和利益关系。采用公开招标方式引入第三方检测机构，对设备及材料进场检测试验、施工过程质量检测试验以及工程实体或设备质量与使用功能检测试验进行检测，明确检测试验清单及标准要求，同时对建构筑物公开招标委托具有测绘资质的第三方进行全过程（全周期）的沉降观测。避免检测、监测单位与参建各方有隶属和利益关系，确保能公正检测、监测，确保报告的客观性和真实性。

（2）梳理"施工质量关键控制指标"，实现施工工艺重点控制。工程建设过程中，施工质量控制指标分散在规程规范、产品说明书、施工方案等资料上，使用很不方便。国家电网公司按照施工工艺"一次成优、自然成优、合理成优"的要求，梳理出"施工质量关键控制指标"，在施工过程中进行重点控制。在±1100kV 昌吉、古泉换流站工程中，梳理出 40 项 186 个土建施工、43 项 209 个电气安装关键控制指标。在±800kV 扎鲁特换流站首台首台新一代调相机安装过程中，对标百万火电机组安装质量控制及标准，梳理出新一代调相机安装关键控制指标 102 个。通过这些关键控制指标的实施，±1100kV 昌吉、古泉换流站，扎鲁特调相机运行指标优良。

（3）基于"一个评价体系，两种管控手段"的质量管理提升建设。在一些变电工程质量管理中，推行了"一个评价体系，两种管控手段"的质量管控机制。"一个评价体系"，就是换流站建筑和电气单项工程质量评价体系，"两种管控手段"就是"工序量化控制"和"负面清单管理"手段。为确保变电工程的安装质量和工艺，建筑和电气单项工程质量评价包含"施工现场质量保证条件、性能检测、质量记录、尺寸偏差及限值实测、强制性条文执行、观感质量"六个评价项目，其内容涵盖了工程项目的管理质量、实体质量、观感质量。"工序量化控制"涉及"工序流程、工序标准量化控制"两个方面。"工序流程量化"的目的在于规范作业顺序，"工序标准量化"就是要尽可能地将"定性"标准向"定量"标准过渡，避免"定性"标准在人为主观判断上的差异，以提高质量判定的精准性。"负面清单管理"，就是将影响工程质量的负面因素建立清单，在工程建设过程中予以全面防控。实践证明，不管是工程建设的管理质量、还是工程实体和观感质量，都得到了一定的提升。

（4）研制特高压变压器现场安装的全套施工装备，实现了变压器安装工器具的施工装备升级。随着特高压向 1100kV 发展，电气设备体积越来越大、质量越来越大。例如，±1100kV 换流变压器与±800kV 工程换流变压器关键参数对比：容量由 500MVA 提升至 600MVA（提升 20%）；全装长度由 25.5m 提升至 37m（提升 45%）；全装重量由 550t 提升至 850t（提升 55%）；套管本体重量由 6.2t 提升至 15.5t（增加 250%）。带来了以下安装关键技术难点：阀侧套管及出线装置安装、大油量处理工艺、安装全过程中防潮措施的采取等技术挑战，需要研制特高压设备现场安装的施工装备。研制 1100kV 等级换流变压器安装使用的真空滤油机、真空泵、干燥空气发生器等三大主要作业机具，经工程实践，在现场安装环境远低于厂内安装环境的情况下，较以往传统装备安装效率提高 17.4%，安装质量关键指标优于以往 20%。真空滤油机主要技术指标：20 000L/h 滤油机相比以往 12 000L/h 滤油机，工作流量增加，过滤等级提高（四级过滤：一级粗滤芯 125μm、二级精滤芯 3μm、三级精滤芯 1μm，四级精滤芯 1μm），加热功率增大（250kW），油处理过程中能够明显提升滤油时间、油温提升时间及热油循环时间。真空泵主要技术指标：1200L/h 相比以往 600L/h 真空抽气机组，抽气级别增加、抽气效率增加，能大幅缩短抽真空时间。干燥空气发生器主要技术指标：200m³/h，排气效率翻倍，能够缩短注气时间，避免长时间注气可能带来的不良影响。研究针对两种技术路线的换流变压器阀侧套管等专用大型吊装工具及吊装方法，分别是采用套管与出线装置地面对接、整体起吊方式及采用套管与出线装置空中引导、分体起吊方式。通过两种吊装方案的论证和现场实践，实现了吊装误差控制在 3mm 内、套管与出线装置安装角度误差控制在 1′内（见图 5-4）。

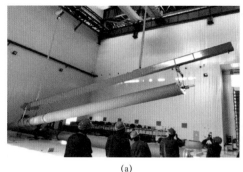

(a) (b)

图 5-4　两种套管吊装方式

（a）方式一；（b）方式二

为保证特高压换流变压器实现全装快速运输,研究设计生产全装变压器站内移动小车,减少设备全装运输工序、缩短运输时间、最大限度减小振动和冲击。转运车有独立车轮组、均衡架、车架体、缓冲装置、牵引销轴等主要部件组成。其中独立车轮组为保证 600t 全装运输要求,采用整体车床工艺,保证运输车耐受稳定性;为保证运输过程稳定性,设置了由碟形弹簧、导向轴、轴端板等组成的缓冲装置,可实现运输、转运及安装 2g 冲撞要求（见图 5-5）。

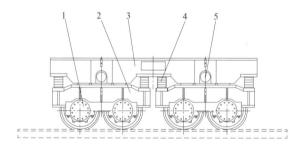

图 5-5　全装变压器站内移动小车

1—独立车轮组；2—均衡架；3—车架体；4—缓冲装置；5—牵引销轴

研制变压器低频加热技术,解决冬季大容量变压器本体升温难题。低频加热技术是利用主变压器（高压电抗器）自身绕组短路的铜损耗功率进行加热的一种“体内式”加热新技术,优势在于逆转了滤油机加热升温时的温度梯度,使温度梯度转变为内高外低,更有利于绝缘材料干燥效率的提升。确保在低温环境下,散热功率较高时,快速提升油温,提高变压器安装过程中热油效率,缩短安装时间。例如,变压器本体在环境温度为 -10℃ 左右时,采用滤油机加热,历经 49h 仅将油温升至 60℃,而在环境温度为 -20℃ 以下时,采用低频加热技术仅用 22h,油温已稳定于 70℃,加热效率高出滤油机近两倍,加热升温效果明显。

（5）建设多级防尘控制设施，提升设备安装质量。电网工程中 GIS 设备、换流阀、控制保护设备对安装环境要求非常高，否则会导则设备故障，造成用户停电。例如，GIS 设备在国家电网公司装用量逐年上升，截至 2019 年底，66～1000kV GIS 设备装用量超过 9 万个间隔。根据运行统计分析，异物放电故障、绝缘件缺陷故障、装配及安装工艺不良故障为三类主要故障。例如，2017 年 11 月 12 日，某换流站进行 500kV 交流系统调试期间，500kV GIS 设备发生故障。通过故障设备拆除后，发现中心导体、屏蔽罩及壳体、过渡法兰等有烧损迹象，经分析，故障是由设备内部存在灰尘等异物造成的（见图 5-6）。

图 5-6 GIS 故障情况

所以，控制 GIS 设备、换流阀、控制保护设备安装环境是十分必要的。国家电网公司近几年来，施工过程中采用了多级防尘控制设施，提高设备安装环境质量。阀厅、继电器室、GIS 等户内设备安装要求达到以下要求：安装前要求土建全部完工，屋面无漏水，室内土建杂物清干净；室内与屋外电缆沟做好防尘隔离措施，室内地面铺防尘地板革；在人员、设备进出通道，设置过渡间、风淋室，过渡间设置门禁系统、外来人员进出登记点、更衣室等；内部空调安装调试完成并开通，保持微正压；设置室内环境控制系统，对室内温度、湿度、大气压力、粉尘颗粒度等指标进行实时控制。安装过程中，随时保持室内清洁，在设备安装后，立即采用防尘布覆盖进行防尘保护（见图 5-7）。

图 5-7 环境控制系统

对于户外 GIS 设备，建设全封闭移动式厂房，实现了户外 GIS 设备的室内化、工厂化安装，达到洁净度、温湿度可控，降低外界环境因素的影响，提高设备安装质量。并在现场安装全过程推行多级防尘措施，主要措施有全封闭硬质围挡防尘，水雾墙对厂房周边降尘，围挡内满铺防尘草皮抑尘，移动式厂房隔尘，在人员、设备进出通道设置过渡间、风淋室，厂房内满铺防尘地板革，厂房内空调开通并保持微正压等（见图 5-8 和图 5-9）。

图 5-8　移动厂房内部布置

图 5-9　移动厂房外景

户外 GIL 管道安装采用模块化防尘棚，每组模块以不锈钢作为骨架、透明阳光板作为覆盖材料，底部四角采用可升降式万向轮可随安装进程移动，内部配备净化器、干燥机及空调，左右设有自动式可开启推拉装置，使对界面完全密封在防尘棚内，高空对接专用防尘棚，对内部环境得到进一步控制（见图 5－10）。

图 5－10　GIS 分支母线户外高空对接棚

（6）研发金具缺陷三维测量装置，填补金具表面平整度检测的空白。随着电网电压的提升，击穿电压与金具的均匀性、电极形状极为敏感，通过研究，当金具表面有 1～5mm 毛刺会显著降低金具均压特性和放电电压。围绕金具缺陷进行进一步分类研究，确定 1100kV 金具安装技术指标及验收标准：毛刺缺陷误差不超过原始设计数据±1mm；划痕凸起误差不超过原始设计数据±1mm；整体面型误差不超过原始设计数据±5mm；拼接部分尖角高度差±1mm；接缝交错宽±2mm；螺钉采用沉孔在金具表面下，螺钉不能凸起 1mm。基于此，研发毫米级三维检测装置和成套数据分析软件，采用光学非接触式激光三维扫描技术，利用激光测距的原理，根据同一个三维空间点在不同空间位置（通过识别标志点，建立定位坐标系）之间位置的空间几何关系来获取该点的三维坐标值。通过记录被测物体表面大量的密集的点的三维坐标、反射率和纹理等信息，可快速复建出被测目标的三维模型及线、面、体等各种图件数据。通过开发的分析软件，可快速检测工件安装前与理论设计三维图纸的偏差、安装前及安装后工件产生的形变，从而得到形变偏差、合格比率及局部缺陷大小参数。针对特殊大型工件由于缺陷而产生的安全隐患可以起到现场缺陷定位、安全预报以及数据分析等应用（见图 5－11）。

图 5－11　金具缺陷三维测量

（7）规范电气设备接线端子处理工艺，解决端子发热难题。电气设备端子发热是长期困扰电网运行的难题，随着输电容量的提升，问题越来越严重。通过对国家电网公司所属特高压向家坝—上海、锦屏—苏南、哈密—郑州、溪洛渡—浙西±800kV 特高压直流输电工程 8 座特高压换流站主通流回路上 16 102 个接头逐一进行了排查、分析，提出了电气设备接线端子处理工艺"十步法"，主要工艺要求加强人员培训、精细接触面处理、加强螺栓力矩控制、测量接头直流电阻等。通过规范电气设备接线端子处理工艺，近几年来，消除了电气设备接线接头端子发热问题。

（8）应用可穿戴、无线传输等技术，实时控制工程质量。应用可穿戴摄像头技术，并借用计算机技术等智能化、信息化手段，工作负责人可以通过安全帽的语音与视频系统进行指挥及监控。通过可穿戴摄像头监控留存影像资料信息，并对其分析，可以直观、形象、第一时间反映施工质量情况，解决了较大施工作业点多、个别施工点管控不到位、隐蔽工程质量控制较难等施工过程控制管控难点问题。应用无线传输力矩值的力矩扳手，建立数字化螺栓紧固力矩数据库系统，实现在螺栓力矩紧固同时自动将位置信息、操作人员、紧固力矩等信息录入，螺栓力矩要求进行对比，避免误操作，提高检查、验收效率。放线作业中，将牵张机设备数字化信息采集上传，实时监测牵张机的状态及参数，为运行监控、远程管理、故障诊断等提供安全可靠的技术支撑。应用在线监测，监测建筑施工高大模板支撑系统的模板沉降、支架变形和立杆轴力等，实现高支模施工的实时监测、超限预警和危险报警功能，为模板系统的安全和质量提供可靠数据和依据。应用大体积混凝土自动监测、降温处理设备，实时监测混凝土内部温度，全自动调节，保持与外部和表面温度的温差，相比以往温度检测人工检测，水循环冷却系统人工启停，更加智能化，实现了实时监测，更有效地提升了对大体积混凝土水化热的温度控制，减少了结构性裂纹，保证了大体积混凝土施工质量。

（9）薄壁式防火墙采用组合模板系统，优化材料选择，提升施工质量。换流变电站阀厅防火墙主要采用薄壁钢筋混凝土结构，高端防火墙长可达 80m，高度达33m，厚度仅 0.3m。按照常规的施工方法，换流变电站防火墙容易出现模板拼缝、垂直度、线条不顺直、表面光泽度等质量问题，不容易达到清水混凝土的效果。基于此，电网工程通过对换流变电站防火墙工艺研究和方法的改进，从材料方面采用自密实混凝土，从源头控制了施工质量对材料施工工艺的依赖，降低了混凝土因振捣产生的常规质量通病，减少了施工过程中，人为因素对材料的影响。从施工方法方面研究采用组装钢模板和钢木组合模板系统两种形式。两者通过 CAD 精细、优化排版，有效减少了混凝土浇筑次数。钢模板面板采用 6mm 钢板，钢木组合模板采用质量优良、周转循环利用率高的 VISA 木模与钢模相结合的方式，整体组合刚度大大增加，有效地保证了剪力墙混凝土浇筑成型的垂直度、拼缝漏浆等问题；同时近年来输变电工程不断改进施工工艺，对拉螺栓的布置从密集型布置改为端头布置，中间采用纵横肋槽钢增加模板刚度，减少了对拉螺栓对混凝土质量的影响，同时利用了防火墙的分格带，保证了混凝土板墙表面光洁、色泽一致，整体效果美观、更具有视觉冲击力，实现了清水混凝土的施工效果（见图 5-12）。

图 5-12　清水混凝土效果

（10）推进模块化建设、机械化施工，应用预制装配技术、集成设备，减少现场湿作业。2016 年，国务院办公厅印发了《关于大力发展装配式建筑的指导意见》，装配式建筑是用预制部品部件在工地装配而成的建筑。发展装配式建筑是建造方式的重大变革，是推进建筑业供给侧结构性改革的重要举措，有利于节约资源能源、减少施工污染、提升劳动生产效率和质量安全水平，有利于促进建筑业与信息化工业化深度融合、培育新产业新动能、推动化解过剩产能。国家电网公司在装配式建筑方面积极进行了探索，"标准化设计、工厂化加工、模块化建设、机械化施工"工作部署，设计上深化通用设计、通用设备应用，统一建设标准，统一技术原则，统一设计深度，统一设备规范，从设计源头上提高标准化水平。设备上采用高集成度设备，一次设备模块化，减少现场安装工作量、减少运行维护工作量；二次设备集成，实现设备智能化；二次系统集成，简化系统结构，减少现场调试接线工作量，提高运行管理水平。建设上实施模块化建设模式，采用预制装配式技术，采用装配式围墙、装配式电缆沟、装配式防火墙和厂房等结构，提高建（构）筑物工厂化率，现场机械化施工，逐步减少现场"湿"作业，采用绿色施工，提高建设效率，提升安全质量、工艺水平。

截至 2019 年底，依托 5 项工程试点开展岩石锚杆基础示范应用、4 项工程试点开展螺旋锚基础研究，单基基础工期大幅缩短至 2 天以内；完成 186 项机械化施工示范工程，投产 1073 座模块化变电站。以变电站工程为例，全面实施模块化建设后，220kV 变电站建设工期可由 12 个月缩短为 4～6 个月，110kV 变电站可由 10 个月缩短为 3～5 个月。平原丘陵地区线路工程实施机械化施工后，人工使用量可节省 60%以上，工程进度可缩短约 50%。

第六章

进 度 管 理

第一节 影响因素分析

电网工程涉及面广、投资大，具有任务重、全局性、节点性等特点。如何按照预期目标统筹安排，将工程项目的全过程、全部目标和全部活动统统纳入计划的轨道，用一个动态的可分解的计划系统地来协调控制整个项目，需要用计划管理来实现。

工程的各项工作的开展都是以计划为依据，使项目实施各阶段、各环节都做到有法可依、有据可查、有章可循，以此来协调工程项目的各项活动。

项目进度管理是一项集项目时间和费用控制、资源优化、作业进度计划与调整于一体的管理方式。可以说进度管理是项目管理的首要内容，是项目管理的灵魂。同时，由于项目不确定性很大，进度管理是项目管理中的最大难点。

1. 社会环境因素

电网工程是具有改善民生、发展社会事业、促进经济发展等公共属性的项目。电网工程项目前期工作包括编制项目建议书、可行性研究报告、初步设计文件等，并分别按照管理权限提请相关单位审批。但在实际建设过程中，部分电网工程项目没有进行深入细致的前期准备工作，甚至缺少相关审批环节，出现项目决策走过场、流于形式；部分项目手续不全，没有办理完成国有土地使用证、建设用地规划许可证等就迫于压力匆忙开工，有的项目存在先施工后补办相关手续的情况。

随着依法治国理念的深入实践，对电网工程项目前期工作提出了以下更高的要求：

（1）审批环节多，电网工程由国务院（或省级）投资主管部门（发展改革委）进行核准，同时要取得自然资源、规划、交通局、水利等主管部门的 9 项支持性文件，工程项目逐级审批、逐级办理，审批工作周期长。

（2）审批内容严格，《中华人民共和国文物保护法》《中华人民共和国城乡规划法》等相关法律的出台也影响着电网工程项目前期工作，对文物勘测评估、林地评估、地质灾害评估、固定资产项目节能评估等内容的要求更高。

近年来，国家简政放权政策不断推进，电网工程建设前期手续不断精简，但受政府或相关利益方的驱使，电网工程项目前期手续的办理仍存在难办理、周期长的现象，这直接影响整个工程的推进。

受社会氛围和人为因素的影响，电网工程项目过分地强调实施进度，"边勘测、边设计、边施工""三边工程"的比例较高，存在施工过程中变更不停出现、图纸不断升版、施工时有返工的现象。

在属地协调方面，电网工程项目建设过程中因征地、临时场地、运输道路等，当地政府、属地电网企业、村民等利益相关方利益冲突，以往依靠"大"工程、靠"地"吃饭的想法仍然存在，政府部门之间的沟通障碍、电网企业与政府的沟通不畅、人民对于补偿（赔偿）标准的不满，出现了阻工、堵路等极端现象的发生，这也是直接影响整个工程的推进因素之一。

电网工程项目因选址地域或区域的不同、规模大小、设备形式不同，标准的高低、工艺差异等，不同的约束条件将导致方案不同。前期工作就是要根据多项约束条件，综合资源，地质、水文、气候、环境、配套、技术等客观条件因素选择科学合理的建设方案。如若研究论证不充分、综合影响因素考虑不周全或不重视项目前期管理工作，缺乏做好可行性研究、提高投资经济效益的主动性，导致项目前期工作客观性、公正性、科学性不足，必然会给后期工程建设带来麻烦。此外，参与工程前期的咨询、设计单位隶属于各不同单位，往往受"长官意志"或本位主义影响，变相地使可行性研究变成"可批性研究"，导致工程实际考虑不充分，很多具体细节没有落实，对工程实施阶段造成无法弥补的影响。

2. 管理因素

建设单位（建设管理单位）在电网工程项目决策、实施过程中起主导作用。任一环节的管理不当，都将造成进度的延后。如施工许可证办理延误、甲供物资供应不及时导致现场停工待料等都会致使施工中断影响工期；工程实施过程中管理力度不足，未深入了解实际情况不能有效解决问题或不能举一反三，对工程中需要协调的问题不能当机立断；建设过程中过分压缩合理工期，导致施工过程出现安全质量事件而被迫停工等。

从进度管理方面来看，电网工程项目工期长、环节多，意外情况也多，没有很好的进度计划，很难在一个长的时间跨度内把握项目施工组织状况，同时很难在资源上做到从容调度和平衡优化，稍有不慎就会导致施工中断。虽然有很多进度管理软件、方法应用到项目进度管理中，但对于进度计划的精细度很难界定。进度计划过粗，则难以控制作业进展，不易发现问题；进度计划过细，则容易人为割断施工工艺之间的自然联系。如接地安装，包括放线、安装、检验等工序，在编制进度计划时应采用粗计划，综合成一个作业。

从施工管理方面来看，施工管理人员对工程项目的特点与项目实现的条件认识不清，或施工单位采用的技术措施不当，新技术、新材料、新结构应用缺乏经验以及施工组织不合理、劳动力和施工机械调配不当、施工平面布置不合理等都是进度影响的因素。另外，施工管理人员在发现工程进度落后时，没有采取积极的、有效的措施对进度计划进行动态调整，也成为实际进度与进度计划脱轨的原因之一。

3. 技术因素

电网工程项目设计专业众多，设计深度不足极易导致前期工作周期过长。在可行性研究阶段，涉及生态环境、林业、水利等多个专业，这对相关设计人员的专业素质要求很高，设计人员必须对环评、用地、林业、水利等环节有足够的法律法规认识，否则将造成可行性研究设计深度不够，致使选址、规划、可研评审、土地报批等过程中要补充修订大量内容，影响前期工作进度。

此外，在设计单位与建设单位的沟通中，也有出现选址阶段未充分考虑土地权属、可能存在的纠纷、土地权属人的意见等相关因素，甚至尚未进行详细的地质勘察仓促提交审批，造成选址、选线过程中出现了占用基本农田或建站地质条件不满足规程要求等情况，导致设计方案几经修改，严重制约了工程建设整体进度。

在初步设计和施工图设计阶段，需要勘察、土建、电气、暖通、水工等专业协同设计，各专业深度交叉，设备种类较多，工程设计与厂家之间的技术接口较为复杂，设计方案（图纸）的准确性和及时性也是影响工程进度的主要因素之一。设计图纸交付时间必须满足工程项目建设各阶段要求，设计图纸不及时或有错误，实际工程地质条件和水文地质条件与勘察设计不符，以及有关部门或业主对设计方案的改动会导致工程建设中断，影响工程进度。

电网工程项目施工前，施工单位根据设计文件、建设管理纲要编制总体施工组织设计等施工指导性文件。在工程建设过程中往往受进场要求紧、施工管理力量薄弱等条件限制，施工组织设计编制没能充分考虑工程当地的实际情况，导致施工组织设计、施工方案、进度计划脱离工程实际，施工资源配置考虑不周全，导致施工过程中断。

4. 合同因素

电网工程项目资金密集、劳动密集的特点，使得设计、施工及物资（含设备、大宗材料等）采购多采取平行发包的模式，不同标包之间的接口多而繁杂。特别是特高压工程，创新性大，工程特性明显，每个工程差异较大，招标文件难以将工作量和责任完全划分清晰。如在换流站工程中，土建和场平桩基的接口、土建各标包的接口、土建与电气的接口众多，建筑物给排水及雨水井的接口、主地网接口、消防管网与预埋套管的接口、设备埋管与开孔的接口、土建与空调、彩钢板厂家的接口等在施工过程中常因接口配合不到位导致返工、争议等问题,这是影响电网工程进度的因素之一。

5. 物资供应因素

电网工程项目的设备、材料等占工程投资额的70%以上,施工过程中需要的材料、构配件、机具和设备等如果不能按期运抵施工现场或者运抵施工现场后发现其质量不符合有关标准的要求,极易出现长时间停工待料的局面,严重制约工程进度。特别是特高压工程,设备数量大、种类多,许多设备是首次研发,对成套设计及设备制造单位的挑战巨大,设备集中或滞后到货较为常见,这都直接影响了工程的整体进度。

第二节 计 划 的 制 定

在现代工程项目管理中,没有周密的计划是不可能取得成功的。项目计划是指为达到项目的目标,对项目的各种工作内容所作出的周密安排。完整的项目计划通常需要明确具体任务分工、执行人、时间预算、资金预算和预期成果。

1. 计划管理的主要内容

电网工程的计划包括。

(1)综合计划。电网工程项目的综合计划特指电网基建专项计划,具体包括续建及新开工项目投资计划、新开工项目里程碑计划、投产项目里程碑计划。

(2)进度计划。电网工程进度计划指各级单位相关管理部门根据职责分工对输变电工程项目前期、工程前期、工程建设、总结评价阶段建设全过程关键节点的时间安排,是对综合计划的细化落实。包含以下重要节点的时间信息:项目前期的可研批复、核准批复;工程前期的设计招标、初步设计批复、首批物资定标、施工招标;以及工程建设阶段的开工、投产等。

项目实施中的投资预算、技术、设计、物资供应等计划也常常以进度计划为编制依据。

2. 进度管理的原理和方法

项目进度管理是以现代科学管理原理作为其理论基础的,按照不同管理层次对工程项目进度控制的要求可分为三类:总进度控制(里程碑计划)——是项目牵头单位(建设单位)对里程碑事件的进度把控;主进度控制(一级进度计划)——主要是建设单位项目管理部门(业主项目部)对项目中每一个主要事件的进度把控,在多级别项目中,这些事件或许就是各个分项目;详细进度控制(二级进度计划）——主要是各参建单位对各个具体作业进度计划的把控，这是进度控制的基础。基于此，项目进度管理的理论基础主要包括系统控制理论、动态控制理论、封闭循环理论和信息反馈理论等。

目前最常用的编制进度计划的技术方法主要有横道图、里程碑计划（关键日期法）和网络计划技术。这三种方法在电网工程项目中均有广泛的应用。

除了以上基本的方法外，电网企业还针对电网工程项目特点开发了新的网络进度计划技术。国家电网公司开发了网络进度计划技术，网络进度计划技术立足于目前成熟的进度管理方式，结合网络规划、控制以及自动汇总统计算法，该系统以进度计划管理为中心，实现了电网工程建设全寿命周期的协同管理，全面涵盖工程安全、质量、物资、档案等各专业的信息管理。这是一种非常先进实用的进度计划解决方案，在国家电网公司换流站以及线路工程中全面应用，效果显著。

3. 进度计划的编制和控制

电网工程进度计划的编制内容多样，是一个综合的、系统的处理过程。应考虑外部环境、建设规模、招标采购及设备物资生产供应合理周期、初设评审及批复周期、施工难度、停电安排等因素，把握开工节奏，保证合理工期，实现均衡投产。还应充分考虑项目前期、工程前期工作时间及进展情况，严格遵循基本建设程序，合理制定计划开工时间。

在进度计划实施过程中，应统筹考虑工程投资预算、物资供应、停电计划、验收启动等工作安排，按目标计划对工程建设阶段关键路径加强管控，满足进度计划要求。

电网工程项目中的进度计划目前按照分层管理的方式逐级进行：业主单位以及建设管理单位负责里程碑计划的编制和管理，监理单位对一级网络计划进行编制和负责，施工单位对二级网络计划进行编制和负责实施。各级单位编制进度计划时必须严格按照上级网络计划进行，三级进度计划编制示意图如图 6-1 所示。

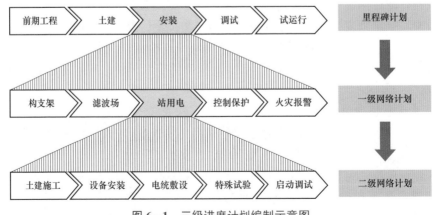

图 6-1　三级进度计划编制示意图

电网工程以里程碑计划统领进度管理，以优化施工组织和保障资源投入为主线落实节点目标，积极采取"时限预警"的进度管理机制，通过事前预测分析、事中控制监管和纠偏、事后总结提高，强力把控关键节点和进度要素，确保里程碑进度计划按期完成。

里程碑进度计划包括以下内容：

（1）衔接好不同阶段间和不同管理主体间的进度，后续工序提前介入，实现进度控制一盘棋。

（2）确保设计进度和物资设备供货超前于现场建设需求，建立现场施工问题"限时解决制"。

（3）统筹安排施工组织，充分实现不同单位间、同一单位不同作业面之间的协同作业，实现交叉施工最优化。

（4）动态跟踪，及时发现进度问题并采用措施，保证进度计划可控、能控、在控。

进度计划的控制分为事前、事中、事后：

（1）施工前对进度计划进行严格审查。在进行具体的建设施工之前，建设管理单位组织物资管理单位、勘察设计单位、监理单位、运行单位等对进度计划中的可行性与安全性进行综合考察，以保证施工计划进行的过程建设质量与建设进度符合工程项目管理的整体要求。施工组织设计是整个工程实际建设过程的施工依据，工程施工单位的建设进度进化、工程质量控制以及专业施工水平在其中都有较为直观的体现。

（2）施工期间对于施工进度进行合理控制。在施工项目的实施进程中，实行施工进度控制，进度控制人员经常地、定期地跟踪检查施工实际进度情况，收集各项工程进度材料进行统计整理和对比分析，确定实际进度与计划进度的关系，及时调整并将结果上报，以确保各个阶段性控制工期按期完成。

（3）事后控制是指实际进度与计划进度发生偏差时，包括总工期不突破时和总工期突破时两种情况，对应的调整相应的进度计划及相应的配套设施和保障措施。

此外，还要重点抓好关键工序的进度控制，做到周密计划，确保总工期。

第三节　进度管理的要点和精髓

电网工程技术复杂、协调困难、工期较长，进度管理的关键是把握重点环节，抓住主要矛盾，就能够"牵一发而动全身"，起到"四两拨千斤"的作用。

1. 成立工作组建立责任制

在电网工程规划前期管理中，明确各个项目任务的责任后，实行责任控制，保障前期管理的规范性。如在项目前期管理中，明确规定不同岗位的管理职责，要求各部门领导带头组织落实，先分解前期管理的责任，再落实各项责任内容，将管理责任分配到人，全面开展责任跟踪工作，加快前期管理工作速度，最重要的是提升前期管理工作的效益，全面处理管理中的各项问题，通过责任的落实，做好风险预防工作。落实管理责任是电网工程全过程管理的重要保障，规范了管理工作的内容，保障工作的顺利开展。

电网工程在初步设计、施工、调试、验收、启动等阶段均有落实责任制的具体内容，确保工作顺利推进。

基建部门与生产部门签订合作协议的实践中，应深化基建服务生产的理念，基建部门从人才培养、科技攻关、过程控制、无缝衔接、质量回访、定期交流6个方面与运行部门共同组建工作组，邀请生产单位提前介入，全过程参与工程建设，配合基建部门加强施工现场的质量、安全管理，为工程顺利投产、交接和安全稳定运行奠定基础，为工程顺利通过验收奠定了基础。

2. 合理制订项目进度计划

对电网工程项目前期工作进度的安排，主要目的就是保证在最短的时间内获得各项行政审批，保证项目各项环节能够顺利进行。首先，根据项目建议书是项目展开的基础，因此必须就必须取得项目建议书的批复，此为开展其他工作的必要条件。其次，还应确定每项环节的前后顺序，如建设项目规划条件、设计方案审批、技术方案审批以及获得规划许可证思想环节顺序不可前后颠倒。

要全面掌握建设工程中各项要素，其中包含工程建设内容，工序衔接、施工重点以及施工方法等，结合工程项目的实际情况，合理制定工程项目的进度计划，以保证电网工程项目能够在工程建设周期内按时完成。在此过程中，项目管理人员可以借助现代化信息技术对项目工程进行合理管控，对施工计划进行充分对比。

作为建设项目的决策层要具有立足全局、谋划长远的战略眼光：高度重视前期工作，避免重当前轻长远、重施工轻前期、重进度轻质量的倾向，充分调动经济、技术工作人员的工作积极性，给予充分合理的工作周期，以保障前期工作质量。选择具有高资质、经验丰富、业绩及信誉良好的咨询单位，配齐相关专业高素质的工作人员，技术经济工作者应具备强烈的责任感和事业心，具有较全面掌握、运用有关法律、法规的政策水平，了解国际国内先进的科学技术发展水平和应用情况。建设单位(建设管理单位)亦应配置相应数量了解建设项目报建程序和相关法律法规、具备基础专业知识和沟通能力的专业人员，具体协调和沟通项目决策层、政府主管部门及咨询单位之间的工作，以保证项目前期工作的有序推进。

特别是作为以基本建设为基本职能的机构，应研究设置专职的项目前期工作机构，便于充分利用有限的人力资源，全面掌握本行业或本地域范围内建设项目与决策层、政府主管部门及咨询机构间的协调以及关联项目间的总体协调。或可有利于本行业或本地域多个建设项目的全面推进。

工程计划的制定和落实要抓好三个关键：开工手续办理及建设环境的创建；工程设计、物资供应；工程施工各环节要衔接顺畅有序推进。工作交接要满足四个需要：征占地手续办理进度和外协工作满足现场建设需要，场地平整的进展满足土建施工的需要，本体工程与通信工程同期建设、系统通信工程的建设满足视频会议的需要，设计图纸按时交付、招标采购和物资供应满足工程现场需要。各参建单位施工人员、机械和工器具满足工程建设现场的实际需求，工程建设资金及时足额到位，送电、变电工程各节点控制有效，各分项工程安全、质量和进度始终处在受控状态。

3. 多方参与项目前期调查

根据电网工程项目前期工作的总体要求，落实可行性研究条件，包括取得项目所在地地方乡镇意见和规划、国土、环保、水利、交通等政府部门意见。推进项目核准工作，完成各项属地支撑性材料（规划选址、土地预审、环评手续办理）以及与地方政府的沟通协调。积极开展调查，了解影响工程建设难点。详细收资具体包括收集地方土地利用、地方电力专项规划等相关规划，摸底水文、矿产、风景名胜区、文物等情况。组织参建单位互相配合、多对工作出谋献策，务求做到有目的地工作，有成效的工作；着力优化工作界面和工作流程，主动汇报工程的进度和遇到的实际问题，对于涉及前期办证手续、审批流程方面的问题，利用好政府协调的机会，尽量采取现场办公、当场解决的方式，及时化解前期工作中遇到的难题和"瓶颈"，大大加快工程的推进速度。要充分发挥属地供电公司与当地政府联系纽带作用，采取"盯、跟、催"做法，环环相扣、实时协调当地乡镇做好路径优化及意见取得工作。

4. 完善前期设计协同配合

在电网工程的前期，设计工作既包括了工程技术内容的设计，也包括综合管理的内容设计。在电网工程规划前期的设计管理中，融入了较多专业的要求，完善前期设计管理，可以很大程度降低工程的难度，合理规范工程前期的造价与进度。采用精细化管理，如提升衡量设计管理的标准，可根据标准评价设计管理的效益，确定设计管理是否符合工程前期管理的需求；注重细节控制，设计管理的精细化，以细节性的管理内容为对象，实行细节控制，主动协调设计管理中的矛盾点，稳定设计质量。

加强各专业间的工作衔接。加大设备厂家与工程设计技术接口的组织工作力度，确保施工图不能因厂家资料不及时而影响交图计划，也确保厂家及时具备生产条件；对各阶段的施工图提交日期明确具体要求，最大限度地保证设计进度能够满足现场施工和设备排产需求；强化设计现场工代制度，及时解决现场施工过程中遇到的设计问题，做好现场安装的配合工作。

电网工程应特别注意各种材料及设备的成套供货问题,许多建筑和设备的安装都需要成套供应材料,如换流站内的控制楼钢结构各部门之间以及檩条都需要互相匹配才能顺利完成安装,因此在审核供货计划时就应及时要求材料供货厂家根据现场安装需要来进行供货,以免供到现场的材料无法进行安装,既占据场地,有耽误现场建设工期。

5. 统一口径开展外部协调

在电网建设外部环境协调过程中,合理地采用协调机制进行作业,使工程策划及实施更具科学性、合理性发展,确保电网建设外部环境基础达到宽松以及可靠标准的同时,使其在施工过程中具有施工依据以及合理的施工方案和施工力度、有合理的解决方法等。

为缓解施工中产生的冲突,针对实际情况制定一套合理的属地化管理机制,建立属地化长效合作机制。使各施工区域的施工电力规划以及建设施工工作与对外进行协调工作的区县、施工供电范围等问题得到有效管理,再由地市公司做好对外协调工作。合理安排专业的工作人员进行作业,提高工程工作效率,是电网建设外部环境机构设置完善。另外,当地政府与施工区域电力部门相结合,可以化解当地群众的顾虑并做好思想工作,只有解决好矛盾问题,才能确保电网建设外部环境良好,施工顺利开展。最后在实际工作中,合理地将制定的属地化管理机制和政府长效合作机制实践到工作中去,还可以化解电网建设外部环境产生的一些冲突。

成立现场指挥部,统一部署,集团化运作。按照"集团化运作抓工程推进"的建设管理思路工程现场指挥部负责工程建设管理的统一指挥,统一协调和组织实施。业主单位(建设管理单位)组织工程现场梳理管理界面,明确职责分工,落实管控责任,建立工作机制,协调解决基础阶段具体问题。如针对钢管塔供应进度滞后、部分基础进场难度较大、重要跨越协调等问题,全面梳理工程建设面临的内部和外部环境,督促各责任单位加大协调和工作力度,尽快解决工程建设的瓶颈问题,全面推动工程建设。

加强对外停电跨越协调,落实现场督察要求。为确保跨越带电线路停电需求与生产运行检修时间安排相适应,需要对塔材供应、架线计划、检修时间进行统一协调,找到最佳结合点。组织对跨越带电线路停电需求时间协调和优化,尽可能让涉及同一条带电线路的不同标段实施跨越时间一致。加强塔材供应的协调,优先保证重点区段涉及跨越塔材的供应。协调各施工单位的人员调度安排,确保涉及跨越塔材到位后能够及时组立施工,提前做好跨越架、施工机具方面的准备。向上级主管部门报送停电计划报告,确定了停电跨越施工时间表。根据迎峰度夏的新要求,考虑可能出现的电力调度控制中心变更停电计划事宜,并进行协调。对个别标段因物资供应滞后或天气因素影响,导致无法按原计划进行停电封网或拆网作业进行专题协调。

尽早策划沟通，全力解决跨越难题。特别是线路工程跨越较多，建设管理单位要及时组织与主管部门进行沟通，早取得主管部门的批复协议，保证跨越施工按计划实施。例如在跨越铁路的申请过程中，积极沟通、主动作为是成功的关键。在沟通的过程中，解决了铁路主管部门内部的责任不清，促进了跨越铁路审核工作突破。在审批过程中，多次发函询问审批进度，提高工作主动性，同时也对铁路主管部门加快批复起到一定的督促作用。

重点协调制约因素和瓶颈问题。在工程建设伊始，可针对部分标段进场难的问题，组织施工、监理、业主项目部与属地供电公司组建协调攻关组，集中攻克难题，并对个别标段进行约谈，督促加大外协力量，完成攻坚任务。

6. 细化进度计划抓稳主线

进度计划的编制应充分考虑项目前期进展情况，并预留充足合理工期需求，确保项目工程"可实施性"。投产计划编制充分考虑外部环境、合理工期、物资供应、停电安排、验收及投运组织等因素，提高开工投资计划各节点合理性，防止源头出现计划的不可实施。

建设工程目标工期的确定，应以法律法规和以往工程经验为指导，通过实事求是的计算、论证，制定出切实可行的目标工期。同时在保证工程质量、安全施工和不因此增加施工成本的条件下，适当优化施工工期。通过一系列的控制措施，实现工程项目的既定目标。工程建设过程中，如遇里程碑计划变更，应组织重新梳理工程计划，重新进行施工计划的调整和总体部署，确保人、机、料的配置能够满足新的里程碑计划要求。同时，还应加强施工过程的协调和控制。

目标工期应以计算工期为依据。在招标投标的环境下，施工单位对于招标文件中规定的工期，不论合理与否，在投标时只能认同或者减短，通常没有增加的可能。建设单位或者招标代理机构提出的目标工期将是决定性的因素，对于整个工程能否有序进行至关重要。因此目标工期尤其应严肃排布，根据施工条件、设计图纸和类似特高压工程经验科学测算，再以计算工期为依据综合考虑确定，而不应设定以重大活动为节点的里程碑。在工程实施过程中，除非有不可抗力的情况发生，否则不应随便变更工期，以维护合同工期的严肃性。

工程实施过程中应牢牢把握工程建设主线，二级计划是对一级总体统筹计划的进一步展开和确认，同时又是对三级详细计划的指导。三级计划是准备执行的近期计划安排，是执行、检查进度完成情况的重点。四级计划将三级计划具体为作业层可操作的进度安排，是与劳动作业任务单下达内容一致的立即执行计划，确保三级计划的实现。

换流站工程主线一般为换流变压器防火墙—换流变压器广场—换流变压器安

装—分系统调试—系统调试。从土建的开挖基础、大体积混凝土施工、设备安装到验收、调试，期间会遇到与隧道、钢结构、暖通、消防等多工序的交错，会出现各种各样的"意外"影响到进度计划的实施。管理过程中应把握关键路，突出一个"抢"字，严格按照计划执行不能浪费一天。主要关键线路上节点能够按照计划实施，其他工序穿插施工，整个换流站工程建设才能整体受控。

测算工期应根据实际情况符合逻辑规律。在确定各工作的持续时间时，既要考虑各项工作的完成时间不要定得太紧，又要有一定的时差。例如对于不同线路标段工作的逻辑关系的制约问题，应考虑标与标之间的组塔、放线工作在施工顺序上存在先后衔接的制约关系。在考虑流水施工时，施工段数要适当。段数过多势必要减少工人数而延长工期；过少又会造成资源供应过分集中，不利于组织流水施工。经过现场探勘获得第一手资料梳理后，按施工阶段进行分解，并明确阶段控制的里程碑目标。

测算工期应考虑外界因素。输电线路工程主要是露天作业，受自然条件的影响很大。例如：北方高寒地区的土方作业、混凝土浇筑等工作，在冬季不能施工。黏土施工不宜安排在多雨季节。重要设备、物资以及设计图纸的到位时间对工作安排也起制约作用。另外，法定假日、民工在农忙和年底歇工，都应作为考虑的因素。

过程控制实现目标工期。工程项目进度控制过程主要是规划、控制和协调。在综合考虑工程特点诸多因素后，运用科学手段编制出最优的工程里程碑计划。通过计划的实施实现其预定目标，需要有效的控制措施和手段。在执行计划的过程中，周期性检查各标段实际进展情况，并将其与计划进度相比较。若出现偏差，便分析产生的原因和对总工期的影响程度，找出必要的调整措施，修改原计划，不断地如此循环，直至工程竣工验收。

压缩工期具有原则性。建设工程在一般情况下，以正常施工速度为宜，但在特殊情况下需加快进度、优化工期时须有红线、底线思维：优化不影响安全和质量工作的持续时间；有充足备用资源的工作；缩短持续时间所需增加的费用最少的工作。这就需要统筹兼顾，采取组织措施、技术措施、合同措施、物资协调措施、经济措施和信息管理措施对原工期计划进行优化，力求均衡和有节奏地施工，以实现综合效益的最大化。

例如，换流站工程开工初期，土建采取由下至上施工顺序，全面铺开排水、道路施工。而建筑物不涉及地下排水部分，则可以同步开展；高端换流变压器防火墙可比低端换流变压器防火墙晚2个月开工，低端翼墙施工完成后开始换流变压器主轨施工。在此情况下施工，一方面可以保证换流变压器防火墙施工通道，另一方面有利于施工资源的调配；滤波场基础优先施工围栏外部分，便于提前开展构架吊装，构架吊装对围栏内基础施工影响较小。围栏内基础可以分步交安，以达到作业面全面铺开的目的。其工期随着开工时间、竣工时间的变化而变化，随着工作量的变化而变化，不是一成不变的。如果换流站各部分开工时间相差不大，交流部分和直流低端投运时间差不多，主控楼、低端阀厅基础及主体结构（含换流变压器建筑）—极Ⅰ辅控楼、极Ⅰ高端阀厅基础及主体结构（含换流变压器建筑）—主辅控楼辅助系统设备安装（站用电、通风空调系统等）—低端换流变压器安装—低端阀厅安装—高端换流变压器安装—高端阀厅安装—户内直流场建筑及安装—主辅控楼保护控制设备安装—主辅控楼二次接线—分系统调试—站系统调试—系统调试可作为关键路径作为整体工期控制的依据。

7. 主动抓实设计工作进度

（1）制订设计工作里程碑计划。按照里程碑计划编制各阶段设计工作大纲，分阶段开展设计工作，做好可研与初设、科研与设计、各阶段设计与施工的合理配合，加强设计单位内部、不同设计单位之间的沟通交流，确保设计原则和技术方案的贯彻落实。采取集中设计管理方式，按期完成施工图设计，满足工程及时开工、顺利建设的需要；综合考虑工程可研设计、初步设计、施工图设计周期与物资、服务类招标配合的需要。

（2）开展分阶段评审。采用分阶段、分步骤方式开展设计评审工作，包括路径方案评审、设计及科研专题评审、主要设计原则评审、初步设计方案及概算评审等。

（3）建立定期汇报制度。如特高压工程建立了更加完善的进展及问题汇报制度，以保障管理层掌握工程进展，保证问题及时解决。定期对工程进展和设计问题进行沟通。汇报制度包括周（旬）报制度、电话例会制度、专题汇报制度、现代化即时通信汇报制度、检查会制度。

8. 统筹资源匹配施工进度

施工进度计划不是孤立的，而是整个项目千头万绪工作的龙头，是财务资金计划、劳动力组织安排计划、机具调遣计划等各专业计划的主线。这些资源计划依据施工进度计划编制而又相对独立执行各自的职能计划管理。要想达成工程建设目标，就必须将各类资源有机地融入计划管理的全过程中项目施工进度计划是编制者依据基建程序中施工阶段之前的各阶段工作成果，考虑工程、工艺特点和施工特点，以合同工期为工期目标，结合自身实际情况，规定的总进度目标和效益目标，形成分层次、分阶段、分专业的，包括各资源投入量平衡计划在内的一整套计划组合。

电网工程开工前，建设管理单位下发里程碑计划，监理项目部根据建设管理单位下发的里程碑计划编制一级网络进度计划，进而要求施工单位完成施工进度计划及资源投入计划，设计单位提供出图计划，物资、设备单位提供物资到场计划。实施过程中进度就与各类资源紧密结合在一起，并以计划的形式与总体进度计划配合，建设过程中定时关注，定期更新，遇到问题及时纠偏，促使各参建单位保证资源投入，保证整体进度计划的刚性执行。

计划一旦全面开展，不论哪一级计划一经贯彻执行，各单位、部门及每位管理者、执行者，均应维护其严肃性。工期进度目标的完成是参与施工作业的各类资源综合作用，相互支持、配合的组织成果，离开资源的有力支持，工期目标只是空谈而无法实现。

换流站工程开工后现场作业面全面开花，各参建单位必须根据整体里程碑计划执行各自施工进度计划的同时必须按照审定方案配备必要的资源来支撑计划的实施。有些单位因前期准备不足，虽然进度计划编制的较为完善，但资源未能按期投入，人员组织、机械配备、材料采购等不能按照计划开展，施工进度计划未得到刚性执行。

人力资源一直以来都是资源中最主要的方面，而受工程所在地受自然环境、社会环境影响，遇到麦收、雨季现场施工人员会有较大程度上的浮动。如换流站工程土建施工阶段高峰人数可超过 1300 人，有经验的承包一定考虑各方因素，在有利条件期间尽快形成施工高峰期，以消除雨季、寒冷等因素影响。

9. 紧抓物资供应计划落地

工程计划管理工作中，物资供货计划是核心、是重点。物资供应若不能及时到位，则施工犹如无米之炊，物资供应逐渐成为工程建设的瓶颈，物资设备的供应进度和质量直接决定着工程建设的成败。

在物资管理中，以里程碑计划和一级网络计划为指导、以需求侧管理为中心，以现场各施工单位的二级网络计划和供应商排产供应计划为依据，以物资供应与需求计划的有效衔接为着力点，全方位促进物资管理体系稳定有序运行，推进参建各单位间的协作、联动，全方位促进工程建设。

（1）供应计划制订及调整。物资管理单位对接建设管理单位，收集物资需求计划。物资需求计划明确后，组织供应商初步编制物资供货计划，排查供需对接难点，并积极组织协调各相关单位平衡换流变、塔材等关键设备、材料的运力。建立供需对接，根据里程碑计划及一级网络计划，结合现场实际需求，组织制订供货计划。执行过程中根据实际情况组织供货计划调整；组织供应商按照供货计划编制和修订排产计划。

（2）生产管控。协调图纸交互；审核供应商生产周报信息，跟进生产进度全过程；开展生产巡查；参加试验见证；对生产进度滞后的供应商，采取措施进行生产催交，保障供货计划正常执行。

（3）配送协调。提前做好大件运输工作准备；确定大件运输工作计划；参加大件运输方案审查；督促供应商大件运输计划的制订与调整；落实大件物资发货准备；依托信息平台，实施大件运输监控；协调大件物资的到货交接与临时存栈；及时通报大件运输信息；统筹常规物资运输管控；保障物资安全按时运抵交货地点。

（4）移交验收。供应商按照供货计划将合同物资运抵交货地点后，物资管理单位（物资供应项目部）参加由建设管理单位组织的，包括监理单位、施工单位、供应商共五方到场的现场移交和验收工作；协调不合格品的处置方案，督促供应商及时处理；管控二次返厂处理；督促资料移交；进行物资核查工作。

10. 科学编排施工工序衔接

在施工过程中应注意根据现场实际情况及时调整各种施工工序之间的衔接，在工期安排中应充分考虑到现场各种实际因素的变化，合理安排，尽可能地留有余地。电网工程一般土建、电气平行发包，特别的，如换流站工程土建一般为 2～3 个标包、电气一般 2～3 个标包，按照各自承包区域工作内容应合理编制流水施工，标包与标包之间由监理单位组织讨论流水施工工序，确保工序之间、标包之间能够合理衔接。

土建施工单位进场后，为满足施工需要首先要形成站内临时道路，各站平面布置不同，但换流区作为中心区域，围绕其形成环形道路，可以满足大多数施工区域的需要。按照先地下、后地上的施工顺序，主排水施工应在土建单位进场后即开始实施。特别是进站主干道或主控楼门前道路，一般考虑将排水管道沿道路边敷设，且埋层较深，如不及早完成，会影响道路施工。

在换流站工程施工中，土建施工单位进场后即开展主控楼基础开挖，在第二个月开始进行换流变压器筏板基础施工。从施工空间来讲，主控楼与换流变压器筏板基础可以同时作业，但施工单位人力、机械资源进场是一个逐步增加的过程，故开工时间错开 1 个月，是符合现场实际的；换流变压器广场轨道开工时间，建议安排在低端防火墙完成，高端防火墙第一板（地下部分）浇筑完成后。低端换流变压器防火墙完成时间约在第 5 个月末，此时高端防火墙开工约 1 个月，如此进行施工组织，施工单位资源投入可实现最优化。

11. 过程跟踪动态调整计划

项目管理过程跟踪主要针对项目前期计划在项目实际实施过程中的过程监督，是为了了解工程项目的实际进展情况而采取的非常有必要的活动。跟踪主要是为了及时了解项目实施过程中的问题，并及时分析原因、及时进行解决，不使这些问题淤积而酿成严重后果。

进度计划总是处于动态的、需要及时更新、调整的状态下，每一级计划都是为保证上一级计划的实现而制订和实施的。执行过程中按照 PDCA 原则及时检查并发现计划执行过程中的问题，并组织研讨解决措施，保证进度计划时刻在可控、在控的范围内。

建设过程中需按照及时收集实际进度数据，认真分析、研究与计划对比的差距，实事求是地剖析产生问题的原因，制订相应对策与补救措施，重新调整资源分配与投入强度，合理进行作业交叉与局部调整，再执行后对效果再评价，以扭转局部不利因素对总体时度的影响，使其按既定总进度计划实施。

工程计划执行过程中，可采取以下管理措施：

（1）建立自动采集为主、人工校核为辅的信息获取机制，确保工程计划进度数据、资源存量及增量真实有效。应用管理信息系统，对人员变化、机械进退场、物资供货、图纸交付、施工进度等计划要求和实际进度数据做到直接查询、信息的自动采集。同时，对于部分存在歧义或波动较大的数据，与现场相关参建单位直接联系，逐一进行人工校核。在信息系统自动采集、人工逐一校核的"双保险"工作方式下，确保工程计划进度数据的真实性，有效支撑计划管理工作。

（2）建立计划执行偏差分析及资源短缺预警机制，确保施工进度偏差早预测、发现、早解决。针对电网工程参建单位多、协调难度大等特点，在每月工程计划执行情况通报中增加对计划执行偏差情况的分析及资源存量预警，并且将实际工程进度与计划进度进行对比，建立自动预警机制。通过判断进度曲线的发展趋势，结合现场实际，预判计划执行薄弱环节，提出下阶段工作重点及应对措施建议。

（3）电网工程建设过程中，设备的到货进度更是直接制约着现场的安装、调试进度。在施工过程中根据厂家的实际生产进度以及在运输过程中遇到的各种情况，积极调整施工部署，根据设备实际到货情况调整现场施工。因此在现场安排施工计划时，需要适时收集设备厂家的相关生产制造信息及大件运输工作开展情况，并根据所获信息作出判断，及时调整现场各施工区域的资源配置。例如换流变压器到货时间比最初的供货计划大幅度提前，现场施工进度计划安排也因此重新进行调整。

如在换流站工程施工过程中，变压器的安装正常情况下，单极广场换流变压器安装为 1 台。如同批到货较多，则现场应合理分配，单极广场最多布置 2 台。如按此情况无法布置时，现场应充分利用换流变压器大件运输时间差，对到场的换流变压器及时安装，应尽可能避免出现 3 台换流变压器同时在单极广场的情况，一方面是作业空间不够，另一方面会带来较大安全风险；为确保换流变压器安装进度，特别是集中到货情况下的进度，现场应及时协调变压器油、附件等提前到货，一般按提前一周考虑即可。

12. 充分考虑不利天气影响

施工过程中应尽量避开雨季等气候影响，合理安排、适当调整进度计划。经常保持与气象部门的联系，掌握气象条件和汛期情况，做好对恶劣天气的预防措施，减小对工期的影响。根据本地区的特点，提前做好冬季施工措施，保证各工序按施工计划安排进行。

南方省份夏季雨水较多一般为 6～9 月，建议换流站主体工程开工安排在下半年，如 9 月可以正式开工，至第二年 6 月土建基本可以完工，仅剩余高端阀厅及辅控楼等工作，可以最大程度消除雨季影响。

北方地区冬季寒冷，特别是西北地区冬季温度部分可达零下 40℃，在该部分地区建设时，主体工程开工时间建议安排在 3 月左右，至当年年底基本完成土建工作。该部分地区地质条件一般较好，场平工程量小，无桩基工作，且夏季降水少，对土建施工影响小。

电网工程时间跨度大，处在不同的位置、不同的时间，受空间风险影响程度不同。根据我国的气象历史状况进行分析总结，气象灾害主要有以下特点：种类多、范围广、频率高、持续时间长、群发性突出、连锁反应显著、灾情重等。因此，电网工程项目的管理需在工程建设前期做好风险的识别、分析、评价工作，确定满足当地具体条件的合理工期是必要的。

第七章

技 术 经 济 管 理

第一节 管 理 组 织

电网工程技术经济管理是指在电网工程建设中，落实工程计价标准，科学评价工程建设技术方案经济合理性，合理确定工程造价，有效控制建设成本，准确分析费用构成和变化趋势的全过程管理。主要包括电网工程初步设计审批、过程造价控制、工程结算、造价统计分析、技经标准以及定额管理等。

一、电网工程技术经济管理

（一）管理体系及流程

电网工程技经管理的组织结构一般由电网公司总部、省级电力公司、地市级电力公司及区县级供电企业四个层级组成。按照"加强横向协同，逐级分解任务，层层抓好落实"的要求，电网公司从通用制度和企业标准两个维度构建了完善的电网工程技术经济管理制度标准体系，指引各层级按照相应权限和分工开展电网工程技术经济管理工作。

电网工程技经管理贯穿于决策、设计、招投标、施工、竣工五个阶段，各阶段技经管理工作由相应部门或单位负责。电网工程技经管理流程见图7-1。

1. 决策阶段技经管理

电网工程决策阶段技经管理工作内容主要包括投资估算、经济评价和投融资分析。

投资估算是指在建设项目前期按照相关依据和规定程序，测算拟建项目的所需投资，它是建设项目技术经济分析、评价和投资决策的基础。投资估算应符合电网工程可行性研究报告的内容深度，计算准确、合理，能够满足方案比选及控制初步设计概算的要求。经核准的投资估算是电网工程总投资的限额，原则上不得突破。

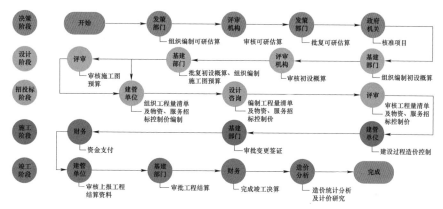

图 7-1 电网工程技经管理流程

经济评价包括财务评价和国民经济评价。财务评价是从项目自身角度出发，分析项目的盈利能力和清偿能力，评价项目在财务上的可行性。国民经济评价是从国家宏观经济整体利益的角度出发，分析项目的经济效率、效果和对社会的影响，评价项目在宏观经济上的合理性。

投融资分析主要包括资金筹措渠道分析、资金成本和资本结构分析、融资模式及风险分析等。随着我国金融市场的不断发展，电网工程筹资渠道相应拓宽，投融资分析的重要性越来越大。

2. 设计阶段技经管理

电网工程设计阶段技经管理内容主要包括初步设计概算的编制与评审，施工图预算的编制与评审。

初步设计概算编制是以初步设计文件为依据，按照规定的程序、方法和计价依据，对建设项目总投资及其构成进行测算。初步设计概算评审是按照建管单位内审、评审机构预审、工程评审、评审批复等流程，通过比对初步设计与通用设计，比较概算与可研估算、通用造价、年度造价分析结果等方式来确定投资概算。原则上，初步设计概算评审应在工程取得可行性研究批复、核准批复等文件后进行。

施工图预算是对初步设计概算的进一步深化和延伸。作为建设过程造价控制、费用调整的重要依据，它可以强化电网工程技经管理的精准投资、精准控制。

3. 招投标阶段技经管理

电网工程招投标阶段技经管理主要包括招标工程量清单，物资、服务招标控制价和合同签订。

（1）招标工程量清单依据国家标准、行业标准、企业标准、招标文件、施工图文件，结合现场实际情况编制。工程量清单应规范、全面、准确。在招标工程量清单编制完成后，应通过内审、外审等方式开展审查，重点审查清单是否有缺漏项、工程量是否准确、专业工程暂估价是否合理等内容。

（2）物资及服务招标控制价依据设计文件、招标文件、工程量清单、施工图预算，结合工程具体情况编制。招标控制价不得超过同口径批准概算；特殊情况超过批准概算时，招标人应将其报送原概算审批部门审核。

（3）合同签订的核心要素是合同价款的确定。发、承包人应在合同条款中对合同价款与合同价款调整事项进行约定，约定内容包括合同金额、预付款与进度款的支付方式、合同价款的调整因素与方法、竣工价款的结算与支付方式等。

加强招投标阶段的工程技经管理工作，可以避免不必要的费用支出，有利于节约成本，提高投资效益。

4. 施工阶段技经管理

电网工程施工阶段技经管理主要包括合同履约管理、现场资金管理、设计变更与现场签证管理、分部结算管理等。电网工程施工阶段主要通过实施"现场造价管理标准化"来规范现场技经管理的各项工作。

（1）建管单位应在建设过程中及时跟踪检查合同履约情况，并根据合同相关条款加强对设计、监理和施工合同履约情况的考核。遇到重大争议问题或现场环境发生变化时，应及时组织协调。

（2）规范现场资金管理，工程款的支付应严格执行合同约定，做到资料完整、数据准确、流程合规。建场费与项目法人管理费应严格遵循"谁使用、谁负责"的原则，在批复概算范围内合法合规使用。

（3）设计变更与现场签证的审批应严格执行管理办法，规范管理流程，切实履行逐级审批程序。建管单位应重点核查变更签证的真实性、合理性、规范性，确保依据充分，资料齐全，避免拆分变更签证、虚假变更签证等不合规现象。

（4）分部结算是依据施工合同约定，结合工程形象进度、施工转序，在建设过程中对已完工的单项工程、单位工程或分部工程进行的价款预结算。分部结算节点划分应合理清晰。开展相关工作时应严格控制量、价，重点加强隐蔽工程的管控，及时进行变更与签证结算，合理处理未完工程量。

5. 竣工阶段技经管理

电网工程竣工阶段技经管理的工作主要包括竣工结算的编制、审核和竣工决算等。

（1）竣工结算的编制应在分部结算的基础上开展，其编制依据主要包括工程开工和竣工报告、竣工图及竣工验收单，工程施工合同或施工协议书，施工图预算或招标投标工程的合同标价，设计变更与现场签证，经建设管理单位签证认可的施工技术措施、技术核定单，调试报告和施工记录等有关规定。

（2）竣工结算的审核应密切关注结算过程中的各种不合理因素，重点对工程结算审价、工程量管理、设计变更及现场签证、建设场地征用及清理费使用等情况进行检查，必要时踏勘现场，查验、取证。

（3）竣工决算是建设工程项目完工交付之后，由建设管理单位根据有关规定，将项目从筹划到竣工投产全过程的全部实际费用进行的收集、整理和分析。建管单位依据核批的竣工结算书编制财务决算。

（二）发展趋势

随着管理精益化要求的进一步提高，全面造价管理成为电网工程技经管理的新趋势，其指在全部战略资产的全生命周期造价管理中采用全面的方法对投入的全部资源进行全过程的造价管理。它包括全过程造价管理、全生命周期造价管理、全要素造价管理、全团队造价管理和全风险造价管理。电网工程全面造价管理系统如图 7−2 所示。通过全面造价管理可以实现对电网工程的资源、造价、盈利和风险进行更全面、更精准的控制。

图 7−2　电网工程全面造价管理系统

二、特高压及直流工程技经管理

1. 三级管控体系构建及制度建设

特高压及直流工程实行"总部统筹管理、组织协调、业务指导和建设公司专业化、网省电力公司属地化相结合"管理模式。根据电网公司基建标准化体系建设有关规定，特高压及直流工程三级建设管理体系为电网公司总部、建设管理单位、业主项目部，各级配置技经管理或造价管理人员，形成职责清晰、协同高效、调控有利的三级组织管理体系。

电网公司总部各相关部门和工程出资公司、建设管理单位、属地公司等共同参与特高压及直流工程投资管理。电网公司总部负责工程投资总体管控。各建设管理单位负责本体工程的投资管控。属地公司负责属地内工程地方协调及建场费管控。

电网公司总部深化标准化管理，依据有关规定，完善特高压及直流工程投资管理相关办法和细则，优化管控工作流程，建立全方位考核机制，完善印发一系列管理相关制度文件，有效指导了工程投资管理工作。工程建设期间，通过组织召开建设管理协调会、技经工作会和技经培训，宣讲贯彻狠抓制度落实。

2. 管控目标

电网公司总部应高度重视工程投资管控，从项目前期阶段开始贯彻全生命周期成本管理理念，以精益控制工程造价为核心，推进技术与经济融合，将投资控制贯穿于建设管理的全过程，强化主动、事前控制和风险防范，全面应用工程量清单计价规范招标，深化分步结算，实现工程投资控制目标，提升工程造价管控水平和投资效益。

投资管控目标：坚持造价全过程全面管控，坚持提质降本增效，合理确定工程造价，依法合规开展建设管理，规范执行工程建设程序，规范资金使用，确保工程资金需求，持续提升工程投资效益效率，实现项目全生命周期效益最优，实现公司整体利益最大化。估算、概算、预算、结算、决算指标水平合理，结算按期优质完成、不超执行概算。

造价管控是投资管控的核心环节，是个系统工程，需贯穿于建设管理的全过程，技术与经济融合，点面结合。公司总部负责工程造价总体管控，各建管单位、业主项目部按职责分工各司其职。

3. 初设及概算管理

电网公司总部负责组织特高压及直流工程初步设计（含初设概算）编制、评审和批复。电网公司总部各相关部门和工程出资公司、建管单位、属地公司等参与概算评审和执行。初设批复概算作为工程实施的造价最高限额，原则上不得突破。确需突破的，相关责任单位需以正式文件报电网公司总部审批同意后实施。

初设及概算管理是工程造价管理的关键环节之一，而特高压及直流工程技术复杂、参建单位多、参与设计院多，为合理确定工程概算，实现精准投资，实现概算估算、结算概算之间的合理结资，特高压及直流工程重点从以下方面提升管理：

（1）评审时深入开展工程概算造价专题分析。统一概算编制原则、主要设备材料价格、主要特殊费用计列原则、新增定额取费计价原则，明确主要待定事项、问题及处理建议，形成概算估算增减投资及原因分析、收口送审概算增减投资及原因分析、类似工程造价对比分析，合理确定工程概算水平，确保工程概算同比先进，提高概算编制及评审质量及效率，为科学决策提供参考，为工程造价管控提供支撑。

（2）提前明确建场费计价原则。属地公司从项目前期阶段开始履行建管单位职责，推广"先签后建"，对工程经过的地区征地补偿政策充分调研、现场核实，提出永久征地或占地、房屋、树木、厂矿大额补偿等费用计列建议，在初设评审前以书面文件形式提交，在初设评审时配合同步开展建场费对比分析，提高计列的合理性和准确率。

（3）提前开展专题评审确定"四通一平"方案和造价。站址、地形、地质、地貌，以及站外水源、站外电源、大件运输路径等是换流站、变电站选址考虑的关键因素，也是影响换流站、变电站投资的重要外部制约条件。初设启动后，即组织开展站外水源、站外电源、大件运输、地基处理等专题设计和评审，提前与相关行政主管部门单位洽商，避免后期设计方案发生颠覆性变化和造价剧烈变化，鼓励设计院通过设计优化和深化技术经济比选降本增效，及早落实具有可行性和经济性的设计方案。

4. 执行概算管理

为适应特高压及直流工程建设参建单位多跨区域、规模大、建设周期长、多个投资主体的特点，发挥属地化和专业化管理优势，从 2009 年开始施行执行概算管理，为工程造价靠前预控、主动控制和目标实现积极作用。

执行概算以正式文件下达，原则上在工程初步设计评审后、物资和施工招标前下达。执行概算按相关单位责任范围分别编制，项目划分、费用范围和表现形式与概算一致，总额控制在批准概算以内。执行概算原则上不得突破（法人费、生产准备费为单项控制，其他为总价控制）。确需突破的，相关责任单位需以正式文件报送并经审批同意后实施。

5. 招标及限价管理

电网公司总部统一组织特高压及直流工程设计、施工、监理、物资招标，并对工程设计、施工、监理和主要设备、主要材料等实行限价招标。

招投标是工程造价管理和风险防范的关键环节之一，特高压及直流工程重点从以下方面进行管理。

（1）规范完善招标文件专用条款。对涉及合同结算、废标等重要条款，以及以往工程结算、合同执行中发现的问题，相关单位共同参与，滚动修订完善招标文件、合同相关条款，有效规避招标风险、减少结算阶段承发包双方的争议分歧。

（2）合理确定主设备材料招标限价。对首台首套设备和新材料，通过技术分析和市场成本调研，深入分析价格形成机理和影响成本的主要因素，纵向对比以往工程历史数据，合理确定招标最高限价，力求寻找到技术与经济的最佳平衡点。对受市场影响异常波动并波幅剧烈的设备材料，快速正确反应，及时调整最高限价，在保证工程顺利实施的同时维护各方合理利益。

（3）率先研发应用清标软件。由于特高压及直流工程的技术复杂性，有的施工标包的工程量清单达到几千条，有的施工标包投标人数量较多，单次招评标达到几十个标包，评标时间紧、任务重。为减少人工清标差错率，提高评标质量效率，特高压及直流工程组织开发应用工程清单标准化清标软件，取得了好的效果。

（4）规范属地公司招标管理。近年来，随着特高压及直流工程建设的快速发展，越来越多的省公司参与到特高压及直流工程建设管理中，为落实工程标准化管理要求，防范应招未招、以包代管、切块招标等风险，在工程建设期间，制订颁发应用工程属地公司招标项目控制价管理暂行规定。属地公司招标范围主要是"四通一平"施工与物资、生产准备施工与物资、大件运输特殊路桥施工等。招标挂网前，属地公司除按公司规定履行相关程序外，需将经评审的招标方案和限价报备，限价原则上不超过同口径概算。

6. 设计变更管理

在特高压及直流工程实施阶段，鼓励通过施工图设计优化和施工方案优化，提出更加因地制宜、更加经济的设计变更方案。强化设计变更"先批后建""双同时"管理，即所有设计变更必须经甲方先审批同意后方可实施，所有设计变更方案提出、确定时必须同时提出、确定费用。

特高压及直流工程设计变更实行分级管理。改变初步设计方案、原则或超过规定金额的重大设计变更，必须经电网公司公司总部审批同意；其他重大设计变更和一般设计变更，必须经建管单位审批同意；所有重大设计变更需经甲方委托原初设评审单位评审通过，并出具评审纪要。

7. 建场费管理

建场费管控是工程造价管理和风险防范的关键环节之一，特高压及直流工程对其实行属地公司责任制，以强化依法合规管理和主动控制为重点，实施阶段重点从以下方面提升管理：

（1）加大政府文件政策落实力度。房屋拆迁、树木砍伐、厂矿搬迁是建场费实施和管控的重点、难点，属地公司往往委托地方县乡镇政府开展工作。签订委托协议前，属地公司需全面收集当地政府相关文件政策，学法、知法、守法，严格按照文件标准控制补偿单价，对经多次协调仍需超出文件标准的，需以当地政府出具的文件或会议纪要为依据。

（2）规范二级协议签订和资金使用。重点工程在接受检查时，除必须提供属地公司与当地政府签订的补偿协议（一级协议）和资金往来票据外，还常须提供或延伸审计政府和农民、厂矿主等签订的到户补偿协议（二级协议）和资金往来凭据。属地公司与地方政府之间的一级协议和资金往来比较规范，基本实现电子支付（对公账户银行转账），但二级协议签订滞后、现金支付或打白条的情况依然存在。通过加强对属地公司的宣贯沟通督办，加强属地公司和地方政府的沟通协调，加大依法合规认识和管理力度，有效减少了此类情况的发生。

（3）严格通道保护和现场签证。特高压及直流工程均为国家或地方核准的重点工程，属地公司、建管单位、施工单位依法开展通道保护，履行通道保护责任和义务，减少或避免抢栽抢种发生。按照相关文件规定，及时规范组织开展现场签证，经确认后纳入竣工图。对经采取措施仍无法避免的抢栽抢种，在补偿标准上严格控制。

8. 工程施工图预算管理

经过 10 多年的发展，特高压及直流工程施工图预算管理已常态化、标准化。通过公开招标，确定施工图预算编制单位、评审单位。

对于按施工图预算降点结算的项目，组织施工图预算评审，由评审方出具会议纪要，以审定的施工图预算作为工程结算的依据。对于主控楼、综合楼、辅控楼等精装修项目，在实施前组织施工图方案和预算评审，作为实施的控制依据。在施工图预算评审阶段，充实完善技术经济指标体系和统计分析，为工程结算更好地发挥了参考作用。

对特高压及直流工程，除编制完整版施工图预算外，还要求编制施工结算版施工图预算，其费用内容仅包括与建筑安装施工合同相关的费用，为施工招标、施工结算提供参考依据，并通过与施工结算进行对比分析，实现工程造价过程管理的精准管控。

9. 工程结算管理

工程结算是确定工程实际造价的关键环节，也是及时准确编制竣工决算的先决条件，以及造价管控和风险防范的关键环节。特高压及直流工程规模大、投资大、参建单位多、合同多、线路长、经过行政区域多，给工程结算按期优质完成带来了巨大挑战。历来高度重视特高压及直流工程结算工作，做好顶层设计和整体管理策划，坚持依法合规结算，坚持量准价实，将管理要求落实到工程结算管理实施细则（包括使用结算报告通用格式、结算审核报告通用格式）。

特高压及直流工程推行全口径费用结算和结算审批制。建管单位编制预结算文件，以正式文件上报，经第三方审核、解决争议协调一致后，在整体工程竣工投产后 100 日内以文件进行批复。

特高压及直流工程重点从以下方面提升了管理：

（1）大力推进分步（过程）结算。对换流站、变电站工程"四通一平"、桩基工程以及建筑工程、安装工程的单位工程或单项工程，其他费用合同、物资合同等，在其完工后、整体工程投产前开展分步结算，结算关口前移，有利于解决工程后期开展结算工作量大、收资难、变更签证缺乏时效性、争议问题久拖不决等问题，有利于工完量清、量清价清，并可及时掌握工程成本的动态变化，从而确保结算工作按期保质完成。特高压及直流工程率先在物资合同、其他费用合同推行分步结算，取得了好的效果。分步结算审批结果除特殊情况需调整外，直接纳入竣工结算，大大缓解了竣工结算压力，提升了结算效率。

（2）编制共享《工程结算审核典型案例》。为更好地实现依法合规结算，提高结算效率质量，统一共性问题的处理流程和方式，少走弯路，为改进管理提供支撑，对特高压及直流工程及时组织梳理工程结算审核中遇到的有代表性、典型性的事件，编制《工程结算审核典型案例》，为各建管单位、结算审核单位、施工方等各方提供了实践性、操作性、实用性强的指导。

（3）加强结算审核队伍建设。审核人员的素质直接决定了审核成果的质量。对特高压及直流工程，通过公开招标确定有资质的业绩优良的独立中介机构开展结算审核，并协调审核单位开展工程专业知识和管理流程文件培训学习，加强内部质量校审控制，提高审核队伍执业能力，保证结算审核质量进度。

10. 造价分析和总结

特高压及直流工程造价分析和总结管理已常态化、标准化，为持续精益造价管理、降本增效起到了促进作用。组织相关建管单位、设计咨询等单位，同步编制造价对比分析；在工程竣工后，编制技经总结纳入工程总结；在工程投运次年，会同电网公司总部相关部门组织编制专项工程造价分析报告；在工程投运一年后，会同电网公司总部相关部门组织开展专项工程后评价报告；定期配合国家相关部委开展典型电网工程投资成效分析、投产工程造价信息统计分析等。

11. 计价依据研究等标准化工作

特高压及直流工程创新性强、新设备新材料新工艺应用多，电网公司或行业定额、预规等计价依据常常不能满足实际工程的需要，应紧密结合工程实际，及时组织开展工程计价，并形成成果。特高压及直流工程主要计价依据研究成果见表7-1。

表7-1　　　　　　　　特高压及直流工程主要计价依据研究成果

序号	项目名称	完成时间
一	成果已转化为电力行业标准	
1	±1100kV 特高压直流工程安装补充定额	2019 年
2	±1100kV 特高压直流工程调试补充定额	2019 年
3	特高压交流工程系统调试费用研究	2019 年
4	±800kV 特高压直流换流站工程定额	2009 年、2019 年
5	±800kV 特高压直流工程调试定额	2009 年、2018 年
6	±800kV 特高压线路工程补充定额	2018 年
7	调相机工程补充定额	2018 年
8	调相机工程项目划分	2018 年
9	接地极工程项目划分	2018 年
10	特高压交流工程特殊试验费用研究	2018 年
11	特高压交流施工费用标准及特殊施工措施费用研究	2015 年
12	特高压交流工程主变、高抗施工定额深化研究	2014 年

续表

序号	项目名称	完成时间
13	特高压交流工程双回路钢管塔施工费、运输措施费标准研究	2014 年
14	特高压交流工程串补施工费用及 GIS、HGIS 施工费用标准研究	2012 年
二	成果已转化为企业标准	
1	±800kV 特高压直流换流站工程定额	2009 年
2	±800kV 特高压直流工程通用造价	2015 年
3	特高压交流工程环水保监理、监测、验收费用标准研究	2018 年
4	特高压交流工程计价依据深化研究	2017 年
5	±1100kV 特高压直流输电工程计价规范	2016 年
6	特高压交流输电线路工程锚筋群桩基础施工费用研究	2015 年
7	1000kV 特高压交流工程通用造价	2015 年
8	±800kV 特高压直流工程量清单	2012 年
9	1000kV 特高压交流工程量清单	2012 年
三	作为工程各阶段费用计算参考依据及技经管理文件	
1	苏通 GIL 管廊隧道工程施工费用研究	2019 年
2	苏通 GIL 管廊安装工程费用标准研究	2019 年
3	±500kV 柔性直流换流站工程概算定额研究	2019 年
4	±800kV 特高压直流工程工程量清单计价深化研究	2018 年
5	调相机工程补充定额研究	2018 年
6	特高压交流工程纸质档案数字化费用研究	2018 年
7	特高压交流线路工程吊桥封闭式跨越施工费用研究	2017 年
8	背靠背换流站工程计价依据研究	2017 年
9	±800kV 特高压直流工程计价依据深化研究	2016 年
10	高寒气候对特高压变电设备安装费用影响的研究	2016 年
11	±400kV 青藏直流工程计价依据专题研究	2010 年
12	±660kV 直流输电工程计价依据专题研究	2009 年

12. 工程决算管理

特高压及直流工程采用决算编制工作组协调机制，由电网公司总部牵头，各出资单位、建管单位、直属专业公司、决算审计（核）单位组成决算工作组，及早明确决算工作分工、原则和进度质量要求，及时协调解决争议问题。重点对物资合同变更费用、生产准备费、法人费、结算未完项目预留费用、建场费预留费用、资产盘点差异等相关工作加强协调、推进力度，更加严格规范工程资金清理、成本归集入账、账务调整和对票据合法合规开展有效性核查，保证了决算报告账表相符、账实相符，缩短了决算编制和审核时间。

第二节 设 计 优 化

工程设计在工程建设中发挥了龙头作用，贯穿了工程建设全过程，是工程建设的重要环节，其直接影响工程建设和投资造价管理水平。工程设计负责站（线）落点的实施、技术方案的选择、工程量的确定、经济投资把控等，在工程质量保障、成本控制中发挥至关重要的作用。

一、统筹规划，精细设计

精细化设计是技术经济管理的基础，是电网工程前期决策阶段的重要手段。随着设计手段的不断提升，电网线路设计向着精细化方向发展，精细化的设计改变了传统粗放的设计模式，能节约项目投资，同时线路设计也拓展思维，通过引入新手段、新材料、新技术，不断提高整体设计水平，优化线路投资。

1. 路径选择精细化

线路设计应做好全局总体规划，梳理沿线通道情况，调查影响线路通行的重要设施。对于长距离输电线路，尤其要加大可行性研究精细度，重视大尺度的多方案比选。对于线路走廊紧张地段，还应重视多回路线路走廊统筹规划。

2. 气象条件精细化

线路沿途风速、覆冰情况直接影响电气导地线选择、绝缘子配置及杆塔设计。因此要精准做好气象条件选择，充分收集沿线气象台站的观测资料，综合考虑线路与气象台站的位置关系，沿线局地微地形和微气象影响，合理确定划分风区、冰区。同时对于缺乏气象资料的地区，可采用数值模拟、先期投入气象实地观测、手持气象仪等方法，论证确定经济合理的气象条件。在准东—皖南±1100kV 特高压直流输电工程中，为解决翻越天山段气象资料不足的困境，提前策划专题气象研究，组织设计单位在新疆"百里风区"专门设立气象观测站，收集一手气象资料作为研究及设计的数据支撑。同时，采用 WRF 数值模拟模型，利用大型计算机进行仿真计算，从机理上得出大风时空分布规律。据此，有效避开了天山段大风核心区域，合理确定了沿线风速分区，将 43m/s 风区的 4.6km 线路调整到 41m/s 风区段，降低造价约 920 万元。

3. 杆塔规划精细化

杆塔规划以杆塔利用率及塔重指标作为评价依据，通过合理归并气象分区、不断调整塔型档距及呼高分布、优化线路过电压倍数等手段，迭代确定杆塔规划，提高杆塔设计的经济性及安全性。

（1）全面梳理杆塔边界条件。传统的杆塔规划主要针对气象、海拔、污区、地形等，对决定电气间隙、串长的条件进行梳理，确定基本系列，进而开展杆塔的档距、塔高、线路转角及塔头间隙等规划。但长距离直流输电过电压倍数呈现中间高、两边低且差异大的特点，以准东—皖南±1100kV 特高压直流输电工程线路工程为例，其过电压倍数分布区间为 1.22～1.58 倍，如按最高过电压倍数取值势必导致部分区段塔头尺寸过大，增加杆塔工程量。因此，后续直流工程杆塔规划中引入了过电压分布影响，按全线过电压降至 1.5、1.51、1.53、1.57、1.58 倍分别计算受控线路有效长度，再采用全线按 1.58 倍与中部 1.58 倍、其余段 1.5 倍过电压分段取值两种方案进行比较，最终确定±1100kV 线路杆塔规划采用线路中部 1.58 倍、两侧1.5 倍的过电压分段取值方案。按照不同区段过电压倍数进行细化后，使得导线间隙更加贴近实际，节约了塔材约 3170t，取得了良好的经济效益，对长距离、大容量直流输电线路设计具有指导意义。

（2）充分发挥杆塔设计条件。各杆塔系列使用条件是由选取的典型预排位断面进行统计分析得到的，但为进一步提升杆塔规划的适用性及经济性，则需根据各段的最终排位成果，对杆塔使用条件做进一步优化。对准东—皖南±1100kV 特高压直流输电工程线路工程根据经济塔高及典型区段排位成果，初步确定的直线塔计算呼称高度为 66、69、72m，后根据实际排位，将计算呼称高度提高 3m，提高了小塔型的适用性，减少了塔型跳档。经测算，27、30、33m/s 风区共节省钢材 3225t。

4. 基础设计精细化

输电线路地域跨度广，沿途地形与地质条件复杂，基础设计需综合考虑线路地形地貌、水文地质条件、施工条件、基础作用力等因素，按照差异化设计思路，合理确定地质参数，因地制宜地选择基础形式，进而优化基础工程量。一是从地质参数入手，加大地质原位试验及样品采集力度，采用轻型动力触探、大钻芯取样以及静力触探等手段，获得较为准确的岩土设计参数，并加强成品检验，确保地质资料准确，为优化基础工程量做好依据。二是全力提升岩石锚杆、PHC 管桩等新型环保基础应用率，并采用嵌岩桩等先进的计算模型，优化基础工程量。以 PHC 管桩为例，其具有单桩承载力高、耐打性好、穿透能力强，以及施工便捷、经济性好等优点，目前在山东—河北环网、北京西—石家庄特高压交流工程中已应用 PHC 管桩 88 基，节约投资约 900 万元，同时可减少对地表的扰动，具有较好的环保效益。

5. 新技术、新材料的应用

推进设计技术创新，应用成熟的新技术、新工艺、新材料是提高线路工程设计质量、技术水平、提升节能效益的重要手段。以新材料应用为例，传统的 500kV 双回以上及特高压输电线路主要采用肢宽小于 200mm 的角钢，但单肢角钢承载力难以满足杆塔受力要求，需采用组合角钢或钢管。组合角钢塔双肢受力协调性较差，杆端次生弯矩大，且构造复杂，塔重指标高；而钢管塔焊接工作量大，加工制造复杂，且钢管单件重量较重，山区运输较为困难。针对上述问题，国家电网公司率先在特高压工程中引入肢宽分别为 220、250、280、300mm 的大规格角钢，丰富了铁塔选材库，提高了单角钢承载能力及适用范围。同时，减少组合角钢的使用，简化了节点构造，降低了工程指标和施工难度。将肢宽为 220、250mm 的大规格角钢在向家坝—上海、锦屏—苏南±800kV 特高压直流输电工程线路工程中试点应用，肢宽 280、300mm 的大规格角钢在酒泉—湖南±800kV 特高压直流输电工程线路工程中推广应用。截至"十三五"末，已建成、在建特高压直流线路工程已全面采用高强度、大规格角钢，共节约钢材约 4.7 万 t，节约投资 4.8 亿元，且线路运行稳定。

二、科学选址，环境友好

站址选择是一项涉及经济、环境、技术的综合性工作，根据系统要求和站址条件，一般送端站址宜便于电源汇集，受端站址需靠近负荷中心。随着社会发展，环境保护日益严格，征用土地越发困难，城市发展越来越快，选址的制约因素越发凸显，需综合考虑城乡规划、土地征用、建设环境、交通运输、建设条件、投资成本等诸多因素影响。工程建设管理过程中，通过对设计方案的反复迭代优化，实现站址选择、技术和经济最优。

随着±800kV 泰州换流站的投运，我国特高压工程又迎来首个分层接入 500kV 和 1000kV 的特高压换流站，该工程与之前投运的淮南—南京—上海 1000kV 交流特高压输变电工程首次实现"手拉手"传输电能，这取决于创新性提出±800kV 换流站与 1000kV 特高压变电站合址建设。

世界首座±800kV 换流站与 1000kV 特高压变电站合址建设工程，其电压等级、占地面积、建设成本在电网工程建设中均达到了世界之最。在工程设计阶段，与传统的交、直流分建方案反复对比分析，创新性地提出了特高压交直流合建方案，实现特高压交直流工程站址资源共享（交通、供水、供电、通信、站内辅助设施等），合建方案通过共用 1000kV 配电装置，节省了 1000kV 线路及路径走廊，并优化了 1000kV GIS 设备数量，相比于分建方案节省投资约 7 亿元；合建站总占地面积为 35hm^2，相比于同等规模两站分址建设节省土地资源约 4hm^2。同时，工程建成后，特高压交、直流站深度融合，培养了一支特高压交直流复合运维队伍，不但经济效益明显，还有效节约了运维及人工成本。

三、优化总平，合理布局

变电站/换流站电气总平面布置方案直接决定了工程占地面积，在地形变化较大的地区（如山地）或地表环境比较复杂的地区（如有河流、水塘、基本农田等），总平面布置的方位对于站址的土方量、边坡工程量、占地面积、占基本农田面积等也有很大影响；对于附近有居民的站址，总平面布置方位直接影响到居民的拆迁量。因此合理设计平面布置方位，具有显著的社会和经济效益。

1. 竖向布置优化

绍兴换流站位于低山丘陵区，站区西北高、东南低。结合地形采用了阶梯式竖向布置方案：直流场和北侧的交流滤波器场均位于地势较高区域，标高 21.1m；考虑运输场地的特殊性，换流区域采用平坡布置，标高为 18.30m；东侧的 500kV交流配电装置区域和站前区域采用平坡布置，标高为 18.10m；场地内标高突变的台阶处设置挡土墙。采用了台阶式布置后，减少土石方量约 40 万 m^3，减少占地面积约 2hm²，减少拆迁 30 余户，节约投资约 1 亿元。绍兴换流站鸟瞰图见图 7-3。

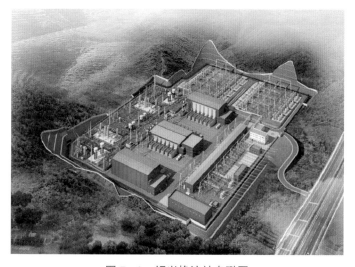

图 7-3 绍兴换流站鸟瞰图

绍兴换流站优化总布置方位，减少居民拆迁。它落点位于多山少地的诸暨市北部，为山前缓坡地带，北、西、南三面环山，东面为 G60 高速公路，中间为低洼种植区域，呈"C"字形环绕特点。站区南侧为一座小山体，向东延伸进入站区，山体南侧为一自然村，约 30 余户居民依山而居。站区西北侧山体上即为绍兴诸暨市和杭州萧山区的行政界线。站址区域整体地形破碎，起伏较大，受限条件明显，为避免两区占地，换流站布局考虑长边呈东西向展开向西侧山体发展，站区配电装置大部分位于南侧小山体上以降低地基处理难度。该方案南侧 30 余户居民虽不在换流站建设用地范围内，但因环境噪声影响等因素仍需考虑整体拆迁安置。优化前站址方位图见图 7-4，优化调整后站址方位图见图 7-5。

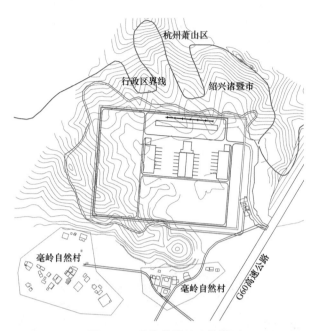

图 7-4 优化前站址方位图

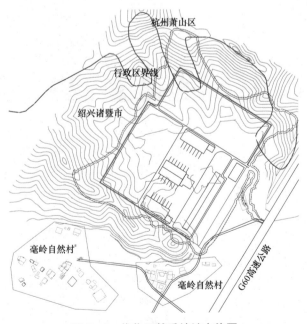

图 7-5 优化调整后站址方位图

为减小居民拆迁，降低可能存在的政策性风险，对绍兴换流站站区总布局进行优化研究，考虑站区布置总体旋转 90°，长边呈南北向展开，如图 7-5 所示。该方案将换流站主体部分布置在"C"形场地中间，虽一定程度上增加了土方回填、工程桩等地基处理工程量，且站址跨越两个地区增加了工程前期报建手续，但该方案充分利用四周山体尤其是南侧山体对噪声的自然阻隔作用，使得南侧居民敏感点噪声计算达标，从根本上避免了对南侧居民的影响和拆迁安置风险，减少居民拆迁安置赔偿费用超过 6000 万元，社会经济效益显著。工程实施后，未发生周边居民投诉事件，工程建设顺利，也证明了该方案决策的科学性，实现了基础建设与人居环境的和谐统一。

2. 总平面布置优化

绍兴换流站总平面布置设计中开展了多项技术创新和优化，获得最优的技术经济指标，采取的主要措施如下：① 工程设计深入研究阀厅与换流变压器组装、检修更换等工况下空间需求，减小换流变压器组装场地尺寸，总体优化区域横向尺寸至 280m，减少占地约 2600m²。② 采用 DC800kV/5000A 级 75mH 平波电抗器，平波电抗器由常规的 3×50mH 品字形布置方案优化为 2×75mH 并列式布置方案，减少直流场纵向尺寸，减少占地约 7700m²。③ 交流场区域继电器室、配电装置室等采用群房方案，与 GIS 室合并一体设计，减少交流场区域纵向尺寸，减少占地约 3000m²。④ 交流滤波器场区域优化交流滤波器组配置，采用避雷针防雷保护方案，分散式设置 4 个预制式控制保护仓，多措并举减少占地约 7100m²。

经多项技术措施并举，绍兴换流站围墙内占地面积仅约 14.1hm²，在同规格换流站中占地最少，边坡支护、站内挖方填方技术难度与工程量均可控，征地费用和场平土建费用综合降低超过 3200 万元，实现了最优的经济技术价值。

3. 重点区域，持续优化

持续优化交流滤波器的布置，减少换流站占地面积。交流滤波器组作为换流站占地面积最大的设施之一，其占地一直是换流站布置方案优化的重点。在特高压工程中，对交流滤波器的优化是持续的、不断进步的。交流滤波器主要有"一"字形、"田"字形、改进"田"字形、新的"田"字形以及"L"形等布置形式。500kV"一"字形交流滤波器场布置图见图 7-6。500kV"田"字形交流滤波器场布置图见图 7-7。500kV 改进"田"字形交流滤波器场布置图见图 7-8。

向家坝—上海±800kV 特高压直流输电工程中由于滤波器组数达 16 组，采用"一"字形布置占地大，经过研究提出了"田"字形布置，在滤波器场长度方向上可节省 60m，按 16 小组滤波器计节省占地约 0.8hm²。在后续"双 800"工程中，500kV 交流滤波器场的布置形式又由"田"字形优化为改进"田"字形，在滤波器场长度方向上可以节省 40m，按 16 小组滤波器计，节省占地约 0.58hm²。

在青州换流站中，1000kV 交流滤波器布置根据大组进线特点，在交流滤波器"田"字形的基础上进行改进，提出采用"L"形布置。将两个滤波器大组分成"L"形，滤波器大组采用低架进线，与高架连接形成母线。"L"形布置使得大组进线及母线无需横穿另一大组滤波器，两组滤波器相对独立，分区较清晰，占地面积较"田"字形减少 1.77hm²。1000kV "L"形交流滤波器场布置图见图 7-9。

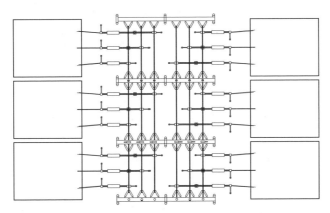

图 7-6　500kV "一"字形交流滤波器场布置图

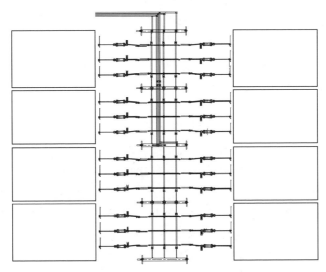

图 7-7　500kV "田"字形交流滤波器场布置图

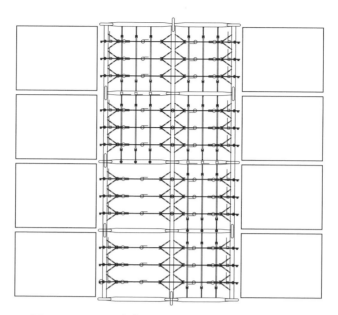

图 7-8 500kV 改进 "田" 字形交流滤波器场布置图

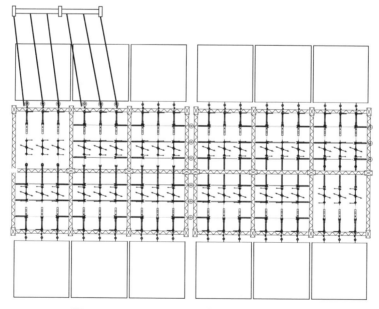

图 7-9 1000kV "L" 形交流滤波器场布置图

在古泉换流站中,设计借鉴了 500kV 改进"田"字形布置的思路,提出了 1000kV 改进"田"字形交流滤波器布置方案。将大组母线分两层布置,上层母线连接同一大组的所有小组,下层母线连接面对面布置的两个小组;同时结合 1000kV 五柱式隔离开关的应用，可显著缩小滤波器区域的尺寸。相比采用单层母线的常规"田"字形滤波器布置，古泉换流站的改进"田"字形布置可将滤波器场的宽度缩小28.4m，每个小组间隔宽度按53m考虑，则整个1000kV交流滤波场的占地可减少约0.9hm²。1000kV改进"田"字形交流滤波器场布置图见图7-10。

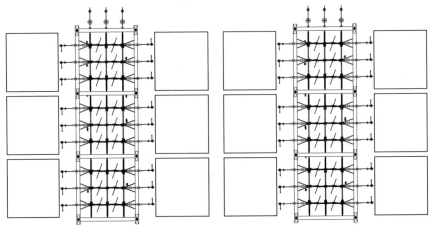

图7-10 1000kV改进"田"字形交流滤波器场布置图

4. 绿色设计，节能环保

建（构）筑物设计不仅要满足换流站的功能要求，还应充分考虑人性化、绿色节能、美观、工程所在地的自然和人文条件，因地制宜选取最优方案。

优化阀厅空调系统设计体现在：① 夏热冬暖的南方地区，冬季室外无结冰，空气处理机组布置在阀厅室外，每个阀厅空调设备可减少机房面积200~250m²，节约投资约300万元。② 阀厅设置全年性空调系统并配置自动控制系统，自动调整空调系统的运行模式，既满足阀厅温度、湿度要求，又节省空调能耗，古泉换流站高端阀厅空调系统优化设计后全年节约能耗15%~20%。③ 根据阀厅高度、阀塔型式、气候特点等，优化阀厅的气流分布，更利于设备散热，降低阀厅高度约1m，降低阀厅造价约3%。

第三节 工程造价及经济性

与一般电网工程相比，特高压及直流工程有着技术先进、工程规模大、投资大的特点。经过十余年的快速发展，特高压交及直流工程建设经历了从示范工程向规模化建设的发展阶段，至今已有三十多项工程建成投运，为应对我国能源资源逆向分布现状，实现电能长距离输送，推动电网快速健康发展发挥着重要作用。与此同时，随着我国电网工程高端设备制造能力以及工程建设能力不断提升，特高压及直流工程造价呈现明显的下降趋势，工程经济性持续提升。

一、直流工程

直流输电工程具有输送容量大、经济输送距离远、占地面积小、损耗率低等特点。经济高效输送电能是直流输电工程的生命力所在，是其在近年来得以快速发展的根本动力。随着电压等级升高、输送距离增加，工程单位输送容量的造价、单位全生命周期输电成本以及工程单位占地面积均呈现下降的趋势。随着直流输电技术的发展及多项直流输电项目的建成投产，我国直流输电设备制造能力明显提升，设备国产化率逐步提升。目前，除了直流穿墙套管、直流断路器和直流电压测量装置三种设备尚需部分从国外引进，换流变压器、换流阀等直流设备均实现了国内生产制造，我国在直流装备的制造上走在了世界前列。

1. 直流输电工程造价

直流输电工程一般包含换流站、直流线路、接地极、接地极线路、光纤通信工程，其中换流站和直流线路工程投资占比达90%以上。目前，直流输电工程是我国主要的跨区长距离输电形式。国内已建成投运的直流工程电压等级有±400、±500、±660、±800、±1100kV，输送容量分别为600、3000、4000、6400、8000、10 000、12 000MW。各电压等级直流工程造价及单位输送容量长度造价见表7-2。

表7-2　　　　各电压等级直流工程造价及单位输送容量长度造价

电压等级（kV）	总投资（亿元）	单位输送容量长度造价 ［元/（kW·km）］	备注
±400	63	10.06	青海—西藏±400kV 直流联网工程
±500	60	2.78	呼伦贝尔—辽宁、宝鸡—德阳工程
±660	101	1.89	宁东—山东±660kV 直流输电工程
±800	207	1.43	已投运的五项"双800"工程
±1100	414	1.04	准东—皖南±1100kV 特高压直流输电工程

注　此表及本节表格中，投资均为工程概算投资。

随着电压等级的提高，直流输电工程的规模、技术难度相应提高，工程造价随之增加，但同时随着输送容量的大幅增加，规模效益得以显现，单位输送容量长度造价呈下降趋势。±800kV 直流输电技术作为长距离直流输电的主流方案，其单位输送容量长度造价较低，显示出良好的输电效率和经济性；准东—皖南±1100kV特高压直流输电工程单位容量长度造价最低，高电压、大容量直流输电技术的规模效益最明显；±400kV 青藏直流工程由于输送容量仅为 600MW，且工程地处西藏、青海的高海拔地区，建设条件困难，单位输送容量长度造价较高。

2. 换流站和线路工程造价水平

对于电压等级为 ±400～±1100kV 的换流站工程，换流站工程单站造价随电压等级提高而增加，单位容量造价随电压等级提高、容量提升总体呈下降趋势；线路工程单位长度造价随电压等级提高而增加，单位容量长度造价随电压等级提高、容量提升整体呈下降趋势。各电压等级换流站和线路工程造价见表 7-3。

表 7-3　　　　　　　　各电压等级换流站和线路工程造价

电压等级（kV）	输送容量（MW）	换流站工程		导线型式（mm²）	线路工程		备注
		单站造价（亿元）	单位输送容量造价（元/kW）		单位长度造价（万元/km）	单位输送容量长度造价［元/（kW·km）］	
±400	600	13	2219	4×400	254	4.23	青海—西藏±400kV直流联网工程
±500	3000	20	624	4×720	221	0.74	呼伦贝尔—辽宁、宝鸡—德阳工程
±660	4000	29	736	4×1000	297	0.99	宁东—山东±660kV直流输电工程
±800[①]	8000	56	703	6×1250	550	0.69	灵州—绍兴±800kV特高压直流输电、晋北—南京±800kV特高压直流输电、酒泉—湖南±800kV特高压直流输电工程
±1100	12 000	79	656	8×1250	700	0.60	准东—皖南±1100kV特高压直流输电工程

① ±800kV 工程选择输送容量为 8000MW，导线型式为 6×1250mm² 的主流技术方案工程。

±500～±1100kV 换流站单位容量造价降幅不明显。主要是由于特高压换流站工程采用双换流器技术，较 ±500、±660kV 直流工程的换流变压器和换流阀等主设备数量增加一倍，输送容量增加的同时设备购置费也增加，因此随着电压等级提高，单位容量造价下降不明显。

3. ±800kV 工程造价水平

±800kV 特高压直流输电工程的发展变化是我国直流输电技术进步的主要体现，随着直流工程技术的不断进步，其输送能力及可靠性也逐步提升，已成为我国应用最多的直流输电方案。不同输送容量 ±800kV 直流工程的单工程造价、单位输送容量长度造价，除 10 000MW 工程由于受端站分层接入技术条件影响造价较高外，总体呈现随电压等级提高而下降的趋势。±800kV 直流输电工程造价见表 7-4。

表 7-4 ±800kV 直流输电工程造价

输送容量 （MW）	总投资 （亿元）	单位输送容量长度造价 [元/（kW·km）]	备注
6400	233	1.91	向家坝—上海±800kV 特高压直流输电工程
7200	222	1.50	锦屏—苏南±800kV 特高压直流输电工程
8000	207	1.43	已投运的五项"双 800"工程
10 000	219	1.61	锡盟—泰州±800kV 特高压直流输电、扎鲁特—青州±800kV 特高压直流输电、上海庙—临沂±800kV 特高压直流输电工程

自向家坝—上海±800kV 特高压直流输电工程投运以来，±800kV 直流工程输送容量从 6400MW 逐步提高到 10 000MW，直流输电工程的技术水平、施工工艺、设备制造能力等不断提升，工程单位输送容量长度造价总体呈下降趋势。其中，输送容量为 8000MW 的工程单位输送容量长度造价最低，10 000MW 工程由于受端站分层接入 1000、500kV 交流电网，增加了费用较高的 1000kV 配电装置，单位造价相对较高。

4. 工程经济性分析

（1）全生命周期成本。全生命周期成本是指在整个经济生命周期内，电网工程所产生的总费用，主要考虑建设成本、运维成本、电能损耗等。输电方式的经济性是技术方案选择和决策的基础，全生命周期输电成本能较为全面地反映输电项目的经济性。在同时有多个技术方案都能够实现大容量、远距离输电的情况下，全生命周期成本的大小将成为采用哪种输电方式的重要参考因素。

根据国家发展和改革委员会核定的已建项目线损率，计算得出各电压等级工程 1000km 的线损率，±400kV 为 13.2%、±500kV 为 4.5%、±660kV 为 3.7%、±800kV 为 3.4%、±1100kV 为 2.1%。

由于各直流工程的输送容量、输送距离不同，为统一标准，采用单位容量长度全生命周期成本进行比较。电压等级±400～±1100kV 的工程单位容量长度全生命周期成本为 17.9～2.1 元/（kW·km），各电压等级直流工程单位容量长度全生命周期成本随电压等级的提高而降低。

输送容量为 6400～10 000MW 的±800kV 直流工程单位容量长度全生命周期成本为 2.8～3.8 元/（kW·km），随着容量提升、技术升级，全生命周期成本呈下降趋势，"双 800"工程由于技术成熟、标准化程度高，全生命周期成本最低，为 2.8 元/（kW·km）。

（2）主设备价格变化。设备价格是影响直流工程造价的重要因素，设备购置费占±800kV 换流站工程造价的 72%以上。本节选取±800kV 直流工程中换流变压器、换流阀、直流场设备等主要设备，说明其价格变化趋势情况。

换流变压器：输送容量为 6400～10 000MW 的±800kV 换流站，换流变压器单位容量价格随容量提升总体呈下降趋势，高端换流变压器单位容量价格由 270 元/kW 降至 182 元/kW，低端换流变压器单位容量价格为 96～156 元/kW，相同技术条件下，高端、低端换流变压器单位容量下降幅度均超过了 30%。

换流阀：输送容量为 6400～10 000MW 的换流站中换流阀单位容量价格由 132 元/kW 降至 82 元/kW，随容量提升、技术进步呈下降趋势，下降约 40%。

直流场设备：输送容量为 6400～10 000MW 的换流站直流场设备单位容量价格为 30～101 元/kW，随着容量提升、技术进步，造价呈下降趋势，下降约 70%。直流场设备价格下降幅度较大，主要是向家坝—上海、锦屏—苏南±800kV 特高压直流输电工程直流场设备均采用成套采购方式。从哈密—郑州±800kV 特高压直流输电工程开始，改为分类单独采购各类直流设备的方式，实现了除穿墙套管等 3 类设备以外的设备由国内厂家直接供应，提高了国产化率，大幅降低设备价格。

综上所述，±800kV 直流工程换流变压器、换流阀、直流场设备等主设备随着直流输电技术进步和输电能力的提升，单位容量造价均呈明显的下降趋势。一方面，有力推进了直流技术创新，加强特高压直流前沿技术研究，有效提高了工程输电能力，规模化效益得以体现；另一方面，通过市场化手段努力培育国内特高压直流设备产能，提升了我国直流装备制造水平，提升了设备国产化率，降低了主设备价格；与此同时，充分利用招标采购平台，统一集中采购流程，合理设置竞标规则、招标限价，有效提升了投标竞争程度，有效保障了工程建设，节约建设投资，提升工程经济效益。

（3）占地面积变化情况。近年来，我国土地资源逐渐紧张，土地价格不断升高，工程建设场地往往成为基础设施建设的制约因素。因此，选择土地利用率高的电网工程方案，对节约占地、提高工程经济性和保护环境至关重要。根据《电网工程限额设计控制指标（2018 年水平）》，±800、750、500kV 换流（变电）站单位占地面积在 19.86、35.24、20m²/MVA，±800kV 换流站单位容量占地面积小于 750、500kV 变电站。新建换流（变电）站占地面积对比见表 7-5。

表 7-5　　　　　　　　　　新建换流（变电）站占地面积对比

电压等级（kV）	工程规模	单换流（变电）站占地面积（hm²）	单位占地面积（m²/MVA）
±800	换流容量 8000MW	15.89	19.86
750	主变压器容量 2×2100MVA	14.8	35.24
500	主变压器容量 2×1000MVA	4	20

二、交流工程

与 500、750kV 交流输变电工程相比，1000kV 特高压交流输电工程有输送容量大、输送距离远、占地面积小、损耗率低等特点。通过建设特高压交流工程，有效提高了区域间能源转送能力，提升了电网安全稳定水平，节约了宝贵的走廊资源，满足了负荷集中地区电网远景发展需要。

1. 总体造价水平

特高压交流输电工程一般包含变电站、线路、光纤通信、安全稳定工程，其中变电站工程和线路工程在总投资中所占的比重最大。变电站工程主要分为新建变电站、扩建主变压器、扩建间隔、保护改造几类，其投资主要与工程规模及技术方案有关；线路工程主要分为同塔双回路和单回路两种形式，同塔双回路通常使用钢管塔，单回路通常使用角钢塔，其造价水平主要与技术方案、气象条件、场地条件和地形比例有关。本节以变电站新建工程和线路工程为代表，分析特高压交流输电工程的造价水平及发展历程。

（1）变电站新建工程造价水平。国家电网公司特高压交流输电工程的新建变电站主流方案为新建两台 3000MVA 主变压器，4 回 1000kV 出线。2018 年电网工程限额设计控制指标中，该方案的单站投资为 17.02 亿元。自 2013 年以来，共 9 座此方案的新建变电站建成投运，变电站新建工程单位造价变化趋势如图 7-11 所示。

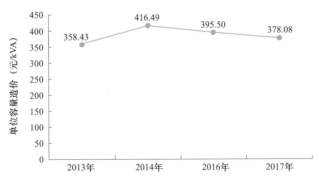

图 7-11　变电站新建工程单位造价变化趋势（2×3000MVA，4 回 1000kV 出线）

从图 7-11 可以看出，自 2014 年浙北—福州特高压交流工程以来，1000kV 变电站新建工程造价逐年下降。2014 年投运的浙中变电站与浙南变电站，单位容量造价为 416.49 元/kVA，2017 年投运的石家庄变电站，单位容量造价已降至 378.08 元/kVA。在我国经济快速发展、价格指数不断提高的情况下，工程造价仍下降了约 10%。下降的主要原因：① 随着特高压工程建设的推进，国家电网公司在特高压工程设计、施工等方面的管理有明显提升，造价管控效果明显。② 在国家电网公司的培育和引导下，我国特高压高端设备制造能力提升，特高压交流输电工程主设备价格较峰值下降约 20%，并有进一步下降的趋势，预计未来特高压交流变电站造价将会下降。

（2）线路工程造价水平。目前，1000kV 特高压交流输电工程主要有同塔双回路和单回路两种方案，根据《电网工程限额设计控制指标（2018 年水平）》测算的造价水平，在外部建设环境良好的条件下，设计风速为 30m/s、覆冰为 10mm 的同塔双回路工程，平原、丘陵等不同地形下的单位造价为 924.52 万～1256.94 万元/km；设计风速为 27m/s、覆冰为 10mm 的单回线路工程，山地、高山等不同地形下的单位造价为 596.30 万～668.44 万元/km。随着特高压设计、施工技术不断进步及主材市场环境的不断完善，1000kV 特高压交流输电工程造价水平在我国经济快速发展、价格指数不断提高的情况下保持总体平稳，工程造价的波动主要体现了工程技术条件的差异。

2. 工程经济性分析

（1）全生命周期成本。考量交流特高压工程的经济性，可以从工程全生命周期成本的角度分析，全生命周期成本主要包括建设成本、运行维护成本和输电损耗成本等，其中输电损耗包括变电站损耗和输电线路损耗两部分，输电线路损耗又分为电阻损耗与电晕损耗。1000kV 特高压交流工程的输电线路损耗较低，同等条件下，1000kV 交流线路的电阻损耗仅为 500kV 线路的 1/4。综合来看，在输电功率超过 4000MW 的情况下，输电距离大于 500km 时，特高压交流输电的全生命周期成本比 500kV 输电低。

以晋东南—南阳—荆门 1000kV 特高压交流工程及其扩建工程为例，晋东南变电站、南阳变电站、荆门变电站变电容量均为 6000MW，达到稳定输送 5000MW 功率的工程设计能力、线路全长 651km，与 500kV 输电工程相比，该工程的单位输电容量的造价、有功损耗分别为 500kV 的 70%、30%左右，全生命周期成本约为 500kV 的 55%，充分验证了该工程建设的经济合理性。

（2）主设备价格变化情况。在 1000kV 变电站工程的总投资中，设备购置费约占 60%，主要设备价格对工程造价有较大的影响。特高压设备对可靠性、安全性的要求非常高，且制造工艺复杂、技术要求高，对制造厂商的综合实力要求也较高。纵观我国类似电网设备价格的历史走势，新设备在研发初期价格水平远高于制造成本属正常的市场规律，但随着技术的进步与推广，设备制造产能增加，设备价格均会逐渐走低，并接近于制造成本。以 500kV 和 750kV 交流输电工程为例，1981 年首个 500kV 超高压工程投运，2005 年 750kV 交流输电示范工程投运，500kV 和 750kV 交流输电工程已分别发展约 40 和 15 年，其主要设备已经历了自研发至规模化使用的较长历程，目前已较为成熟，500、750kV 主变压器价格降幅约 30%，

500、750kV GIS 价格降幅分别达到 60% 和 30%。相比超高压工程，特高压交流输电工程的发展尚处于技术发展周期的前期，仍处于快速发展阶段，特高压装备制造能力仍有较大提升的空间，1000kV 主变压器和 GIS 设备经过大量的研发和改进，目前价格约为 3800 万元和 7650 万元，与示范工程相比分别下降约 10% 和 30%，但可以推断，随着我国电网设备制造能力的快速提升，未来特高压交流设备会呈现与超高压交流输电工程类似的趋势，仍有进一步的下降空间。

（3）线路工程经济性。根据《电网工程限额设计控制指标（2018 年水平）》，在相同外部条件下，选取导线截面积为 $4 \times 630mm^2$ 的 500kV 同塔双回路方案和导线截面积为 $8 \times 630mm^2$ 的 1000kV 同塔双回路方案进行对比，1000kV 方案的基础钢材、铁塔钢材技术指标为 500kV 方案的 3.29～4.09 倍，基础混凝土、导线指标为 500kV 方案的 2.02～3.20 倍，静态投资约为 500kV 方案的 2.85 倍，而 1000kV 特高压交流工程的设计输送能力为 500kV 工程的 3～4 倍。在特高压交流工程达到预期利用率的情况下，其经济性优势明显。

根据《国家电网公司输变电工程通用造价（2014 年版）》和《国家电网公司输变电工程通用造价 1000kV 输变电工程分册（2015 年版）》，在相同气象环境、地形情况等设计输入条件下，500kV 及以上交流线路单、双回路技术经济指标的对比表明，同塔双回路与两条并行单回路相比，铁塔钢材指标约为 1.20 倍，基础钢材指标约为 1.06 倍，基础混凝土指标基本相当，本体投资约为 1.06 倍。虽然同塔双回路方案本体工程技术经济指标明显高于单回路方案，但因两条并行单回路走廊宽度大于双回路方案，其房屋拆迁、林木赔偿等建设场地及清理费用约为同塔双回路的 2 倍。综合本体投资和其他费用，同塔双回路的静态投资约为两条并行单回路方案的 0.95～1.02 倍。因此，从节省工程投资、便于工程实施的角度出发，在西北、西南、华北北部及东北北部等地区，线路走廊宽阔，建议采用耗费材料量较少的两条并行单回路方案。而在华北南部、华中、华东等地区，线路走廊紧张，建议采用更节省建场费的同塔双回路方案。

（4）占地面积变化情况。根据《电网工程限额设计控制指标（2018 年水平）》，1000、750、500kV 变电站占地面积对比见表 7-6。可以看出，1000kV 变电站单位容量占地面积最小。

表 7-6　　　　　　　　1000、750、500kV 变电站占地面积对比

电压等级（kV）	主变压器容量（MVA）	单站占地面积（hm²）	单位容量占地面积（m²/MVA）
1000	2×3000	10.68	17.8
750	2×2100	14.8	35.24
500	2×1000	4	20

除获得直接经济效益以外,推广应用特高压交流输电技术更重要的作用是可以大幅度提高电网的安全稳定性、运行可靠性和抵御各种事故的能力,可以有力促进能源电力发展方式转变,促进能源结构调整、优化布局,帮助解决能源可持续发展的问题,综合效益显著。

三、新一代调相机工程

2015 年以来,国家电网公司已完成规划设计的调相机工程共有 22 项,共计 49 台调相机,总容量 14 300Mvar,其中 19 台已投入了商业运行。首批调相机 8 个工程依托特高压直流换流站工程同步同址建设。

1. 造价水平

已投运和规划中的调相机工程规模多为 2 台 300Mvar 调相机组,根据具体项目的站址环境和条件在选择调相机冷却方式时又分为空冷调相机和双水内冷调相机,两种冷却方式的调相机由于配置、体积、重量有所差异,所以调相机主厂房的体积也有所区别。通过对已投运调相机工程的造价进行统计分析,2×300Mvar 调相机工程造价和单位造价见表 7-7。

表 7-7　　　　　　　　　　2×300Mvar 调相机工程造价和单位造价

设备名称		300Mvar 调相机(空冷)	300Mvar 调相机(双水内冷)
转子	尺寸(m)	13.47×1.32×1.32	13.40×1.1×1.1
	质量(t)	77	61
定子	尺寸(m)	8.84×3.83×4.04	9.25×3.73×4.3
	质量(t)	302	219
2×300Mvar 调相机工程造价(亿元)		3.3	3
2×300Mvar 调相机工程单位造价(元/kvar)		550	500

2. 造价控制

(1)优化设计。兼顾变电站、换流站、发电厂设计原则,结合调相机工程的特点和工程建设需要优化设计指标。

(2)标准化设计。调相机主厂房布置采用标准化设计,各站布置格局基本一致,两台调相机均采用纵向对称布置,中间设公用检修跨。冷却水模块、润滑油模块、各电气设备室主要布置在 0m 层。调相机、静止变频器(SFC)装置、励磁装置主要布置在 5m 的运转层。通过标准化、模块化设计进一步使造价标准化、通用化。

(3)三维数字化设计。采用数字化平台进行三维设计,对设备、管道及附件、电缆桥架、土建结构等进行精细建模,模拟施工、检修、操作空间,设计过程可实时检查各种接口和碰撞情况，减少后期返工和变更，节约工程造价，并可实现虚拟场景漫游，对工程进行更细致的优化以及方便运维人员的快速熟悉，提高运维效率。

（4）积极参与设备研制。通过积极参与调相机的设备研制、性能验证，进一步降低调相机的生产成本。

（5）组织调相机工程计价依据研究。新一代大容量调相机在设备特点、性能要求、辅机配置等方面与传统调相机均有较大差异，建设初期电力行业建设预算计价标准中也未包括调相机相关的定额和取费标准，计价标准处于空白状态。为此国家电网公司组织开展了调相机工程计价依据的研究工作。编制完成了 300Mvar 调相机的概算定额、预算定额、取费标准、项目划分以及概算编制指导模板，从而满足调相机工程建设管理和造价控制的实际需求，保证工程建设的顺利进行，保障工程建设各方的合理权益。调相机工程计价依据研究成果已全面纳入 2018 版电力工程建设预算编制与计算规定和概、预算定额，为今后调相机工程建设和造价管理提供了行业标准。

3. 经济性

由于特高压直流工程送端交流电网薄弱及新能源大规模接入的影响，交流电网存在电压稳定问题，部分在运特高压直流工程暂时无法满功率运行。随着调相机工程的陆续投运，为电网提供了强大的无功支撑，极大地加强了交流电网电压稳定性。根据国家电网公司运行调度部门估算，每台新一代调相机（300Mvar）对系统的电压支撑能力至少相当于一台 600MW 的常规火力发电机组。一台 300Mvar 调相机造价约 1.4 亿元，一台 600MW 火力发电机组造价约 24 亿元，相同电压支撑效果下，调相机投资只有火力发电机组的 6.25%，且调相机的调压效果略优于火电机组，具有显著的经济性。

新一代调相机的建设可置换近区常规电源机组，降低直流系统对火电机组的依赖，增加电网调峰运行的灵活性，解决送端系统暂态过电压对直流输送功率的限制，提升清洁能源消纳的空间。根据首批 49 台调相机总容量 1430 万 kvar 估算，调相机投运后可提升 1430 万 kW 新能源消纳能力，按照每年 5000h 运行计算，首批调相机完全投运后每年新增新能源电量 715 亿 kWh。

新一代调相机投运后，特高压直流换相失败的故障范围缩小了，且换相失败的直流回数也有所减少，进一步节省了重点设备运行维护资金与人力成本。

根据国家大气污染治理相关政策，特高压直流受端大城市等负荷中心地区火电机组将逐步关停，受端系统外受电比例将不断增加。当受端系统本地常规电源被大量置换后，受端系统的电压特性恶化，电压支撑不足的矛盾将更加突出，因此调相机将有更大的市场需求和经济效益。

四、柔性直流工程

1. 柔性直流输电工程造价

柔性直流输电技术是一种以电压源换流器、可关断开关器件、脉宽调制技术为基础的新型直流输电技术。该技术主要应用于新能源并网、非同步电网互联、城市供电、孤岛供电、多端直流电网、坚强交直流混合电网等领域。

迄今为止，国家电网公司已经建成投运舟山多端柔性直流输电示范工程、厦门柔性直流输电科技示范工程、渝鄂直流背靠背联网工程及张北可再生能源柔性直流电网示范工程。

渝鄂直流背靠背联网工程在世界上首次将柔性直流输电电压提升至±420kV，电力输送容量达到500万kW。渝鄂直流背靠背联网工程已安全、稳定、可靠地运行了一年，它实现了川渝电网与华中电网异步互联，化解了川渝与华中地区之间500kV长链式电网存在的稳定性问题，提高了电网运行的灵活性和可靠性，大幅提高了川渝电网与华中东部电网间的互济能力，减少了四川电网在丰水期的弃水，对优化国家电网格局、促进能源供给侧结构性改革、提升电网科技水平具有重要意义。

张北可再生能源柔性直流电网示范工程是世界首个具有网络特性的柔性直流电网工程，也是世界上电压等级最高、输送容量最大的柔性直流工程，工程核心技术和关键设备均为国际首创。

与常规直流输电相比，柔性直流换流站工程单位造价较高。国内各电压等级主要柔性直流工程造价及概况见表7-8。

表7-8 国内各电压等级主要柔性直流工程造价及概况

序号	工程名称	换流站工程规模	线路长度（km）	静态总投资（亿元）	其中：换流站静态投资		应用领域	建设单位	投产时间
					静态投资（亿元）	单位造价（元/kW）			
1	广东电网"大型风电场柔性直流输电接入技术研究与开发"示范工程	±160kV；50MW＋100MW＋200MW	架空线20.6，电缆19.5	11.7	9.2	2628	新能源并网	广东电网公司	2013年
2	舟山多端柔性直流输电示范工程	±200kV；400MW＋300MW＋100MW＋100MW＋100MW	电缆141.5	40.4	26.9	2693	孤岛供电	国网浙江省电力有限公司	2014年

序号	工程名称	换流站工程规模	线路长度（km）	静态总投资（亿元）	其中：换流站静态投资		应用领域	建设单位	投产时间
					静态投资（亿元）	单位造价（元/kW）			
3	厦门柔性直流输电科技示范工程	±320kV；1000MW+1000MW	电缆10.7	27.3	24.1	1204	城市供电	国网福建省电力有限公司	2016年
4	鲁西背靠背直流异步联网工程	±375kV；常规1000MW+柔直1000MW	背靠背	30.5	28.6	1431	非同步电网互联	中国南方电网有限责任公司	2016年
5	如东海上风电柔性直流输电项目	±400kV；1100MW+1100MW	电缆108	45.7	29.6	1345	新能源并网	中国长江三峡集团有限公司	在建
6	渝鄂直流背靠背联网工程	±420kV；2500MW+2500MW	背靠背	58.2	56.8	1137	非同步电网互联	国家电网公司	2019年
7	张北可再生能源柔性直流电网示范工程	±500kV；3000MW+1500MW+1500MW+3000MW	架空线666	122.3	99.3	1104	多端直流电网	国家电网公司	2020年
8	乌东德电站送广东广西特高压多端直流示范工程	±800kV；常规8000MW+柔直3000MW+柔直5000MW	架空线1489	223.4	134.9	843	特高压多端柔性直流	南方电网公司	在建
9	白鹤滩—江苏直流输电工程	±800kV；常规8000MW+混联柔直8000MW	架空线2087	298.5	133.3	833	特高压混联直流	国家电网公司	在建

2. 工程经济性分析

基于柔直换流站和常规换流站的技术方案对比，以渝鄂直流背靠背联网工程为例，采用柔性直流方案和常规直流方案的主要技术经济指标对比见表7-9。

表7-9　　　柔性直流方案和常规直流方案主要技术经济指标对比

序号	名称	单位	常规换流站方案	柔直换流站方案
1	站址总用地面积	hm²	33.48	23.59
2	静态投资	亿元	52.2	56.8
3	单位静态投资	元/kW	1044	1137
4	电价（含税）	元/MWh	36.23	39.45

柔性直流换流站相比常规换流站从直接经济指标来看目前存在一定的局限性：总投资高、电价高，但柔性直流输电技术在运行性能上超越了常规直流输电技术，

柔性直流与常规直流技术特点对比见表 7-10。

表 7-10   柔性直流与常规直流技术特点对比

序号	技术特点	常规直流输电	柔性直流输电
1	换相技术	需要交流系统电压支撑换相	自换相,无需电压支撑
2	对交流网络的依赖性	有源逆变状态,向弱网络供电困难;一旦交流系统发生干扰,易换相失败	可向无源网络供电;无换相失败风险
3	黑启动能力	无	有
4	响应速度	开关频率较低	开关频率较高
5	功率控制	有功、无功耦合,不能独立控制	有功、无功解耦,可独立控制
6	电压控制	需借助无功补偿设备	无需借助无功补偿设备,具备静止同步补偿器的无功补偿(STATCOM)功能,四象限运行
7	潮流反转	改变电压极性,换流站需退出运行,并改变控制策略	只需改变电流方向,而电压极性不变,功率反向时系统不停运,易实现多端输电
8	最小直流电流	10%	无要求,调度灵活

由于柔性直流输电技术的特殊优势,未来柔性直流输电的发展非常有前景。随着科技进步和设备价格的下降,柔性直流输电技术将会更多地应用到实际工程中。

第四节　工　程　效　益

一、经济效益

(一)输电效益

1. 输电能力

(1)特高压直流工程。2017~2019 年,国家电网公司运营的特高压直流工程从 5 个增加到 11 个,年输送电量增幅为 76.8%。宁东—山东±660kV 直流输电工程,向家坝—上海、锦屏—苏南、哈密—郑州、溪洛渡—浙西、灵州—绍兴±800kV特高压直流输电工程等已投运,工程输电经济性较好,主要表现在以下几个方面。

1)工程利用小时数达到或超预期,工程投资可以得到及时回收。向家坝—上海、锦屏—苏南、溪洛渡—浙西±800kV 特高压直流输电工程年输电利用小时数在5000h 左右,迎峰度夏时基本能够满送,尤其是锦屏—苏南±800kV 特高压直流输电工程年输电利用小时数均在 5000h 以上;宁东—山东±660kV 直流输电工程自投运以来年利用小时数基本在 7000h 以上,有效缓解了山东用电紧张状况,环保效益和社会效益显著；世界首个±1100kV 特高压直流输电工程准东—皖南±1100kV 特高压直流工程 2019 年 9 月投运一年以来，年输电量达到 500 亿 kWh，2020 年输电能力达到 900 万 kW，预计 2021 年达到设计输电能力 1200 万 kW。

2）落地电价往往低于受端省份的平均购电价，西部能源基地的电能通过特高压线路送到东部负荷中心，在有效解决东部省份缺电问题的同时，也降低了东部省份的购电成本，准东—皖南±1100kV 特高压直流输电工程落地电价低于受端省份平均购电电价，哈密—郑州±800kV 特高压直流输电工程凭借稳定的输电能力和有竞争力的电价优势，获得了较好的经济效益。

3）助力西部能源基地建设，拉动区域经济发展。准东—皖南±1100kV 特高压直流输电工程推动了新疆能源基地的火电、风电、太阳能打捆外送，提高了西部发电企业效益。

4）提高新能源外送比例，提升系统新能源消纳能力。张北可再生能源柔性直流电网示范工程是世界上电压等级最高、输送容量最大的柔性直流工程，为张北地区构建了高比例、大规模新能源安全智能外送新路径，显著提升了新能源外送能力。

（2）特高压交流工程。目前投运的特高压交流输电工程有皖电东送、锡盟—山东、蒙西—天津南、榆横—潍坊、浙北—福州特高压交流输电工程等，兼具输电和联网两大功能。2017～2019 年，国家电网公司运营的特高压交流工程从 4 个增加到 6 个，年输送能力显著提高。

2. 优越性

（1）特高压直流输电工程。与常规超高压交流输电工程相比，特高压直流输电优越性主要在于：

1）高电压、大容量、远距离输送经济性更优。特高压直流输电线损率更低，同时更加节约线路走廊。

2）可用于电力系统异步联网。直流输电的输送容量和距离不受同步运行稳定性的限制，可连接两个不同频率的交流系统，实现非同步联网，提高系统稳定性。

3）调节快速、运行可靠，直流输电通过可控硅换流器能快速调整有功功率，实现振荡阻尼和次同步震荡的抑制，提高系统可靠性。

（2）特高压交流输电工程。与常规超高压交流输电工程相比，特高压交流输电优越性主要在于：

1）综合考虑特高压工程投资、输电损耗等因素，特高压交流工程全生命周期经济性较优。

2）输送距离远，输电损耗更低。

3）节约线路走廊，单位走廊输电能力高。

（二）联网效益

（1）优化资源配置，促进水火互补互济，显著提高能源综合利用效率。由于我国能源资源禀赋与需求分布不平衡，能源基地远离负荷中心，需要实施能源的大规模、远距离输送和大范围的优化配置。特高压输电工程具有远距离、大容量、低损耗输送电力和节约土地资源等特点，能够充分发挥大范围长距离资源优化配置的作用，有力促进火电和水电资源的优化利用，促进水火互济。通过特高压输电，保证东中部电力可靠供应，西部地区能源资源得以大规模开发和安全高效外送。

（2）加强网架结构，提高网架支撑能力，进一步提高电力系统运行可靠性。特高压输变电工程构建了高电压等级的输电网络，加强了电网的电气物理联系，提高了抵御电力故障的冲击能力。晋东南—南阳—荆门 1000kV 特高压交流工程进一步加强了华北、华中电网的联系；山东—河北环网特高压交流工程是华北特高压交流受端网架的关键工程，大幅提升了山东及华北电网内部电力交换能力和接收区外来电能力；渝鄂直流背靠背联网工程实现了西南送端电网与华中、华东受端电网异步互联，可有效化解交直流功率转移引起的电网安全稳定问题、避免大面积停电风险，提高电网的安全供电可靠性。

（3）互为备用，有效减少机组备用容量需求，同时提高系统调峰能力。特高压电网的互联可以有效减少系统备用容量，从而减少系统装机容量，节约电源建设投资。同时特高压电网可以结合风电、水电、火电等不同电源的发电特性，提高系统的调峰能力。

（三）节能效益

1. 降损效益

特高压输电是世界上最先进的输电技术，其特点是输送容量大、送电距离长、线路损耗低、占用土地少。从特高压输电线路运行情况来看，运行水平逐年提高，特高压输电线路运行线损率逐年下降，降损效益逐年增强，促进全社会的节能减排。

2. 节能技术应用

随着节能技术应用日益成熟，特高压工程推进绿色建设。在特高压工程建设技术水平提高的过程中，科学采取绿色措施，全过程系统管控，建设更少破坏环境、更集约利用土地、更少消耗一次能源、全寿命周期经济社会效益更优化的精品工程。

特高压输电有利于节约输电线路走廊和土地资源。与目前常用的 500kV 输电方式相比，特高压输电电压等级提高了近 1 倍，这意味着在相同传输电流的情况下输送功率是原来的 4 倍。通过合理的规划布局和线路走廊整合，受电地区可以在尽可能不新增线路走廊的情况下增强受电能力。

3. 节能前景广阔

坚强智能电网是包含电力系统的发电、输电、变电、配电、用电和调度各个环节的坚强可靠、经济高效、清洁环保、透明开放、友好互动的现代电网。加快发展以特高压为骨干的智能电网是国家电网推进绿色发展的战略重点，能够推动清洁能源大规模、集约化发展，推动煤炭资源清洁有效利用，推动电力资源节约高效利用，应对生态环境和气候变化双重挑战。

二、环境效益

（一）提升新能源消纳能力

我国的地理气象特征决定了水电、陆上风电等清洁能源大基地大多集中在西部。特高压工程建设有利于清洁能源的长距离、大规模输送，充分发挥西部资源优势，推动清洁能源的消纳，应对经济发达地区电力供需紧张的局面。电网是优化配置电能资源的重要载体，更是可再生能源消纳的关键路径。

酒泉—湖南±800kV 特高压直流输电工程，将甘肃的风能、太阳能发出的清洁电能送往湖南，每年可送电 400 亿 kWh，满足湖南 1/4 的用电需求。2012～2017年，特高压工程建设让中东部 16 个省份近 9 亿人用上来自西部的清洁能源。

通过建设坚强智能电网，到 2020 年可消纳清洁能源 4.11 亿 kW，比 2005 年增加 3.2 亿 kW，相当于减排二氧化碳 10 亿 t。2020 年跨区输电方式与省内消纳相比，风电消纳规模可提升一倍以上。

张北可再生能源柔性直流电网示范工程的建设，实现张北新能源基地、丰宁储能电源与北京负荷中心相连，对推动能源转型与绿色发展、服务北京低碳绿色冬奥会等具有显著的综合效益和战略意义。届时北京市外受电比例将达到 70%，冬奥场馆实现 100%清洁能源供电，有力服务低碳奥运专区建设。

（二）提高节能减排效益

1. 特高压网络建设成熟，减排效益显著

以"电力高速路"特高压电网为骨干网架，通过先进的设备技术和控制方法，实现电网安全高效运行。这既有利于风电、太阳能发电等间歇性能源的并网利用，也有利于构筑"输煤输电并举"的国家能源综合运输体系，并可有效控制环境污染和温室气体减排。

党的十八大以来，我国电网高速发展，不仅电网规模领跑世界，而且技术装备和安全运行水平进入国际先进行列。电压等级、输送容量、输送距离不断刷新世界纪录，基本形成了西电东送、北电南供的特高压输电网络。

发展特高压电网对于保障我国能源安全、推动能源结构调整、改善大气环境等具有重要意义。列入国家大气污染防治行动计划的"4 交 4 直"特高压工程每年向中东部地区送电 4000 亿 kWh，减少燃煤 1.5 亿 t，降低 $PM_{2.5}$ 浓度 4%～5%。重点输电通道全部建成投运后，华北电网将初步形成特高压交流网架，京津冀鲁新增受电能力 3200 万 kW，华东电网将形成特高压交流环网，长三角地区新增受电能力 3500 万 kW，每年可以减少发电用煤 1.5 亿 t，减排二氧化硫 52 万 t、氮氧化物 60 万 t、烟尘 10 万 t，可有力支撑受端地区节能减排和大气污染治理工作。

发展特高压电网有利于促进西部、北部能源资源与东部、南部电力市场需求的有效衔接，推进能源低碳、绿色发展。

2. 经济发达的东部人口聚集地减排效益明显

2010 年投运的向家坝—上海±800kV 特高压直流工程额定输送功率 640 万 kW，如果线路全年满负荷输送可再生能源，相当于每年减少约 1600 万 t 煤炭，减排二氧化碳超过 2600 万 t。

2013 年，为加快京津冀等地区大气污染综合治理，国家能源局提出了 12 条重点输电通道实施方案。12 条重点输电通道的建成，可新增约 7000 万 kW 的输电能力，每年可减少上述地区标准煤消费 1 亿 t 以上。

3. 新技术发展更关注环境效益

国家电网公司首批 49 台调相机投运后可提升 1430 万 kW 新能源消纳能力，按照每年 5000h 运行计算，首批调相机完全投运后每年新增新能源电量 715 亿 kWh。按照每千瓦时电 300g 标准煤估算，大约能降低二氧化碳排放 0.579 亿 t，社会和环境效益非常可观。

准东—皖南±1100kV 特高压直流输电工程每年可从新疆向中东部输送电力 660 亿 kWh，减少燃煤运输 3024 万 t，减排烟尘 2.4 万 t、二氧化硫 14.9 万 t、氮氧化物 15.7 万 t。

三、社会效益

（一）提高土地利用效率

我国经济发展格局和资源分布呈逆向分布，特高压工程远距离、大容量输电的特点，满足了能源基地电能送出的需要，进一步发挥了特高压电网在优化资源配置中的作用。

随着我国经济快速增长以及城镇化建设步伐的加快，输电走廊日益紧张，特高压工程通过优化路径选择，合理利用土地资源，提高单位走廊的输送容量，减少了对环境的污染和土地资源占用，特别是对人口密集、经济发达，开辟新线路走廊极为困难的地区作用显著。

近年来，对生态环境的重视程度日益提高，特高压工程建设对土地资源的利用得到了有效的改善。特高压工程建设之前会采取一系列的环境保护措施，使工程产生的对环境的影响符合国家有关环保法规、标准的要求；在工程建设过程中实施一系列的水土保持措施，有效防止水土流失；在工程实施后通过原样恢复等措施提高生态环境的修复程度。此外，特高压技术的成熟以及设计水平的优化，通过前期论证、设计阶段对建设方案进行集约化规划，减少闲置场地，提高土地利用率，极大地减少了站址用地面积和塔基占地面积。

（二）促进设备国产化率提升

我国发展特高压输电技术的总体原则之一是突出自主创新。在特高压技术发展的过程中，我国走出了一条引进技术与自主创新相结合、集体攻关与重点突破相协调、推进设备国产化的特色道路。在特高压技术革新的推动以及国家产业政策的扶持下，依托重点特高压等重点电网工程，电力相关装备制造企业突破了高电压等级变压器、换流阀、大电网保护控制等一系列关键技术，形成了关键设备制造的创新能力与核心竞争力。

从 2006 年开始建设特高压工程，特高压设备企业增速迅猛，从设备采购的最终结果看，特高压工程均立足国内装备制造企业。通过国家电网公司与设备制造等企业的共同努力，我国已经自主研制了一批具有自主知识产权的装备制造核心技术，拥有了全套特高压输变电设备的国内批量生产能力，实现了中国输变电装备制造业的技术升级，特高压成套设备的研制成功，标志着在特高压等关键领域实现了"中国创造"和"中国引领"。

新一代调相机的建设在带动我国制造设备升级和技术进步方面也发挥了重要作用。主机研制过程中通风系统、端部结构等的创新设计为发电机技术提升奠定了基础。国产大容量 SFC 的研发成功在推广应用于燃气轮机和抽水蓄能机组后将获得巨大的经济效益。

张北可再生能源柔性直流电网示范工程实现了重大技术创新，是破解新能源大规模开发利用世界级难题的"中国方案"，是国家电网公司建设具有中国特色国际领先的能源互联网企业的具体实践和服务能源革命的具体行动。工程采用的核心技术和关键设备均为国际首创，引领科技创新，推动装备制造业转型升级，促进了国产化率进一步提升，带动国内装备制造企业蓬勃发展。

（三）带动上下游产业发展

特高压工程投资体量大、科技创新含金量高，具有较长的产业链，带动能力显著，成为带动上下游企业高质量发展的重要引擎。截至 2018 年底，特高压直流工程投资完成额 2966 亿元，特高压交流投资完成额 1559 亿元，特高压工程完成投资额合计 4525 亿元，带动社会总产出 1.41 万亿元，尤其"十三五"以来，带动社会总产出 7753 亿元，仅 2017 年带动 3164 亿元。特高压工程直接拉动电气机械和器材制造业、金属制品业、建筑业、计算机、通信和其他电子设备制造业以及专业技术服务业总产出的增长，对金属冶炼和压延加工品业、化学产品业、批发和零售业、交通运输、仓储和邮政业、金融业总产出有间接的带动作用。

2018 年投运的准东—皖南±1100kV 特高压直流工程投资达 407 亿元，增加输变电装备制造业产值 285 亿元，直接带动电源等相关产业投资约 1018 亿元，每年拉动 GDP 增长 130 亿元，增加税收 24 亿元。

（四）吸纳劳动力就业

特高压及直流工程的就业人员吸纳能力也表现突出，向全社会直接或间接贡献的就业岗位逐渐增多。随着工程自动化与智能化程度的提高以及技术推动，从工程一线人员到专业化的技术人员，就业岗位质量不断提高，吸引了更多优秀的复合型人才，推动了技术创新的进一步发展。经测算，2009～2018 年，特高压工程吸纳非农就业人数 188 万人，带动全社会居民收入增加 1406 亿元。

第八章

生 态 环 境 管 理

第一节 形 势 及 要 求

一、生态环境监管形势与要求

国家对建设项目的生态环境监管主要包括三大基本监管制度。① 环评水保报告审批制度，即工程开工前应依法开展环境影响评价和水土保持评价，编制环评报告和水保方案并上报主管部门审批，取得环评水保批复文件，该批复文件是工程开工的必要条件。② 环保水保"三同时"制度，即环水保设施（措施）要与主体工程同时设计、同时施工、同时投入运行。③ 环保水保验收制度，即主体工程投入运行之前，应针对环水保设施（措施）开展竣工环保验收和水保设施验收，验收合格后，工程方可投入运行。

近年来，随着国家生态文明建设的持续推进和"放管服"改革的逐步深入，"实行最严格的环境保护监管"已成为常态。在准入门槛监管上，生态保护红线管控、国土空间规划等政策不断推进，工程选址选线时的环水保制约因素大大增加；在建设过程监管上，政府主管部门由"重审批、轻监管"向全面加强事中事后监管转变，在施工阶段定期开展现场检查，跟踪环评报告水保方案实施情况；在验收运行监管上，环水保验收由行政验收调整为企业自主验收，主管部门在运行阶段开展验收核查，环水保主体责任全面转移至建设单位。与各项监管要求相对应，"未批先建""未批先弃""未验先投"等各项环水保违法违规惩处力度也全面加大，处罚方式包括约谈、通报、信用惩戒、建设单位和责任人"双罚"，甚至移送纪检监察机关等。

作为典型的生产建设项目，电网工程在输送电能、促进经济社会与环境和谐发展的同时，也会在建设运行中产生一定的环境影响和水土流失。在新时代生态文明建设的大背景下，需要进一步将生态环境保护理念融入设计思路、设备制造和施工工艺之中，实现环保水保与工程建设的有机统一，从源头上、过程中减小工程环境影响和水土流失，促进电网绿色高质量发展。

二、电网工程生态环境管理体系

国家电网公司在电网发展过程中始终坚持生态环境保护。公司以电网发展为主线，建立了全面的环境保护和水土保持（简称环水保）管理体系，实现全过程管控、全方位覆盖和全员参与。

国家电网公司从公司总部到 27 家省级电力公司再到 336 家地市级供电公司，建立了三级环水保管理组织体系，以及涵盖全方位、全过程的环水保管理制度体系，包括《国家电网有限公司环境保护管理办法》等 3 项基本管理制度、8 项专项管理制度和 14 项工作规范等。打造专业精通、各有侧重的环水保支撑队伍，包括以中国电科院及各省电科院为主体的技术监督队伍，以国网经济技术研究院及各省经研院为主体的管理咨询队伍，以及以电网环境保护国家重点实验室等 6 个实验室和各环境保护科研团队为主体的科技创新队伍。

与常规电压等级工程相比，特高压工程具有输电容量大、输送距离远、输电损耗低、联网能力强等优点，是实现电源大规模集约开发、能源大范围优化配置的必然选择，但同时由于电压等级更高、占地范围更广，其建设运行过程中的环境影响也更加受到社会关注。结合特高压工程建设管理实际，国家电网公司创建了公司总部统筹协调、省公司和专业建设公司现场管理、直属科研单位业务支撑的环水保管理模式，对环水保专题评估、设计、施工、监理（监测）、验收、科研等进行体系化管控。国家电网公司特高压部负责工程建设环水保全过程统筹协调和关键环节集约管控，负责公司特高压交流及直流工程环评、水保等开工支持性文件编制和报批；公司总部其他相关部门按职责分工履行归口管理职能，分别归口环水保可研管理和环水保验收管理等；属地省公司和国网交流、直流公司承担建管范围内工程现场建设管理职责；国网交流、直流公司还作为环水保服务单位，负责环境监理、水保监理、水保监测、环保验收、水保验收等专项服务工作的组织实施；国网经研院负责环水保设计专业技术支撑；中国电科院等科研单位负责环水保科研攻关业务支撑。

在国家电网公司总部的统一组织下，建设管理、环评水保、设计、施工、监理（监测）、验收调查、科研等单位围绕特高压及直流工程环水保工作，建立重大问题协调会、关键环节督导会、日常工作联络会等会议机制，周报、月报、季报等信息报送机制，问题清单发布和限期整改销号机制，在横向协同上确保各专业精准对接，在纵向管控上确保各环节无缝衔接. 环评水保单位按要求编制环评水保报告并配合取得批复文件；设计单位在可行性研究、初步设计、施工图设计中编制环境和水土保持篇章，提供环水保专项设计方案，严格控制涉及环保水保的重大变动；建设管理单位在现场组织建立业主项目部、监理（监测）项目部、施工项目部三级管理体系，并设置环保水保专职人员；施工单位按照环评报告与水保方案及批复要求，落实各项环水保措施；监测（监测）单位对环水保措施质量实施全面监管，同步监测环境影响和水土流失；环水保验收调查单位按要求编制验收调查报告，及时把关确保工程满足环水保验收要求；科研单位针对环水保关键问题，开展科研攻关和标准化建设，为工程建设提供强有力技术支撑。

国家电网公司以"严守法律、体系完善、管理高效、绿色引领"的一流环水保管理为目标，对电网工程实行最严格的环水保管理，切实履行新时代下生态文明建设的社会责任，实现电网绿色高质量发展。

第二节　环　境　保　护

一、电网技术特性对环境保护的影响

电网工程环境影响包括电磁、噪声、生态、废水、固体废物（简称固废）等方面。

变电站和换流站内高压带电导体、架空输电线路的导线是电网工程电磁环境影响的主要来源。

变电站、换流站内的主变压器、换流变压器、高压电抗器等设备噪声源，以及工程建设时的施工噪声是影响声环境的主要来源；工程施工会对动植物及土壤带来生态环境影响，施工废水、生活污水和事故情况下产生的事故油污水是水环境影响主要因素，建筑垃圾、生活垃圾、废铅酸蓄电池是固废环境影响的主要因素。

在正常运行状态下，变压器声功率级、导线电场强度均随电压等级的提高而增大，例如，500kV 变压器的功率级为 83～98dB（A），1000kV 变压器声功率级为95～106dB（A），±800kV 换流变压器声功率级可超过 120dB（A）；以约 22m 高的线路为例，500kV 线路地面工频电场强度约为 5300V/m，1000kV 线路地面工频电场强度约为 9300V/m。此外，由于大型电网工程，如特高压工程、直流工程等的线路路径更长，更容易穿、跨越各类生态敏感区及临近居民房屋，不仅生态保护要求更高，公众关注度也更高，更易引发环保纠纷。

在"放管服"改革和建设生态文明的大背景下，国家近几年出台或修订了一系列环境监管政策，如《建设项目环境保护管理条例》（国务院令第 253 号）、《关于强化建设项目环境影响评价事中事后监管的实施意见》（环环评〔2018〕11 号）、《环境影响评价公众参与办法》（生态环境部令第 4 号）等，不断深化事中事后监管，深入推进公众参与，持续强化建设单位主体责任，对电网工程的环保管理也带来更大的挑战。为尽可能降低电网工程的环境影响，国家电网公司全面贯彻生态文明建设要求，积极作为，持续提升环保管理、强化科研攻关，精准把握环保要点、制订环保措施，将电网工程环境影响控制在满足国家环保标准的水平。

二、输电线路环保要点和措施

（一）电磁环境控制

输电线路电磁环境评价因子主要是工频电场、工频磁场、合成电场。

交流输电线路上电荷按 50Hz 的频率随时间做正弦变化，在线路周围产生工频电场、工频磁场。线下工频电场、工频磁场的大小与分布与导线对地距离、相间距离、相序排列、导线参数、导线布置方式等有关。

根据《电磁环境控制限值》（GB 8702—2014）规定，工频电场强度、工频磁感应强度的公众曝露控制限值分别为 4000V/m、100μT，对于架空输电线路线下的耕地、园地、牧草地、畜禽饲养地、养殖水面、道路等场所，工频电场强度控制限值为 10kV/m。工频电场强度和工频磁感应强度可按照《环境影响评价技术导则　输变电工程》（HJ 24—2014）规定的模式预测方法进行预测。

直流输电线路的导线表面因电晕产生离子，离子在空间中的定向迁移形成离子流，导线上电荷产生的标称电场和离子流产生的离子场叠加后在直流线路周围形成合成电场。线下合成电场的大小及分布与极导线排列方式、导线对地距离、极间距、导线结构等有关。

根据《直流输电工程合成电场限值及其监测方法》（GB 39220—2020），合成电场强度的公众曝露 E_{95} 限值为 25kV/m，E_{80} 限值为 15kV/m；对于架空输电线线路线下的耕地、园地、牧草地、畜禽饲养地、养殖水面、道路等场所，合成电场强度的 E_{95} 限值为 30kV/m。合成电场强度可按照 HJ 24—2014 规定的模式预测方法进行预测。

为减少输电线路的电磁环境影响，在设计阶段应优化路径选线，尽可能避让电磁环境敏感目标（居民房屋、学校、医院、工厂等常年有人工作或居住的建筑物）；合理选择导线型号、导线布置方式、控制架线高度和相（极）间距离，特别是临近电磁环境敏感目标时，应适当提升线高，确保房屋处电磁环境满足标准要求。

（二）噪声控制

输电线路带电后，导线电晕放电会产生噪声。噪声评价因子为昼间、夜间等效声级。

线下噪声与线路导线表面电位梯度、导线分裂数、子导线直径、导线对地距离等有关。

对于线路涉及的声环境敏感目标（居民房屋、学校、医院等对噪声敏感的建筑物），一般按声环境敏感目标所处声环境功能区对应执行《声环境质量标准》（GB 3096—2008）中相应类别的标准。输电线路的噪声一般按照 HJ 24—2014 的规定采用类比监测方法来进行预测，对于达到起晕条件的高压线路也可采用中国电科院提出的 CEPRI 预测公式、美国 BPA 预测公式等进行预测。

为减少输电线路的声环境影响，一般采取避让、导线设计优化、导线制造和安装工艺优化等措施。设计选线时避让对声环境质量要求较高的区域，并合理选择导线分裂数、对地距离，在加工及安装过程中避免毛刺和损伤，并对导线紧固件进行加固。

（三）生态环境保护

电网工程的生态环境影响要素主要包括植被、动物、土地类型、表层土壤，涉及生态敏感区时，还包括生物多样性、生态系统完整性等。

输电线路的生态环境影响主要集中在施工期，表现为对塔基周围植被破坏、临时占地扰动等方面。单个塔基施工周期较短，不会对生态系统和环境产生明显的影响，通常可以在施工结束后恢复，并且输电线路占地为点位间隔式，不会造成生境阻隔。

一般可参照《环境影响评价技术导则　生态影响》（HJ 19—2011）推荐的常用方法（如景观生态学法、指数法与综合指数法、类比分析法、生物多样性评价等）来预测输电线路的生态影响。

为减少输电线路对生态环境的影响，应遵循避让→减缓→补偿→重建的原则，从植被、动物和土地生态方面采取保护措施，涉及生态敏感区时，还应针对该敏感区的保护对象采取相应的生态环境保护措施。线路选线时应优先避让生态敏感区（禁止进入自然保护区核心区和缓冲区、世界自然和文化遗产地、风景名胜区核心景区）和饮用水水源保护区（禁止进入水源一级保护区），对于确实无法避让的生态敏感区和水源保护区，应采取"无害化"穿越方式并满足主管部门管理要求，涉及生态保护红线的，应进行不可避让论证。

在植物保护方面，应尽量避让国家重点保护植物、当地特有植物、古树名木，无法避让的应采取高跨、围栏、移栽等保护措施；应尽量避让林木密集区，对未能避让的林区应采用高跨的方式通过，并采用无人机架线等先进施工工艺，避免砍伐通道；临时占地区域施工完毕后应及时清理并恢复植被，减少对植被的影响。

在动物保护方面，应尽量避开野生动物集中活动区、迁徙通道，施工时严格限制施工人员和运输车辆活动区域，尽可能减少爆破，避免惊扰野生动物；合理规划协调施工季节与时间，尽量避开野生动物繁殖期、迁徙期及觅食时段。

在土地生态保护方面，线路设计应采用高低腿铁塔、改良型基础等，尽量减少占地和土方开挖，在林地、耕地较为集中分布的区域施工前，应对表层土和下层土分开堆放，施工结束后将表土回填至场地表层，利于植被恢复。坡度较大的施工区域，应在坡脚处设置挡土墙，避免溜渣和水土流失。施工结束后，应及时进行土地整治及植被恢复。

（四）其他环境影响控制

输电线路仅在施工期产生废水、废气及固体废弃物。

施工期废水包括施工产生的泥浆水、冲洗废水和施工人员的生活污水。线路施工现场一般设有泥浆沉淀池，泥浆水、冲洗废水经沉淀后回用。施工人员的生活污水通过简易化粪池收集后清运，或是纳入施工地区当地已有生活污水处理系统。冲洗废水和生活污水均不得直接排入天然水体。应避免在水中立塔，确实难以避让而需在水体内施工时，应设置施工围堰，确保施工废水、弃渣等不进入水体，并应在施工完成后及时拆除围堰并外运。另外，还应根据设计规程要求控制线路对水面的净空距离、塔基对水体的距离；施工营地、牵张场地应设置在水源保护区范围外，禁止施工垃圾、生活垃圾等固体废弃物入水体；施工作业区应采取围挡措施，并对临时堆土采取苫盖措施等。

施工期对大气环境的影响主要为扬尘和设备尾气。塔基施工过程中开挖的土方应用编制袋装好，堆放在塔腿周围。施工现场的物料应集中堆放，并采取苫盖措施。遇干燥大风天气，应及时对施工场地进行洒水抑尘。

施工期固体废弃物主要为少量弃土弃渣和生活垃圾。弃土弃渣应集中堆放，并由施工单位及时转运至指定的消纳场。生活垃圾通过垃圾箱收集后，委托环卫部门进行清运，严禁随意丢弃。

输电线路的典型环境保护措施见图 8-1～图 8-8。

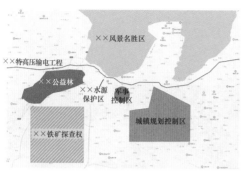

图8-1 输电线路避让生态敏感区

图8-2 输电线路高跨林区

图8-3 无人机架线

图8-4 丘陵地区输电线路采用高低腿塔基

图8-5 移动式泥浆沉淀池

图8-6 垃圾收集箱

图 8-7　表土苫盖　　　　　　　图 8-8　施工道路铺设钢板

（五）绿色线路建设

为了建设"资源节约型、环境友好型"的绿色线路，除了采取上述环保措施外，国家电网公司还采取了节能、节地、节约材料等措施，努力建设绿色输电线路。

在节能方面，全面推广应用钢芯高导电率铝绞线、铝合金芯高导电率铝绞线、中强度铝合金绞线等节能导线，降低输电线路电阻损耗；利用节能金具替代传统铸铁类金具，减少金具感应损耗；采用新型节能线夹、防振锤，耐张段一点接地方式，进一步减少损耗、节约能源。

在节地方面，应用同塔双回路（多回路）技术，提高线路单位走廊输送容量，同比节约走廊宽度 50%～75%。同时创新优化线路杆塔设计，积极采用钢管塔，减少塔基占地，节约土地资源。

在节约材料方面，积极推广应用高强钢（Q420、Q460）材料，与普通角钢相比，可节约钢材用量 6%～8%；采用同塔双回路（多回路）塔也取得了可观的节材效果。

三、变电站和换流站环保要点和措施

（一）电磁影响控制要点和措施

变电站的作用是将电能升压或降压后输送到电网中，站内的主要设备包括主变压器、高压电抗器、低压无功补偿装置等，其电磁影响评价因子主要为工频电场、工频磁场。变电站外工频电场、工频磁场的大小与分布主要与带电构架或进出线的位置有关。

根据 GB 8702—2014，以 4000V/m 作为工频电场强度公众曝露控制限值，以 100μT 作为工频磁感应强度公众曝露控制限值。

换流站的作用是通过换流阀将电能在交流和直流两种形式间转换,使电能符合输送或使用的要求,站内的主要设备包括换流阀、换流变压器、平波电抗器、交直流滤波器和交流无功补偿装置等。由于站内同时有交流设备和直流设备,其电磁影响评价因子主要为工频电场、工频磁场及合成电场。

根据 GB 39220—2020,合成电场强度公众曝露 E_{95} 的限值为 25kV/m,且 E_{80} 的限值为 15kV/m。

变电站和换流站产生的工频电场、工频磁场、地面合成电场主要存在于电气设备附近,电场受围墙、站内建筑等构建筑的屏蔽作用明显,而磁场随距离的衰减非常迅速,因此变电站和换流站围墙外除进出线下方以外,工频电场、工频磁场、地面合成场强均较小。参照 HJ 24—2014 要求,变电站和换流站采用类比分析方法来预测其电磁影响。

为减小电磁环境的影响,变电站和换流站选址时应尽量远离居民密集区、学校等电磁环境敏感目标;站内在设备选型时,应尽量选用电磁环境影响水平低的设备;合理布置站区总平面,主变压器、换流变压器、高压电抗器等主要设备应尽量布置在站区中央区域。

（二）噪声控制要点和措施

变电站运行时产生的噪声,既包括主变压器、电抗器等电气设备本体振动产生的噪声,也包括冷却风扇等产生的空气动力噪声,还包括站内带电设备因电晕放电而产生的噪声。变电站对站外声环境的影响以中低频噪声为主,衰减较慢。影响程度主要与主变压器、电抗器等主要噪声设备的源强、数量、分布,站内降噪措施设置及站外地形情况等有关,环境影响评价因子为昼间、夜间等效连续 A 声级。

换流站运行时也会产生噪声,既包括换流变压器、平波电抗器、直流滤波器、交流滤波器等电气设备本体产生的噪声,也包括冷却风扇等产生的空气动力噪声、站内带电设备因电晕放电而产生的噪声。换流站的噪声设备一般比变电站更多,对站外声环境的影响也以中低频噪声为主,衰减较慢。与变电站噪声类似,其影响程度主要与上述主要噪声设备的源强、数量、分布,站内降噪措施设置及站外地形情况等有关,环境影响评价因子为昼间、夜间等效连续 A 声级。

变电站和换流站厂界噪声排放一般按照工业生产区或居住商业工业混杂区执行《工业企业厂界环境噪声排放标准》（GB 12348—2008）相应类别的标准,周边声环境敏感目标按所处声环境功能区执行 GB 3096—2008 相应类别的标准。变电站和换流站的声环境影响采用《环境影响评价技术导则 声环境》（HJ 2.4—2009）的工业声环境影响预测计算模式来预测。

为减小声环境的影响,变电站和换流站选址时应尽量远离居民密集区、学校等声环境敏感目标;在设备选型时,通过设备招标优先采用低噪声设备,确保厂界噪声排放和周边声环境敏感目标分别满足 GB 12348—2008 和 GB 3096—2008 要求；站区进行总平面布置优化，将主变压器、换流变压器、高压电抗器、平波电抗器等主要声源设备尽量布置在站区中央区域或远离站外声环境敏感目标侧的区域，必要时应采取隔声、吸声、消声、减振等降噪措施。隔声罩和隔声屏障是目前最常采用的降噪措施，其中，隔声罩常见的类型有活动密封型、固定密封型、局部开蔽型等，隔声屏障常见的类型有砖混结构型、钢板结构型等。

（三）水环境保护要点和措施

在变电站和换流站运行期，站内工作人员会产生生活污水；换流站采用水冷方式时，换流阀冷却系统会产生阀冷却水排水，阀冷却水排水为"清净下水"，不属于污水，不会对周边地表水环境产生不良影响。

变电站和换流站内雨水和生活污水应采取分流制；根据周边水环境质量及排放标准要求，站内应设置合适的生活污水处理设施；站内生活污水经处理后根据实际情况，采用纳管、站内回用、定期清运或外排方式处置，外排时应满足受纳水体水环境功能相关要求；换流站内阀冷却水排水根据实际情况，采用纳管、蒸发池或外排方式处置，外排时应满足受纳水体水环境功能相关要求。

（四）固废处置要点和措施

变电站和换流站运行期间，站内工作人员会产生生活垃圾；站内设备检修时可能会产生蓄电池等废弃零部件。变电站和换流站站内应专门设置生活垃圾收集箱，用于收集运行管理人员产生的生活垃圾，由环卫部门定期清运；站内产生的废弃蓄电池等废弃零部件应交由具有相关危废处置资质的专业单位统一回收处理，严禁随意丢弃。

（五）环境风险控制要点和措施

变电站和换流站内主变压器、高压电抗器、换流变压器等电气设备为了绝缘和冷却的需要，其外壳内装有变压器油。这些含油电气设备在正常情况下不会发生漏油或泄油现象，当发生事故时可能会产生漏油或泄油，为避免此时废油污染环境，变电站内应设置事故油排蓄系统，包括事故油坑、排油槽和事故油池；事故油池的容量应按其接入的油量最大的一台设备确定。事故油排蓄系统应采用抗渗等级较高的混凝土建造，一旦设备发生事故时排油或漏油，事故油经事故油坑、排油槽进入事故油池后，应由具备资质的单位进行回收处置，不外排。

（六）生态环境保护要点和措施

变电站和换流站施工期生态影响主要来自临时占地、土石方开挖等，运行期生态影响主要来自站区永久占地。施工期的临时占地扰动会随着施工结束而消除；运行期的永久占地不会造成生境阻隔，不会对生态系统结构和功能产生明显不利影响。一般参照 HJ 19—2011 中推荐的常用方法来预测变电站和换流站的生态影响。

变电站和换流站的生态环境保护措施与输电线路工程类似。变电站和换流站的典型环境保护措施见图8-9～图8-18。

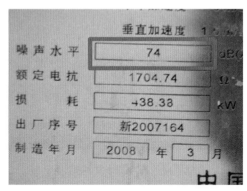

图8-9 变电站低噪声设备

图8-10 变电站高压电抗器Box-in（隔声罩）

图8-11 换流站换流变压器Box-in（隔声罩）

图8-12 变电站隔声屏障

图8-13 站区围墙加高

图8-14 站外临时占地恢复

图 8-15　生活污水处理设施

图 8-16　阀冷却水排水蒸发池

图 8-17　垃圾收集箱

图 8-18　事故油池

（七）绿色变电站和换流站建设

为了建设"资源节约型、环境友好型"的绿色变电站、换流站，除了采取上述环保措施，国家电网公司还采取了节能、节地、节水、节约材料等措施，努力建设绿色变电站、换流站。

在节能方面，对于站内主要电气设备，优先选用节能变压器、电抗器、电容器、照明灯具等节能型设备；同时，优化设计方案，有效降低站内的采暖、空调能耗，在一些变电工程中采用地源热泵等设备，充分利用可再生能源，全方位多角度实现节能降耗目标。

在节地方面，全面推广变电站、换流站通用设计，突出工业化设施定位，推行全寿命周期最优设计，通过设计优化、技术集成，明显减少了占地面积和建筑面积，节约了土地资源。

在节水方面，全力推进变电站、换流站建筑物节水技术应用，合理控制运行期用水量；探索利用雨水调蓄设备为站区供水，实现水资源的回收与循环利用；大力发展无人值守变电站，减少水资源消耗；施工期阶段通过装配式建设技术，减少施工现场用水。

在节约材料方面，通过设计优化，减少站内光缆、电缆长度20%～25%，每站平均减少电缆铜材约8.9t。大力推进站内蓄电池的升级换代，利用充放电循环次数更多、使用寿命更长、对环境更友好并且性能稳定的磷酸铁锂蓄电池等新型蓄电池为站内提供应急电源。

四、接地极环保要点和措施

接地极主要用于将直流系统中的不平衡电流导入大地，以大地作为直流系统的一根导线，保证直流系统的持续稳定运行。接地极的主要设备包括馈电元件、活性填充材料、导流系统、电流互感器等。

接地极设计电压一般为35kV，根据规定可免于环评管理，主要关注其生态环境影响。选址应尽量避让特殊生态敏感区、重要生态敏感区、生态保护红线等区域。应合理设计接地极极环，减少土地占用。尽量考虑不同换流站共用接地极极址。在施工阶段，加强施工管理，合理安排工期和施工区域，尽量避免在雨季或是农耕期间进行施工。施工结束后应及时进行复耕或是植被恢复，恢复土地原有使用功能，接地极极址区域绿化恢复见图8-19。

图8-19　接地极极址区域绿化恢复

第三节 水 土 保 持

一、电网工程特性对水土保持的影响

电网工程占地包括永久占地和临时占地，其中永久占地会改变原有土地功能，临时占地在施工结束后即可恢复，但在工程建设过程中可能会对占地范围内的地表造成不同程度的扰动，从而产生一定程度的水土流失。电网工程水土流失重点区域主要分布在变电站或换流站站区及输电线路沿线塔基处，对输电线路而言，处于山丘区的塔位更易产生水土流失。

与 500kV 超高压交流工程相比，特高压工程占地面积更大，特高压交流变电站占地面积约为 500kV 变电站的 3 倍，特高压直流换流站占地面积约为 500kV 变电站的 5 倍，特高压交直流线路塔基根开占地面积约为 500kV 线路的 3 倍，由此带来的土石方开挖量更大，地表裸露周期更长，水土流失隐患也更大。此外，特高压工程线路路径更长，更容易经过山丘区域并穿越水土流失重点预防区、重点治理区及其他水土保持敏感区，水土流失防治的标准和要求也更高。

党的十八大将生态文明纳入"五位一体"中国特色社会主义总体布局，同时国家也新修订出台了《生产建设项目水土保持监督管理办法》（办水保〔2019〕172号）、《生产建设项目水土流失防治标准》（GB/T 50434—2018）等，强化了建设单位水土保持主体责任，提高了水土流失防治要求，加强了水土保持事中事后监管，给电网工程的水土保持管控也带来前所未有的压力和挑战。为尽可能降低水土流失影响，电网工程各参建单位均需深入践行"绿水青山就是金山银山"的理念，严格全过程水土保持管控，全面落实水土保持措施，综合防治水土流失，将电网工程水土流失影响降到最低。

二、输电线路水保要点和措施

（一）水保工作原则及标准

电网工程水保工作应贯彻"预防为主、保护优先、全面规划、综合治理、因地制宜、突出重点、科学管理、注重效益"的原则，根据工程各区域的占地类型及面积、开挖扰动方式、水土流失量预测及土地后续利用方向，有针对性地设计工程措施、植物措施和临时措施并全面落实。

对输电线路而言，根据各部位扰动强度、水土流失程度及施工布置情况，一般划分为塔基区、牵张场区、跨越场区及施工道路区。水土流失预测时，依据《生产建设项目土壤流失量测算导则》（SL773—2018），以各分区为预测单元，根据各分区土壤流失类型预测水土流失量。其中，塔基区一般为水土流失最大部位。水保措施设计应满足六项水土流失指标要求，即水土流失治理度、土壤流失控制比、渣土防护率、表土保护率、林草植被恢复率、林草覆盖率。具体设计方案和标准值应符合《生产建设项目水土保持技术标准》（GB 50433—2018）、《生产建设项目水土流失防治标准》（GB/T 50434—2018）和《水土保持工程设计规范》（GB 51018—2014）等标准要求。

（二）塔基区水土保持

线路塔基应根据地形地质条件，在保证安全的前提下尽可能采取高低腿设计、原状土基础等地表扰动少的工程设计，以减少开挖扰动面积，从源头减少水土流失。

塔基区包括永久占地和临时占地，施工前应在场地周边设置彩条旗围护，限制施工机械和人员活动范围以控制人为扰动面积，施工时将开挖区域可剥离表土剥离后集中堆放在施工场地，并与基础开挖的土方一并按生熟土分区采取编织袋等方式装土拦挡、密目网苫盖措施，施工裸露场地临时铺设彩条布或密目网。

塔基根据所处地形及上坡侧来水情况，设置截（排）水沟（含散水消能措施），坡面采取浆砌石护坡、植草护坡或工程和植物相结合的综合护坡措施。对于平地及缓丘区，基础余土在塔基范围内就地摊平；对于地形较陡区的基础余土外运综合利用于异地回填、道路垫土、造地等，无法外运综合利用时按"先拦后弃"原则在塔基下坡侧修建浆砌石挡渣墙进行拦挡处置。

对于采用灌注桩基础的塔基，在施工场地布设泥浆沉淀池。

施工结束后各扰动区应及时清理场地做到"工完料尽场地清"，并进行土地整治、回覆表土、撒播草籽、栽植乔灌木，恢复植被或耕地。

当线路经过海拔较高、气候严寒的高原草甸地区时，施工时需剥离草皮，施工过程中加强草皮养护，完工后及时回铺草皮。在易受风沙危害的区域应布设防风固沙措施，包括沙障及其配套固沙植物、砾石或碎石压盖等，砾石可就地利用基础施工多余的石材。

（三）牵张场区与跨越场区水土保持

牵张场区与跨越场区施工前也应在场地周边设置彩条旗围护，限制施工机械和人员活动范围以控制人为扰动面积。

牵张场区可采取铺设彩条布、棕垫、钢板等临时防护措施。施工结束后及时进行土地整治、恢复植被或耕地。

跨越场区扰动较轻，但仍需在施工结束后进行土地整治、恢复植被或耕地。部分工程采取索道运输，可参照跨越场区进行防治。

（四）施工道路区水土保持

施工道路区施工前也应在场地周边设置彩条旗围护，限制施工机械和人员活动范围以控制人为扰动面积。

施工道路区对于开挖扰动较大的路段，在施工前对挖填区可剥离表土进行剥离、集中堆放，并对剥离的表土采取编织袋等方式装土拦挡、密目网苫盖措施，临时堆土铺垫彩条布。对于扰动较小的路段可采取临时铺垫等措施进行防护。对于道路上坡侧有汇水的，在汇水侧设置临时排水沟。施工结束后对施工道路进行土地整治、恢复植被或耕地。

输电线路主要水土保持措施见图 8-20～图 8-31。

图 8-20　塔基施工过程中开挖面临时覆盖

图 8-21　塔基施工过程中堆土临时防护

图 8-22　塔基施工道路临时铺垫及
彩条旗围护

图 8-23　塔基施工过程中临时苫盖及
彩条旗围护

图 8-24　塔基施工过程中临时苫盖

图 8-25　塔基施工过程中临时苫盖及
临时铺垫

图 8-26　塔基排水沟

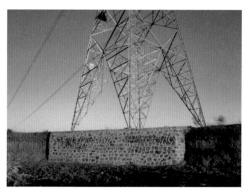

图 8-27　塔基挡土墙

图 8-28　塔基施工区石方格沙障

图 8-29　塔基施工区草方格沙障

图8-30　塔基区植被恢复

图8-31　塔基施工场地耕地恢复

三、变电站和换流站水保要点和措施

1. 水保工作原则及标准

变电站、换流站为点式工程，占地和土石方量巨大，是电网工程水土流失防治的重点。根据项目组成、各部位扰动强度和施工布置情况，变电站、换流站工程水土流失防治分区一般划分为站区、进站道路区、站外供排水管线区、施工生产生活区及站外电源区。少量变电站、换流站涉及弃土场区。变电站、换流站工程水土流失最大部位在站区。各分区水保工作原则及标准与输电线路的要求相同。

2. 站区水土保持

为落实预防为主的方针，变电站和换流站各防治分区均应在场地周边设置彩条旗围护限制施工机械和人员活动范围以控制人为扰动面积。

在工程施工时将可剥离表土剥离，堆放于各分区空地区或临时堆土区，并按生熟土分区采取编织袋等方式装土拦挡、密目网苫盖措施。在施工完成后及时清理场地做到"工完料尽场地清"以利于表土回覆及植被恢复。

站区修建临时排水沟，排水沟末端修建临时沉沙池。站区内雨水通过站内设置的雨水排水系统排至站外排水管沟或站外渗井蒸发池。对于变电站挖方和填方边坡分别在坡顶（脚）设置浆砌石截（排）水沟，并在排水沟末端设置消能防冲措施，排水沟需顺接站外排水沟道。

站区挖填方坡面较大时，采取阶梯放坡，并采取浆砌片石骨架植草护坡、植基毯护面等生态护坡。填方边坡采用浆砌石重力式挡土墙并自然放坡的方式。当站址受洪水影响时，在来水方向布设浆砌石截洪沟连接站外排水沟道，截洪沟末端布设消能措施。

施工结束后及时对配电装置区、设备区空地及站前区铺设碎石、草皮或栽植低矮灌木等防治水土流失。

3. 进站道路区水土保持

站区进站道路挖填方边坡采取浆砌片石方格骨架植草防护或混凝土防护,边坡坡顶(脚)布设浆砌石截(排)水沟,截(排)水沟末端与自然沟道顺接出口段布设八字口消能散水措施。道路两侧根据路肩宽度可栽植低矮灌木。

4. 站外供排水管线区水土保持

站外供排水管线区开挖堆土应采取分层堆放的方式,表层熟土在下,里层生土在上。待管线铺设完毕后,按堆放顺序依次回填,先填生土,后填熟土。对于临时堆土采取防尘网苦盖,坡脚采用编织袋等方式装土进行拦挡。工程完工后及时进行土地整治,恢复植被或耕地。站外排水沟末端修建消力池,在排水管与自然沟道衔接处采取浆砌石砌护。

5. 弃土场区水土保持

站区与周边站区进站道路、站外供排水管线可一并考虑土石方平衡,余土以异地回填、道路垫土、造地等综合利用方式为主进行消纳并落实相应水土流失防治责任。站区设置弃土场区的,应先拦后弃,设置必要的挡土墙、截(排)水沟,并及时覆土恢复植被或耕地。

6. 施工生产生活区水土保持

施工生产生活区场地内修建临时排水沟,末端修建临时沉沙池。对于存在挖填方边坡的,分别在坡顶(脚)设置浆砌石截(排)水沟,排水沟末端布设消力池。边坡采用浆砌片石骨架植草护坡、植基毯护面等生态护坡。施工结束后,及时进行土地整治,回覆表土,恢复植被或耕地。

7. 站外电源区水土保持

变电站和换流站主要水保措施见图8-32～图8-44。

图 8-32 站外表土堆放场地密目网覆盖

图 8－33　站区临时苫盖

图 8－34　站区雨水排水管线

图 8－35　换流站挡土墙　　　　　图 8－36　变电站边坡防护

图 8-37 变电站截排水沟

图 8-38 换流站构架区绿化

图 8-39 变电站办公区绿化

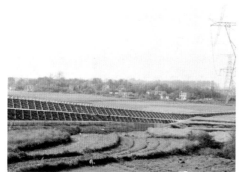

图 8-40 进站道路边坡防护

图8-41　进站道路植物骨架护坡

图8-42　进站道路两侧绿化

图8-43　站区碎石覆盖

图8-44　站区透水砖

四、接地极水保要点和措施

1. 水保工作原则及标准

根据项目组成、各部位扰动强度及施工布置情况，接地极工程水土流失防治分区一般划分为电极电缆区、汇流装置区、检修道路区及站用外接电源区等防治分区。接地极工程水土流失最大部位在电极电缆区。各分区水保工作原则及标准与输电线路的要求相同。

2. 电极电缆区水土保持

接地极各防治分区均应在场地周边设置彩条旗围护限制施工机械和人员活动范围以控制人为扰动面积。

电极电缆区开挖量大，一般均涉及耕地，需加强表土保护，开挖堆土采取分层堆放的方式，表层熟土在下，里层生土在上，或者生熟土分区堆放。待电极电缆铺装完毕后，按堆放顺序依次回填，先填生土，后填熟土。对于临时堆土采取防尘网苫盖，坡脚采用编织袋等方式装土进行拦挡。工程完工后及时清理场地，做到"工完料尽场地清"，并进行土地整治，恢复耕地或植被。

3. 汇流装置区水土保持

汇流装置区施工前根据其占地类型及占地面积，剥离可剥离的表土集中堆放，并对剥离的表土采取密目网苫盖措施，施工结束后及时进行土地整治，回覆表土，恢复耕地或植被。空地区采取碎石铺设或草皮铺设等措施。

4. 检修道路区水土保持

检修道路区一般为永久道路，剥离的表土可全部回覆至汇流装置区或电极电缆区。道路挖填方边坡采取浆砌片石方格骨架植草防护或混凝土防护，边坡坡顶（脚）布设浆砌石截（排）水沟，截（排）水沟末端与自然沟道顺接出口段布设八字口消能散水措施。接地极施工区植被恢复见图 8－45，接地极检修道路施工过程中土地整治见图 8－46。

图 8－45 接地极施工区植被恢复

图 8－46 接地极检修道路施工过程中土地整治

第四节 管理与技术创新

一、管理创新

（一）全过程环水保管理

电网工程线路路径长、参建单位多、工作链条长，环水保管理内容千丝万缕、点多面广，国家电网公司打破块块壁垒，创新提出"全过程环水保管理"这一核心理念，实现环水保管理的全面化、体系化、科学化、规范化，切实保障电网绿色高质量发展。特高压及直流工程明确将环水保管理纳入主体工程建设管理，率先在工程初步设计批文中专门开展环水保评价，深入开展环评水保方案编制、工程设计、施工、验收等关键环节管控，成效显著。

环评水保专题评估与设计深度融合，重点解决常规工程中易产生的环评水保与设计脱节的问题。建立环评水保专题评估与可研设计、初步设计、施工图设计的融合机制，在可研初设一体化的基础上，全面贯彻环水保理念，环评水保工作与可研设计同步启动，统一环水保相关原则、目标，环评水保单位参与可研选址选线工作，并针对设计方案中是否存在环水保颠覆性因素、环水保措施是否依法合规提出复核意见，设计单位依据复核意见完善设计方案。建设单位组织开展环评水保内审把关，设计单位同步参与，确保环评水保方案和设计方案中提出的措施保持一致，且科学可行、经济合理。施工图阶段开展环水保"一塔一设计"，并依据环评水保方案及批复开展重大变动复核，确保环水保要求逐塔逐基落实。

主体施工与环水保施工深度融合，重点解决环水保措施现场实施打折扣的问题。将环水保施工管理纳入主体工程施工管理体系，重视环水保设计交底和环水保培训工作，提升施工人员的环水保理念；深化细化环水保施工组织设计，在主体工程进度管理中明确各项环水保措施落实时间节点；同时充分发挥环境监理、水保监理单位的第三方监督作用，结合特高压工程实际，采用"专业环水保监理技术牵头、主体工程监理现场支撑"的方式，依据环水保批复及专项设计文件，定期开展环水保专项巡查，排查现场环水保问题，全面提升环水保监理效能；依托环水保监测单位的监测成果，组织各建设管理单位开展水保监测"绿黄红"三色评价的实施和公示，进行对标管理，约束和规范施工行为，带动绿色理念的提升，促进环水保措施全面落实。

主体验收与环水保专项验收深度融合，重点解决反复进场整改导致久拖不验的问题。在主体工程施工准备阶段及时确定环水保验收服务单位，在施工阶段提前介入现场问题排查，为顺利通过验收创造条件；在主体工程质量检查、专项检查、转序验收等环节，将环保水保措施落实情况纳入检查和验收范围，定期发布问题清单，及时组织整改闭环，与主体工程同步消缺，特别是要与主体工程同步完成水保设施质量验收评定资料，为水保专项验收奠定基础；通过"周视频沟通、月度评价汇总、季度巡查复核"机制，深化验收服务单位与一线施工人员的沟通和环水保知识的普及，及时答疑解惑，解决现场实际问题；建立标准化环水保验收程序，通过对验收成果进行内审、委托第三方技术审评和现场核查、组织召开验收会等多个环节层层把关，全面落实建设单位主体责任，确保验收内容不缺项、验收标准不降低、验收结果经得起监督。

近年来的电网工程实践表明，全过程环水保管理是助力电网工程绿色发展的奠基石和推进器。多项工程获得生态环境部、水利部高度认可，如青藏电力联网工程荣获环保领域内最高奖项——中华环境奖生态保护大奖，也被水利部评为"国家水土保持生态文明工程"；向家坝—上海±800kV 特高压直流输电工程荣获"全国生产建设项目水土保持示范工程"称号，"环境友好、绿色引领"已成为特高压名片中不可或缺的一道亮丽底色。

（二）率先开展环水保"一塔一设计"施工招标

环水保"一塔一设计"可充分解决环评水保专题评估与设计脱节的问题，但如何进一步落实好环水保设计与施工的衔接，也是常规环水保管理中容易忽略的内容。为贯彻习近平生态文明思想、践行"绿水青山就是金山银山"，国家电网公司结合特高压线路工程建设特点和环境保护与水土保持实际需要，创新管理手段，率先开展了环水保"一塔一设计"施工招标，这一举措确保了环水保措施的费用来源，规范了环水保措施、余土处理等施工工程量计列原则和环水保相关施工费用类别，为各项措施的实施奠定了坚实的基础，全面提高了国家电网公司环水保管理水平，同时为今后输变电工程建设起到了示范作用。

工程环水保施工"一塔一设计"招标与工程本体施工招标同时进行。招标内容包括技术规范书、施工招标工程量清单、相关设计图纸及资料等。施工招标工程量清单编制前，设计单位需编写完成各施工标段的《环境保护措施专项设计》《水土保持措施专项设计》《水土保持措施一塔一图》，统计环保、水保措施工程量。

招标的环水保工作内容包括：

（1）环境保护（水环境保护措施、大气环境保护措施、声环境保护措施、固体废弃物处置措施、土壤环境保护措施和生态环境保护措施）等相关环保施工、验收、移交归档工作。

（2）水土保持（工程措施、临时措施、植物措施、余土处理）等相关水保施工、验收、归档移交工作。

（3）余土处理相关协议办理。

（4）配合中间检查、竣工（预）验收、竣工环境保护验收及水土保持设施验收。

对位于山地的环境敏感区、生态脆弱区应考虑索道运输方案，根据采取索道运输方案后的施工费用变化情况，一般以索道运输措施补偿费形式列入工程量清单。此外，施工招标中可对环境敏感区、生态脆弱区、山丘区计列卫星遥感或无人机环水保监控的相关费用，用以支持技术支撑单位、建设管理单位、监理单位的日常巡视检查。

（三）率先开展数字化环水保现场管控

特高压工程路径长、点位多的特点，决定了常规的环水保管理手段已难以满足新时代工程环水保现场建管的需要，国家电网公司积极借鉴生态环境部和水利部的"天地一体化"监管新模式，结合特高压输变电工程环水保监管重点、难点，首次推行了数字化环水保现场管控，即"卫星遥感普查＋无人机详查＋倾斜摄影＋人工抽查"，全面提升了工程全过程环水保管理水平。

与常规的依靠人力开展环水保现场监管相比，遥感技术具有探测范围大、获取资料速度快、周期短、受地面条件限制少等优势，可以探测特高压输电线路工程整体状况，精确测量各类面积数据；无人机技术具有航摄清晰度高，快速高效、机动灵活等特点，互联网技术具有实时动态交互传输等特点，可以全方位立体化地掌握工程施工环水保状况，使环水保工作以传统人工事后管理为主转化为以智能事中监管为主，最终达到减员增效的目的。

数字化环水保现场管控已在张北—雄安特高压交流工程、青海—河南±800kV特高压直流输电工程、雅中—江西±800kV特高压直流输电工程、山东—河北环网特高压交流工程等工程建设过程中成功应用，取得显著成效。利用遥感影像进行解译，全面宏观掌握开工前本底情况，及时识别出施工过程中的各类环水保信息，结合环境影响报告书和水土保持方案等设计资料，重点分析线路变更，环境敏感区位置关系，塔基扰动范围，溜坡溜渣情况，牵张场、跨越场、施工道路等临时占地施工扰动及恢复，电网通道拆迁迹地恢复等情况，及时全面掌握工程施工过程中环境破坏、水土流失及防治情况。

基于卫星遥感普查，在大范围区域，快速、高效地发现地面情况，并初步定位存在环水保隐患的区域，为无人机详查提供重点核查方向。卫星遥感普查是工程开展"天地一体化"监管的重要组成部分，也是监管主要技术路线的第一步。

在卫星遥感普查的基础上，对遥感核查发现工程存在环水保问题和隐患的区域及易发生水土流失的山丘区，利用无人机进行现场详查，并结合工程水土保持方案及其批复文件，重点核查施工是否存在扰动面积超标、溜坡溜渣，以及塔基区水土保持措施的落实情况。

无人机详查弥补了卫星遥感空间分辨率的不足，可对遥感技术无法清晰识别的截（排）水沟、临时拦挡、边坡防护等尺度较小的地物提供重要补充。无人机详查是"天地一体化"监管技术的关键组成部分，与卫星遥感普查二者相辅相成。

现场核查是针对经由卫星遥感普查与无人机详查确定的水土保持重点监管及核查区域，派遣专业环水保人员对施工现场进行现场核验，对卫星遥感普查与无人机详查发现的水土流失及隐患进行进一步确认，并就有关问题提出有针对性且切实可行的整改建议。

将以上监管数据通过互联网实时传输至基于 PC 端的国网交流公司环水保监管平台，实现基于空间地理信息、遥感核查成果、环水保文件等多源数据的输变电工程现场管控体系，以问题为导向及时解决问题，进行整改闭环。

结果表明，"天地一体化"监管技术相对于传统监管方式具有技术先进性和业务前瞻性，不仅能够对输变电工程进行全面调查，解决由于工程塔基数量多、涉及地貌复杂而造成的环水保监管信息缺失的问题，而且可从遥感核查确定的重点区域，进行有针对性的无人机和人工现场核查，三者相辅相成，优势互补，从而实现施工现场水土保持问题高效、精准、及时、无死角监管，在减员增效同时，达到减少水土流失、保护生态环境目的。

特高压是中央部署的"新基建"重要领域之一，国家电网公司明确加快特高压工程项目建设，"天地一体化""互联网＋"等技术仍在不断迭代升级，数字化环水保现场管控将在特高压建设环水保工作中发挥更加强劲的作用。

二、技术创新

我国电网环保技术自三峡输变电工程建设以来，得到了飞速的发展。

三峡输变电工程成功解决了三峡电站 500kV 输电线路跨越永久船闸时对路过船舶的通信干扰和工频电场安全问题；研究了超高压等级换流站与变电站电磁骚扰源的强度和特性，解决了保护小室下放问题；也研究了高压、超高压输电线路同塔多回、紧凑型输电线路的电磁环境和噪声问题，并提出了相应的导线选择和相序、对地高度等控制方法。

经过多年研究与实践，我国已较好地解决了超高压电网电磁环境和噪声问题。特高压工程电压等级高、运行电流大、送电距离远，电磁环境更加复杂，控制更为困难。为此，我国从确定电磁环境影响因子的限值标准到合理的线路设计、变电站噪声控制等方面，开展了大量的技术研究。制定了优于国际推荐值的电磁环境限值，研发了先进的交、直流电磁环境测量装置，提出了准确的特高压线路电磁环境和噪声预测方法、变电站新型噪声抑制技术和装置，有力地保证了特高压工程的环境友好。

（一）特高压工程电磁环境控制

高压交流工程的电磁环境影响包括工频电场、磁场，高压直流工程电磁环境主要关注地面合成电场。所有这些影响因子都与运行电压、电流密切相关。特高压工程电压等级达到百万伏级，电流达到数千安培，输送距离长达上千千米。这些特点导致线路导体表面及附近空间的电场强度明显增大，长距离送电面临着线路与居民生产、生活区邻近的概率大大增加，电网面临更大的投诉风险；长距离跨越不同海拔地区意味着线路面临着导体表面状况、周围气象条件的复杂随机变化，使得线路导体电晕放电情况更加复杂，带来的电磁环境也更复杂。特高压工程线路导线截面大小、导线间距、杆塔高度、相序排列方式等设计要素，主要由地面场强限制和导线电晕特性要求来确定，制定科学合理的电磁环境限值，并采取经济有效的限制措施，是关系到特高压工程经济性和环境友好性的关键技术问题。

1. 特高压工程电磁环境限值

国家电网公司高度重视特高压工程的电磁环境问题，从 2003 年开始，就组织有关科研、设计单位及高等院校，对工程的电磁环境限值进行系统研究。在参考国内超高压系统电磁环境限值，以及美国、法国等国际研究成果的基础上，我国制定了交流特高压系统以及 ±800kV 直流输电线路的电磁环境限值要求。在民房处，工频电场、磁场限值分别为 4kV/m、100μT，优于世界卫生组织（WHO）推荐的国际非电离辐射防护委员会（ICNRP）提出的 5kV/m、200μT 限值要求。

2. 特高压工程电磁环境控制方法

（1）特高压交流输变电工程电磁环境控制。为了解决工频电场测量装置受湿度影响产生的较大误差问题，研发了受湿度影响较小的强憎水型复合绝缘支架，开发了基于无线近场通信技术的三轴全向工频场强测量装置（见图 4-47），实现了湿度高达 90%的工频电场准确测量。自主研制了 1000kV 交流电晕笼、电晕测量系统，开展了不同导线型式大量排列组合条件下导线电晕笼试验。开发建设了 5 个可精确界定各种天气模式的电磁环境长期观测站，开展了长达 5 年的连续监测，获得了特高压输电线路电磁环境统计特性，揭示了天气参数对电晕效应的影响规律。提出了我国特高压输电线路电磁环境预测方法，并确定了单、双回输电线路导线参数及相序排列方式。环境保护竣工验收调查显示，特高压工程环境敏感点的电磁环境参数均小于环保限值要求。

从我国第一条特高压交流线路建设开始，就针对输电线路对油气管道、导航台站等外系统的干扰进行了大量研究。通过电磁场传输线复杂互感计算理论分析，结合现场试验，提出了对油气管道的电磁干扰影响并给出了相应的减缓措施；建立了矩量法（MOM）、多层快速多极子（MLFMA）算法及线—面结合的模型，并开展了线路对航空导航系统干扰影响现场真型飞行试验（见图 8-48），制定了特高压线路对短波收信台、对空情报雷达站等台站的防护间距标准。

经过多年大量的研究和工程实践表明，我国特高压单、双回输电线路的电磁环境控制与超高压线路水平相当，同时保证了特高压线路与外系统间良好的电磁兼容性。

（2）直流输电工程电磁环境控制。针对直流合成电场测量，开发了基于旋转电容式合成电场小型化测量探头，研发了多探头同步监测系统（见图 8–49），实现了直流线路合成电场准确测量，在我国全部超特高压直流输电工程环评和竣工验收中应用。针对不同温湿度、风速、空气质量等气象参数对合成电场的影响，与国家生态环境部联合开展了合成电场长期监测研究（见图 8–50），获得了直流合成电场与天气影响因素的关联关系和横向衰减特性。

图 8–47　适应高湿度环境工频
场强测量装置

图 8–48　线路对导航系统干扰影响真型飞行试验

图 8–49　合成电场多探头同步监测系统

图 8–50　直流线路合成电场长期监测

　　针对特高压直流线路电磁环境的分布特性和水平，利用已建成的特高压直流试验线段、特高压直流电晕笼、电磁环境模拟试验场和西藏高海拔试验线段进行了多项试验研究。提出了 ±800、±1100kV 直流线路采用的导线型式、极间距离、对地最小高度等设计指标，已用于目前所有的 ±800kV 和 ±1100kV 直流线路设计。我国特高压直流工程大规模建设面临更高海拔（4000～5000m）条件对电磁环境的影响，国内外对此未研究。通过对北京昌平（海拔 50m）、西藏下察隅（海拔 1700m）、西藏雪卡（海拔 3400m）和西藏羊八井（海拔 4300m）四处直流模拟试验线段的大量长期试验研究，获得了海拔对超、特高压直流线路电磁环境影响规律及预测修正方法，解决了青海—西藏±400kV直流联网工程的导线选型和电磁环境控制问题。

（二）特高压工程噪声控制

1. 线路噪声控制方法

在建设我国第一条1000kV特高压交流同塔双回输电线路时，国外没有实际运行线路的经验可以借鉴。利用特高压交流电晕笼（见图8-51）开展了1~12分裂全系列导线电晕放电试验，揭示了导线表面场强、子导线直径和分裂数等对噪声的影响规律，结合建立的5个特高压输电线路噪声长期观测站，获得了导线电晕噪声等效A声级与8kHz特征频率间的线性对应关系，提出了交流线路大雨条件下的电晕噪声CEPRI计算方法，与美国BPA方法对比，计算偏差减小33%。采用CEPRI计算公式，将我国交流同塔双回输电线路导线由初设的$8 \times 720mm^2$缩小至$8 \times 630mm^2$，既满足了噪声的限值要求，又减小了导线和杆塔尺寸，仅六个特高压双回路工程节支达34.53亿元。

图8-51 特高压交流电晕笼

针对高压直流线路的可听噪声预测问题，传统上一般采用国外的预测公式，而已有的美国EPRI直流线路噪声计算公式只适用于6分裂以下导线，BPA直流线路噪声计算公式计算结果跳动性过大、应用范围较小。利用国家电网公司特高压直流试验基地电晕笼和试验线段，研究得出了适用于导线分裂数8及以下、截面积为$630 \sim 1600mm^2$导线、表面场强18~32kV/cm范围的CEPRI直流线路的可听噪声声压级预测公式，通过与实测数据进行对比，CEPRI预测结果比美国EPRI和BPA预测方法更为准确。

2. 变电站、换流站噪声噪声控制方法

特高压变电站、换流站由于设备体积大、电压高、振动强，噪声影响受到社会的高度关注。针对变电站主要声源源强特性方面，掌握了变压器和电抗器源强的测量和计算方法，获得了特高压变压器和电抗器噪声频谱、分布及衰减特性，提出了特高压变电站噪声计算的变压器和电抗器声源参数，特高压电抗器噪声典型频谱见图 8-52。

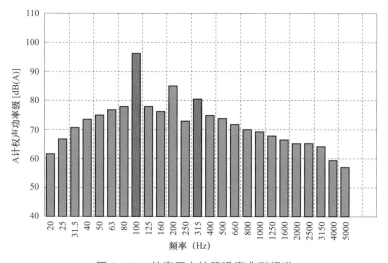

图 8-52　特高压电抗器噪声典型频谱

针对变电站噪声控制技术方面，建立了超/特高压变电站噪声仿真计算模型研究，准确地预测出变电站噪声分布，为变电站噪声设备的布局优化、厂界环境噪声排放控制提供了计算平台。建立了无源降噪材料传声损失特性仿真分析模型，针对变电站设备噪声的频谱特性，设计了无源吸声材料与微穿孔板复合结构、无源层合复合吸声材料，提出了变电站防火墙降噪材料的技术应用方案，为变电站噪声控制提供了技术支撑。系列化降噪产品和模块化降噪方法应用于北京、浙江、湖南等 83 座变电站和 10 座换流站降噪工程中，使噪声从厂界外 200m 处达标提升到厂界直接达标。

依据竣工环境保护验收调查报告，归纳了我国典型特高压变电站、换流站厂界（或控制区边界）噪声水平，见表 8-1。显然，在合理的控制措施下，我国特高压变电站、换流站的厂界（或控制区）的噪声水平均满足批复的相应声功能区要求。

表 8-1　我国典型特高压变电站、换流站厂界（或控制区边界）噪声水平

变电站	昼间〔dB（A）〕	夜间〔dB（A）〕
1000kV 淮南	43.1～53.7	40.4～48.8
1000kV 蒙西	37.3～44.5	36.2～43.6
1000kV 北京西	38.0～40.8	35.2～37.4
1000kV 榆横开关站	38.2～48.0	37.1～47.9
1000kV 济南	39.2～48.5	35.8～43.5
±800kV 锦屏	37.5～48.5	36.1～42.0
±800kV 郑州	37.3～48.8	36.2～46.6
±800kV 湖南	47.1～52.6	42.7～47.3
±800kV 晋北	44.8～50.9	38.6～44.0

（三）电网环境保护国家重点实验室

在多年的电网环境保护科研及工程应用成果的积累下，国家电网公司于 2015 年获批组建电网环境保护国家重点实验室，完善和建成了极低频电磁场生态效应长期观测平台、高海拔电晕笼、噪声试验平台、电磁干扰试验平台、电磁环境仿真与试验平台、新型环保设备试验研究及验证平台、智能巡检装置实验场、电缆成套试验装置、GIL 试验线段、特高压 GIS 变电站电磁骚扰试验平台、特高压 GIL 及套管全工况试验平台。主要开展电网电磁环境特性及影响、噪声特性及控制、电磁干扰特性及防护、新型环保输电技术与设备等技术攻关。

围绕电网电磁环境特性及影响和控制方向，制定了《1000kV 架空输电线路电磁环境控制值》（DL/T 1187—2012）、《±800kV 特高压直流线路电磁环境参数限值》（DL/T 1088—2008）、《±800kV 直流架空输电线路设计规范》（GB 50790—2013）、《直流输电线路和换流站的合成场强与离子流密度的测量方法》（GB/T 37543—2019）等标准，规范了特高压、直流线路的电磁环境要求及监测评价方法；获得《一种获得高压直流输电分裂型线的地面合成电场的方法及装置》（ZL201610909540.0）等多项发明专利授权；撰写了《输变电工程的电磁环境》《交流输变电工程环境影响与评价》《特高压直流输电工程电磁环境》等科技专著；发表了《1000kV 交流输电线路无线电干扰限值与设计控制》（EI 检索）、《±800kV 直流输电线路电磁环境限值研究》（EI 检索）等代表性论文，为特高压线路的电磁环境设计提供了基本依据，为 1000kV 特高压单、双回线路的导线选型、杆塔高度、走廊设计等提供了参数，在我国全部的特高压工程得以应用，经过长期实测检验，控制效果达到了国家环保要求。

在电网可听噪声方面，制定了 IEC 61973《高压直流换流站可听噪声》《高压架空输电线路可听噪声测量方法》（DL/T 501—2017）、《高压交流架空输电线路可

听噪声计算方法》(DL/T 2036—2019)、《换流站噪声控制设计规程》(DL/T 5526—2017)等国际和行业标准；获得《基于电晕笼的高压直流线路可听噪声测试方法》(ZL201510029346.9)等多项发明专利授权；发表 SCI、EI 论文多篇。研究成果应用于我国全部特高压工程的线路和变电站、换流站噪声控制，有效减缓了电网工程对周边声环境的影响。

2016～2020 年，实验室共制、修订标准 117 项，其中国际标准 3 项、国家标准 47 项、电力行业标准 63 项，另有国家电网公司标准多项；共出版著作 31 部，发表科技论文重要科技论文 275 篇，其中 SCI 期刊论文 29 篇、EI 期刊论文 150 篇；共获得国家科技奖 3 项，省部级科技奖励 24 项；共获专利授权 286 项，其中发明专利 173 项。实验室围绕电网环境保护领域，深入研究了电网环境影响特性和机理，提出了电网电磁环境影响预测方法，解决了一系列电网环保的重大科学和技术问题，主导了电网环保的标准化，推动了我国电网环保技术领域研究整体达到国际先进水平。

第五节 典型案例

一、环保管理典型案例

（一）优化站内总平面布置，提升综合降噪效果

噪声影响是换流站工程的主要环境影响之一，站内总平面布置方案是决定噪声控制效果的关键。充分考虑周边声环境敏感目标情况，利用噪声传播特性，因地制宜开展总平面布置优化，有利于达到最优降噪效果，同时节省工程投资，实现"环境友好、资源节约"的绿色变电站建设目标。

江苏泰州±800kV 换流站规模较大，且换流站西侧建有大量居民房屋，噪声控制存在较大难度。可研设计方案中，换流站西侧围墙距离村庄最近距离仅 30m，在后续建设实施过程中，因噪声影响可能需进行大规模房屋拆迁。初步设计阶段，工程以进一步降低对周边环境影响、提高经济性和可实施性为目标，对设计方案不断优化，创新性地采取了包括"阀厅一字形布置""交流滤波器改进一字形布置"在内的一系列设计优化措施，将阀厅与主控楼布置于站址中部，换流变压器布置于阀厅东侧，阀厅可作为天然声屏障有效阻止换流变压器噪声向直流场及西侧站外敏感点的传播，同时将滤波器场集中布置于站区南侧，远离站区西侧敏感点。总平面布置优化后，换流站围墙距西侧村庄距离由可研阶段的约 30m 增加到约 120m。环保验收监测结果表明，周边敏感点噪声值为昼间 38.6～46.7dB（A），夜间 39.3～46.2dB

（A），均满足环评批复要求的《声环境质量标准》（GB 3096—2008）中 2 类标准限值，且非常接近 1 类标准限值。同时避免了村庄大规模拆迁，节省拆迁费用约 3 亿元，取得了显著的经济效益和社会效益。

（二）绿色理念全面落地，守护秦岭绿水青山

电网工程线路路径长、塔基数量多，不可避免地会涉及生态敏感区、生态脆弱区等重点环境保护区域，需要在选址选线、基础选型、施工管控中全面落实绿色环保理念，多措并举，在高质量发展中切实保护好生态环境。

青海—河南±800kV 特高压直流输电工程陕西段穿越秦岭腹地，地势险峻，大部分塔位狭窄陡峭（见图 8–53），且生态环境极其脆弱，涉及国家一级保护动物朱鹮的重要栖息地——汉中朱鹮国家级自然保护区。为尽量减少对生态环境的影响，在选址选线上，工程在原设计方案基础上将该段路径向北进行迁移，绕行朱鹮保护区，全面保护朱鹮栖息繁衍；在基础选型上，山丘区全方位采用高低腿和不等高主柱设计，根据实际地形扩展铁塔高低腿范围，必要时采取低腿高柱或在塔腿增加桁架的方法适应地形，以减少基面或不开基面；在施工管控上，95%的塔位采用索道运输替代常规汽车运输和畜力运输，提升运输效率，减少土方开挖和土地扰动，创新采用环保麻袋装土拦挡替代常规编织袋拦挡，优化处置基础开挖余土，提升边坡恢复效果，通过搭建牵张场施工平台的方式替代常规大场地牵张场地布设，每个牵张场可减少约 300m³ 的土壤扰动（见图 8–54～图 8–56）。通过上述一系列生态保护措施，尽管线路长度增加近 40km，新增塔基数 56 基，投资费用增加 1 个多亿，但把对朱鹮保护区的影响降到了最低，同时有效减少山区林木砍伐和植被破坏，最大限度保护了原始地形地貌，全面守护了秦岭区域的绿水青山。

图 8–53　青海—河南±800kV 直流输电工程穿越秦岭

图 8-54 架设索道运输塔材物料

图 8-55 因地制宜布设施工场地

图 8-56 搭设牵张场施工平台

（三）打造绿色施工样板，保护水体免受污染

水环境保护是涉水工程的环保重点，也是其施工难点。电网工程涉及水体时一般采取空中一档跨越方式以减小水体影响，如确实难以避开，必须全方位统筹策划绿色施工方案，保护水体免受污染。

潍坊—临沂—枣庄—菏泽—石家庄特高压交流工程山东段经过南四湖省级自然保护区实验区，在湖区架线 18.6km，立塔 27 基，施工平台搭建、施工用带油钢丝绳落水、机动设备油泄漏、泥浆处置不当等均有可能污染湖区水体。针对"深水、环水、水下"施工难题，工程提出"绿色行动"，多次比选论证施工方案，综合采用新技术、新材料、新工艺，保护湖区水环境。工程首创了拉森钢板桩围堰施工方法代替常规的填土筑岛施工方法，将基础施工污水隔绝在围堰内，并定期进行围堰周边水质监测，防止污染湖区水体；基础排放泥浆及钻渣均用泥浆船运走至政府指定位置处置，防止遗撒入湖；使用船舶作为塔材组装平台，不在湖底打桩搭设平台，避免扰动淤泥污染水体；组塔采用平臂抱杆组塔施工工艺，无需布置落地拉线和在湖中布置地锚，减少占用面积；架线采用飞行器展放初导绳、绕牵法牵放导引绳、"二牵八"张力放线等工艺，滑车悬挂数量少，减小线绳落水风险，提高施工效率，极大降低对周边环境的干扰；此外，所有组塔、架线用钢丝绳均不浸油，使用"无油钢丝绳"（见图 8-57～图 8-59）。经环水保专业人员现场踏勘、无人机航拍、水质抽样检测等对工程环境影响情况检查，该工程在组塔、架线过程中未产生任何水污染现象，实现了"泥浆零排放、材料零污染、施工零干扰"的"三零"目标，有效保护了湖区水源。

图 8-57 南四湖区塔基围堰施工挡护

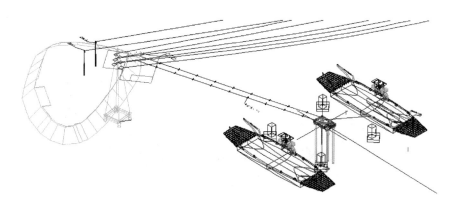

图 8-58 南四湖区组塔施工防水体污染现场布置示意图

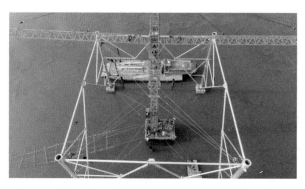

图 8-59 南四湖区双平臂抱杆组塔

　　淮南—南京—上海特高压交流工程需通过长江，过江段江面宽阔，最窄处接近5km。如采用水中立塔 2 基的方式过江，塔高设计达 450m，基坑相当于 27 个标准篮球场，其施工运行对长江航运、水生态环境都会产生极大影响。经综合论证，工程过江方案由江面立塔跨越方式调整为对周边环境影响更小的江底隧道管廊穿越方式。苏通 GIL（气体绝缘金属封闭输电线路）综合管廊工程是目前世界上电压等级最高、输送容量最大、最长距离的 GIL 创新工程，管廊长 5468.50m，为避免施工产生的大量盾构泥浆水、泥沙弃渣等对长江水体造成污染，工程周密策划绿色施工方案，严格按照"分类处置、循环利用"的原则，在施工现场布设沉淀池，盾构泥浆水经过沉淀池澄清处理后，上层清液纳管排入市政污水处理厂，中层泥浆通过添加新浆液调节后回用，下层泥沙粗颗粒以弃渣形式通过运渣船外运至弃渣场处置，并对运渣船进行封闭防渗处理，避免弃渣遗撒入江。工程环保验收结果显示，苏通 GIL 综合管廊工程妥善处置弃渣约 66 万 m³，最大限度降低对长江航运、巷道淤塞以及周围环境的影响，长江水环境得到全面保护，苏通 GIL 综合管廊横断面图如图 8-60所示，苏通 GIL 综合管廊工程盾构始发图如图 8-61 所示。

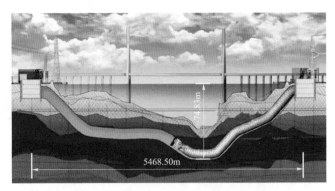

图 8-60　苏通 GIL 综合管廊横断面图

图 8-61　苏通 GIL 综合管廊工程盾构始发图

二、水保管理典型案例

（一）开展"一塔一设计"施工招标，实现环水保投资精准管控

电网工程所经区域环境复杂多变，水土流失特性差异显著，要全面体现"预防为主、防治结合、因地制宜、生态优先"的水土保持理念，就必须深化细化设计工作，并通过环水保设计施工招标将设计与施工紧密衔接，将环水保投资落到实处。

青海—河南±800kV 特高压直流输电工程全线立塔 3487 基，涉及多处国家级和省级水土流失重点防治区，且山丘区塔位超过 80%。该工程首次提出"环水保与设计一体化"的原则，对全线所有基塔开展环水保"一塔一设计"专项工作，结合水保方案及其批复要求，按标段分解水土流失防治目标，提出差异化水保措施工程量计列原则及计算方法，构建三维基面管控平台，因地制宜逐塔逐基设计水保工程措施、植物措施、临时措施及余土处置措施，形成水保"一塔一设计"专项设计卷册，并将相关设计成果应用于施工招标工程量清单编制中，按设计进展滚动更新施工招标量清单，确保措施合理得当、费用足额计列。统计结果表明，"一塔一设计"方案下，工程新增了大量索道运输、植被恢复、余土外运处置等环水保措施，概算投资较环水保方案批复增加 1.07 亿元，可精准实现扰动土地整治率 95%、水土流失总治理度 92%、土壤流失控制比 1.0、拦渣率 92%、林草植被恢复率 94%、林草覆盖率 25% 的水土流失防治目标，经过环水保"一塔一设计"施工招标，各项环水保措施施工程量较施工图设计方案差异控制在 3% 以内，较施工图设计投资差异控制在 1.5% 以内，施工招标工程量及限价得到精准管控，为各项环水保措施的落实提供了坚实保障。

（二）因地制宜防风固沙，实现安全建设和水土保持双赢

沙漠中的风蚀、风沙输移和堆积对换流站或变电站站内电气设备、建构筑物等均有较大影响，对线路工程也易导致塔基淘蚀、塔架磨蚀等，威胁工程安全运行。因此，防风固沙不仅是荒漠风沙区电网工程水土保持管理的重要内容，也是保障其安全建设运行的关键。

内蒙古扎鲁特±800kV 换流站地处通辽市扎鲁特旗天然牧草地，但站区西侧约 700m 处有一处大型流动沙丘，面积超过 43 万 m²，风沙危害隐患极大，水土流失防治十分困难。工程针对现场实际，以"占用一片沙丘、还建一方绿洲"为目标，提出"施工与治沙相结合"的原则，开展防风固沙专项设计，在施工期间将移动沙丘作为临时施工场地使用，并采用格状沙障内种植植被的方案，边施工边治沙，共计布设草方格沙障 265 175m，栽植沙柳和草木樨等乔灌木 146 847 株，加上撒播各类适生草籽等共实现绿化总面积 43 万 m²。工程水保验收结果显示，站外原沙丘区域绿化良好，治沙成效显著，在保障工程安全建设运行的同时，也全面治理和保护了当地的生态环境，实现安全建设和水土保持双赢（见图 8-62、图 8-63）。

图 8-62　草方格自动喷淋养护

图 8－63　施工临建区恢复情况

　　上海庙—临沂±800kV 特高压直流输电工程内蒙古段、陕西段经过毛乌素沙漠，沿线干旱少雨，植被脆弱，一旦破坏极难恢复，且部分沙丘具有流动性，威胁线路安全运行。工程深入开展现场勘察，设计时尽量使塔基布置在地质较为稳定的丘间地，避免在沙丘上立塔，对位于沙地的 93 基塔因地制宜设置草方格沙障 21.8万 m^2，栽植沙柳 20 000 株，撒播沙蒿、沙打旺等 10.6 万 m^2，防止进一步的沙化和水土流失。工程水保专项验收结果表明，工程周边目前塔基植植被覆盖度与原始地貌相协调，沿线脆弱生态得到最大限度保护，防风固沙效益显著（见图 8－64）。

图 8－64　草方格沙障及植被恢复措施实施效果

（三）实施"天地一体化"数字化管控，全面提升环水保监管质效

新时代下借助互联网＋大数据、云计算等先进技术进行"天地一体化"监管，已成为国家行政主管部门强化事中、事后监管的重要手段，建设单位作为工程的环水保责任主体，更需要主动作为，以先进技术引领环水保管理转型升级，提升监管质效。

青海—河南±800kV 特高压直流输电工程线路全长 1562.9km，立塔 3487 基，其中山丘区塔位占比超过 80%。面对艰巨的环水保管理任务，工程建设伊始便提出了实施"天地一体化"数字化管控的目标。策划部署了"青海—河南±800kV 特高压直流工程环水保过程监督管理系统"，按照"遥感影像普查＋无人机详查＋人工现场抽查"的原则，综合运用卫星遥感、无人机航摄、实地拍摄数码影像、移动App 等手段记录工程现场环水保措施实施情况，通过构建终端采集数据与服务器数据的交互接口，实现现场数码照片、无人机影像、遥感影像的统一管理，在建设管理单位、施工单位、监测单位、验收单位间高效共享，实时查看影像资料，动态掌握现场情况。工程累计拍摄卫星遥感影像 2 期，无人机航拍 116 架次，获取无人机影像 68 291 张，采集现场数码照片 22 837 张。经该监督管理系统统一整编后，可在线高精度判读环水保措施实施进展和实施效果，如是否存在边坡溜渣、扰动范围是否出设计范围（判读精度可达 85%）等。根据系统统计成果，生成环水保月报、环水保措施落实情况核查工作报告、环水保问题清单并及时上传下达，督促整改完善。工程累计生成各类统计报表 20 份，提供现场整改提示 13 次，跟踪反馈消缺13 次，切实做到"第一时间发现、第一时间整改"，为环水保监管装上了真正的"千里眼"。"天地一体化"数字化管控的实施，显著提升了工程环水保管理的质量和效率，有效降低了工程建设对自然环境的影响，全面推动了电网环水保管理模式的转型升级。

第九章

依 法 合 规 管 理

第一节 发 展 历 程

党的十八届四中全会提出，全面推进依法治国，总目标是建设中国特色社会主义法治体系、建设社会主义法治国家。从国家层面上来说，为实现这一目标，要形成完备的法律法规体系、法治实施体系、法治监督体系、法治保障体系，坚持依法治国、依法执政、依法行政共同推进。全面依法治国涉及国家治理的各个方面，对于社会稳定以及各行业的发展起着重要的作用。

国民经济的发展离不开强大的电网作为有力保障，国家电网公司作为国务院国资委确定的 10 家世界一流示范企业之一，在依法合规经营上发挥着引领作用，创建与世界一流示范企业相适应的合规管理体系，发布了《国家电网有限公司合规管理体系建设工作方案》。电网工程建设遵循依法治国的总体要求，在合规管理体系建设工作方案的指导下依法合规开展各项工作，严格按照基本建设程序，将法治要求融入建设管理每个环节，加强全过程依法建设，从工程建设源头开始，抓好每个环节的合规管理及前后衔接，明晰各工程参建方的职责，建立健全合规事项及责任清单，强调程序合规的重要性，以程序合规、过程合规为基础，实现结果合规。

一、电网工程依法合规建设实践及其成就

20 世纪 90 年代中期开始，以三峡输变电工程建设为代表，全面落实国家对工程项目建设"五制"（项目法人责任制、工程监理制、招投标制、合同管理和资本金制）的要求，制度的建立、流程的设计有力地推动了电网工程依法合规的建设，形成的各项管理成果是后续电网工程建设规范管理的重要基础。

三峡输变电工程是国家层面集中规划、分批建设实施的具有战略意义的大型电网建设项目，为了确认三峡输变电工程建设是否达到了国家提出的建设目标、是否严格遵循了各项建设要求，国务院三峡工程建设委员会安排成立稽查组，自 2000

年起，每年对三峡输变电工程开展稽查。稽查组专家全面清查三峡输变电工程项目在建设管理、招投标管理、建设资金使用等方面的工作，对当期项目建设工作做出准确的评价。在三峡输变电工程建设后期，国务院三峡工程建设委员会委托审计署对三峡输变电工程进行了全面的审计。在历次稽查与后期的全面审计过程中，虽也提出三峡输变电工程在项目建设管理等方面存在一些问题，但对整体工程建设给出了高度评价，工程总体达到了国家提出的建设目标、严格遵循了各项建设要求，三峡输变电工程建设期超过十年以上，在此期间未出现项目管理人员因自身行为承担法律风险的情况，达到了建设"阳光工程、放心工程"的目标。

国家电网公司于 2007 年启动了晋东南—南阳—荆门 1000kV 特高压交流工程建设，2008 年启动了向家坝—上海±800kV 特高压直流输电工程建设。特高压电网工程输送距离远，建设规模大，工程投资高，参建单位多，这是特高压电网工程区别于其他常规电网工程的建设特点，工程一般都需跨越多个省份，甚至穿过不同的气候带，工程沿线不同的自然环境、社会环境对工程建设产生的影响变化较大。国家以及各地政府对环保、林业、国土、安全生产、消防的要求不断提升，对于电网工程建设在这些方面的监管要求更高、更细、更严；人民群众的维权意识也日益提升，对于电网工程建设给自身生活、生产带来的影响，所提出的补偿诉求也更多；工程建设用地手续办理，以及工程建设环境保护与水土保持等专项评价工作的难度不断提高。面对这些外部变化的形势，都对电网工程建设提出了更高要求。

（1）健全组织架构。加强特高压工程管理，统一工作原则及相关要求。2018年国家电网公司明确将原国网直流建设部与交流建设部合并组建国网特高压部，统一管理各类特高压工程。在此基础上，公司总部层面统一了对交、直流工程建设管理的要求，标志着特高压工程标准化、规范化管理进入了新的阶段。

（2）完善制度体系。合规管理制度为企业及其员工提供行为上的指引和规范，是落实合规管理措施的基础和依据。公司总部先后出台《国家电网有限公司合规管理办法》《国家电网有限公司输变电工程依法建设执行指南》《直流工程依法合规建设管理风险防控手册》等指导全公司、各专业的依法合规建设，各网省公司根据国家电网公司制定的合规管理办法及相关专项制度，因地制宜，建立适合自己实际的合规风险识别预警、合规事件应对处置、合规审查、合规监督与问责、合规评价与改进、合规报告等机制。比如国网直流公司根据直流工程的建设管理要求编制了《工程依法合规建设管理实施办法》，国网甘肃省电力公司结合自身实际编制《国网甘肃省电力公司输变电工程全过程造价管理典型案例》，合规管理呈现百花齐放的格局。

（3）加强合同管理。在特高压交、直流工程建设前，国家电网公司提出工程建设管理总体目标与方案，进一步细化工程建设质量、安全、进度与投资管控目标，组织编制了统一版本的工程合同，并集中各参建单位专业人员审核工程合同文本，在工程合同中合理确认工程价款调整与结算费用审核原则，将各项工程建设管理要求通过合同条款文本明确体现，形成标准化的工程合同文本，依法通过合同管理的方式来实现工程建设目标。

（4）规范工程招投标。特高压工程招投标工作由公司总部统一管理，其中物资与服务类项目的一级招标平台设置在国网物资公司，管理机构及工作平台的唯一性更有利于统一招评标规则、统一招标资料的编制及评审要求，保障工程招投标工作严格按照各级管理制度及规定执行。

（5）严格资金管理。与以往跨区电网工程建设不同的是特高压工程投资主体多元化，除了公司总部，还引入工程属地省电力公司作为特高压工程投资主体，涉及的工程建设单位更多，资金管理更为复杂，流程更多。在特高压示范工程以及后续各工程建设期间，公司总部制订特高工程资金管理界面和流程，明确了各方职责，确定了工程款项申报、审核以及支付流程，通过多个环节共同审核确认，将工程资金支付全过程纳入管控范围，确保了资金的安全。

（6）审计关口前移。强化建设过程合规管理要求，特高压工程建设周期长，过程中的各类风险因素经过长期积累，对工程依法合规管理产生的影响较大。国家电网公司将特高压工程的审计关口前移，在建设过程中开展依法合规综合检查，对各个专业的工作提前做好"体检"，相应的整改与闭环管理都可在建设过程中及时完成，有效降低了工程建设依法合规管理风险。

国家电网公司从规范特高压电网工程依法合规建设管理，有效防范和化解风险的角度出发，组织对在建的哈密—郑州、溪洛渡—浙西等±800kV特高压直流输电工程安排开展依法合规建设专项检查，重点围绕合同、资金、分包、结算管理等较高风险方面进行，促使电网工程各参建单位全面提升依法合规建设管理水平。

在特高压交、直流示范工程以及后续安排的各项特高压工程建设期间，国家对特高压等电网工程依法合规建设高度重视，安排审计署于2013年组织对"西电东送"电网工程开展专项审计，2014年国家电网公司法人代表任期经济责任审计，2018年北京冬奥会配套电力项目建设的持续跟踪审计，审计署已将国家重大政策措施、重大投资项目、重点专项资金跟踪审计列入央企日常性审计，电网工程建设迎来了全面的"体检"。

在历次国家级的审计以及国家电网公司组织的自查过程中，电网工程建设的各个方面经受住了考验，依法合规建设工作取得了较好的成效，工程取得了显著的经济和社会效益。

二、电网工程依法合规管理的现实挑战

近几年，在电网工程大规模建设过程中，新的发展形势和内外部监管要求都在

不断升级，各政府部门开展的专业检查、专业监督呈现多样化，外部监管体系更加健全，如发展改革委定期安排的电价监审、生态环境部安排的环保督察、财政部安排的财务评价、能源局安排的安全质量执法检查等，都对电网工程建设的各个阶段、各个环节、各个参建主体的相关工作，进行全方位、多角度的监督，如何持续提升公司依法合规管理水平，确保工程建设依法合规，建立具有企业自身特色的依法合规长效机制，是当前乃至今后面临的新课题。

随着全球化进程的加快推进，国家电网公司也加入国际化经营的队伍中，不断推行国际化战略，对外投资力度不断加大，越来越受到各法域执法机关的关注，加强合规管理成为企业实施境外业务的必然选择。合规管理的重要性尤为凸显出来，合规是一套无形的规则准则及话语体系，企业自身的合规经营以及符合外部的合规要求是参与国际竞争的必答题。如果合规管理能力不足，合规风险管控薄弱，合规体系存在漏洞，就极易导致经营失败，甚至为此付出巨大代价。

随着国资委等机构的合规指引文件在央企中试点和和铺开，合规管理将在未来国资监管和央企内部管理工作中承担更为重要的职能，也将对国资国企改革、境外经营等领域产生显著的影响。国家电网公司将围绕建设具有卓越竞争力的世界一流能源互联网企业的战略目标，加快构建制度完备、覆盖全面、运转高效、管控科学、符合电网企业特点的合规管理体系，建立健全合规工作机制，加快合规队伍建设，积极培育合规文化，将合规融入公司内部管理的重要流程和环节中，以持续提升公司法治力，为公司高质量发展提供强有力的法治保障。

第二节　关键环节风险防控

一、构建依法合规管理体系

国家电网公司始终坚持把依法建设理念贯穿工程建设全过程，严格把控项目前期、工程前期、工程建设、总结评价等各阶段关键节点，做好前一环节为后一环节依法铺垫，形成"有序衔接、环环相扣"工作机制，真正做到"以过程依法合规确保工程依法建成投运"。建设全过程重点落实国家法律法规、地方行政规定、公司通用制度等有关要求，主动适应党中央、国务院"放管服"改革、过程建设项目审批制度改革等外部形势，按照全员守法、全面覆盖、全程管理的总体要求，实施依法治理、依法决策、依法运营、依法监督、依法维权（"三全五依"），将依法治企要求融入建设管理每一个环节，贯穿于工程建设的始终。

公司总部设立工程依法合规建设管理工作的归口管理部门，主要负责传达贯彻国家依法治企文件、精神及公司颁布的有关依法合规建设工作的制度规定；负责制定公司依法合规建设管理工作规范；负责编制公司年度依法合规建设综合检查工作方案并组织实施；负责定期组织工程合同文本滚动修编，把工程建设管理的新要求新标准，依法纳入合同管理的统一范畴。

省公司负责制订依法合规建设工作方案，负责监督各建设管理单位依法合规建设工作开展，负责对工程依法合规建设工作进行业务指导，跟踪各类工程建设合规性文件办理进展，对影响工程正常建设的合规性文件办理延误等情况提出工作督促意见。

建设管理单位负责将依法合规现场管理目标分解到设计、施工、监理等工程参建单位，明确各单位的工作责任，起到管理和督促的作用。依法合规现场工作组定期召集会议，集思广益，落实工程依法合规建设的各项措施，针对不同阶段的工作要求与现场参建各方进行沟通，保证贯彻始终，全员参与，规范有序。

通过分级管理手段，在工程建设各个阶段开展依法合规自查及检查。检查按照"边查边改、立行立改"的原则，对检查（自查、抽查）过程中发现的问题立即予以整改，实施闭环管理，确保专项检查结束时所有问题均整改完毕。

二、关键领域及环节风险防控

电网工程建设管理流程长、阶段多，且每个管理阶段可能引发的依法合规风险不相同。国家电网公司通过总结以往电网工程管理经验及对依法合规典型案例和典型案件分析，结合公司内外部审计重点关注的问题，研究确定了建设全过程关键领域及关键环节依法合规管理风险点及防控措施，有效防范化解风险，变"事后整改"为"事前防控"，变"被动补救"为"主动预控"，有效提升电网工程建设依法合规管理水平。

（一）项目决策与可研阶段

项目决策与可研阶段是决定项目建设必要性、项目可行性、项目经济合理性的关键时期，其关键环节包括可研文件编制。

1. 风险点

路径协议、用地预审等项目前期文件的办理。

（1）线路规划选线时路径穿越各类生态环境敏感区，如国家级自然保护区，影响环评顺利通过审批，进而影响项目上报核准。

（2）线路规划选线时未深入开展调查收资，摸清沿线生态敏感区的真实情况，竣工环评验收时发现线路穿越生态环境敏感区，影响环保验收。

（3）线路规划选线时勘察设计不到位，未发现已批未建的宅基地、线路，造成设计变更或改线，增加工程投资。

（4）线路规划选线时对线路路径附近的天然气和输油管道、炸药库、石灰场、厂矿等设施的安全距离考虑不足，后续造成改线或巨额赔偿。

（5）接地极选址时未深入开展调查收资，未发现已批未建的天然气、输油管道，造成工程实施时巨额赔偿。

（6）接地极选址和设计时，对接地极附近的中性点接地的变压器未深入调查收资，未考虑直流偏磁控制措施，在采取单极大地回路运行方式时，对附近的变压器造成损害。

2. 防控措施

（1）工程选线选址时需严格避让各类保护区、风景区等控制性区域，对禁止建设的区域坚决避让，避免后期对项目建设产生颠覆性影响。根据《中华人民共和国自然保护区条例》第三十二条规定，在自然保护区的核心区和缓冲区内，不得建设任何生产设施；在自然保护区的实验区内，不得建设污染环境、破坏资源或者景观的生产设施。加强对穿越生态敏感区路径合理性和唯一性的论证工作。对于输电线路工程不能避让的生态敏感区，需确保线路不涉及禁止建设的红线区域，对于线路经过生态敏感区的其他区域，需对线路路径进行局部的多方案比选，对穿越生态敏感区的局部推荐路径给出路径合理性和唯一性的论证，并取得生态敏感区主管部门同意线路经过的协议。

（2）设计规划选线选址高度重视线路与生态敏感区的关系，避免后期对环评验收产生影响。对于邻近的生态敏感区，设计单位需到相应行政主管部门确认邻近的距离，以免主管部门在后续施工或验收时提出工程进入了该生态敏感区。初步设计、施工图设计阶段，设计单位需再次确定线路与敏感区的关系，避免线路摆动进入生态敏感区，并要在路径图上明确标注敏感区的范围。对于国家级、省级、地市级等不同级别生态敏感区，要确定所取得协议满足审批级别要求。

（3）设计单位需取得明确且满足审批级别要求的路径协议。设计单位需向沿线生态类环保目标的主管部门征求其对路径的意见，获得其明确的路径协议［主要内容需包括穿（跨）越否，若有穿（跨）越情况，需明确应避让还是同意穿（跨）越］。同时，要特别注意审批单位的资质级别问题。加强规划选线选站时已批未建项目调查收资工作。需深入开展调查收资，了解已批未建的宅基地、线路，设计时予以避让或充分考虑拆迁补偿费用。

（4）工程可研设计中需特别注意站址区域以及线路沿线的环境收资工作，确保站址与线路路径的环境可行性、合理性、合法性。可研工作中须有环保专业参与，环保专业人员配合主体设计做好环境保护方面的收资调查以及站址、线路路径的论证工作。

（5）加强接地极选址时已批未建项目调查收资工作。需深入开展调查收资，了解已批未建的天然气、输油管道，设计时予以避让或充分考虑补偿费用。

（6）高度重视接地极对周边电气设备或公共设施的影响。接地极选址和设计时，对接地极附近的中性点接地的变压器需深入调查收资，考虑直流偏磁控制措施。

（二）初步设计与招标采购阶段

初步设计与招标采购阶段是对建设方案深化和完善、对工程建设所需的物资服务进行招标采购的过程，是为工程实施做准备，其关键环节包括初步设计和物资服务采购、合同管理。

1. 风险点

（1）初步设计阶段。

1）线路工程选线时未深入开展调查收资，对线路路径附近的天然气和输油管道、炸药库、石灰场、厂矿等设施的安全距离考虑不足，在施工时造成改线或巨额赔偿。

2）未深入开展调查收资，未发现已批未建或在建的房屋、线路，造成设计变更或改线，增加工程投资。

3）线路跨越公路、铁路时设计参照标准与公路、铁路部门不一致，造成设计变更或改线，增加工程投资。

4）初步设计深度不够，工程量、设备材料价格和实际实施相比偏差较大，造成工程决算与批复概算相比结余较大；勘察设计深度不够，在施工图设计阶段发现地质、气象等自然条件变化较大，引起设计变更，延误工期，增加投资。

5）概算审核不严，费用计算错误，定额套用和取费错误。

6）初设批复和电网公司文件的规定不同，在初设阶段未充分沟通并达成一致，造成工程实施阶段方案变更。

（2）物资服务采购环节。

1）勘察设计、施工、设备材料采购、分包等未按规定公开招标，应招未招，违反国家及公司相关规定。

2）工程虚假招标，招投标之前，就已指定工程施工方。

3）勘察设计、施工、设备材料采购等招标文件设置要求投标人具有参与过业主单位项目建设的经验等歧视性条款，限制和排斥潜在投标人。

4）招标文件内容不清晰、不规范、不全面。如招标文件技术部分与商务部分要求不一致；结算条款对可以调整价款的情况约定不全面；结算条款对不予调整价款的结算条款规定不合实际，在工作中很难实施；结算条款未明确地质变化较大、冬季施工等特殊情况出现时费用处理原则；结算约定为按照初步设计概算降点包干，不符合相关规定；分包条款不全面，给工程质量、安全、投资管理埋下隐患。

5）招标工程量清单编制不严谨。如工程量清单项目不全，缺漏项；清单项目工作内容界定不明确；清单表与文字说明存在矛盾，工作接口划分与费用归属不匹配；未明确施工方法及选用材料品种等。

6）将招标代理业务委托给不具备相应资质的招标代理公司。招标流程不规范。如招标公告时间和招标文件发售时间少于规定要求；中标通知书下发后，未在三十日内签订合同。

7）招标评标资料未全面归档。如招标因流标转入竞争性谈判方式后，未将批复文件及转为竞争性谈判的资料归档，造成招标过程无法追溯，带来后期审计风险。

8）评标过程不严格、不规范。如甲方违规指定非第一候选人为中标人；对未响应招标文件报价的投标人未予扣分或废标；评标时对投标人资质审核不严，致使不符合资质要求的公司中标。

9）招标采购时，对投标单位审核不严，对存在严重违反电力法律、法规、规章等失信行为的涉电力领域市场主体，未依法依规列入黑名单。

2. 防控措施

（1）初步设计阶段。

1）对安全距离不够的设施要坚决避让，避免在施工阶段造成改线或巨额赔偿。线路工程选线时需深入开展调查收资，对线路路径附近的天然气和输油管道、炸药库、石灰场、厂矿、房屋等设施的安全距离充分考虑。

2）充分了解已批未建或在建的设施情况，避免在施工阶段发生冲突造成改线或巨额赔偿。线路工程选线时需深入开展调查收资，避免与线路路径内已批未建或在建的房屋、厂矿、其他送电线路等设施发生冲突造成设计变更或改线、增加工程投资。

3）高度重视线路跨越公路、铁路（高铁）、架空送电线路方案设计。当设计参照的标准出现差异时，设计单位需与公路铁路等管理部门充分沟通，达成一致，避免后期造成设计变更或改线、增加工程投资。设计选线选站积极争取地方政府支持。设计单位需积极与地方政府协调，从前期阶段工作开始时即保持联系，及时、动态了解线路路径变化情况，充分发挥政府居中协调的优势。

4）加强初步设计管理，保证初步设计深度。设计文件严格执行公司设计内容深度等相关规定，避免设计方案、工程量和施工图设计或实际实施相比偏差较大。重视工程勘察，避免因地质、地形、气候等条件变化较大造成重大设计变更。重视换流站大件运输方案、水源、站外道路、安全稳定装置等方案设计，避免在实施阶段出现颠覆性方案变化。工程建设规模应与可研核准规模一致，严禁擅自扩大规模，提高标准。重视技术经济方案比选，选择安全可靠、技术先进、造价合理的技术方案。选择的初设评审单位应具备符合国家有关规定的工程咨询资质，且不得低于被评审工程所需的设计资质。

5）加强概算管理，保证概算质量。概算编制严格执行国家和公司相关管理规定。严格概算评审，杜绝计算错误造成概算虚增。概算总投资原则上应控制在项目核准和可研批复的投资估算之内。严禁在概算中计列未提供技术方案的费用。合理计列建设场地征用及清理的工程量和费用，合理计列设备材料价格，并提供计费依据，严禁随意估列费用，避免概算和实际工程投资相比差异较大，合理确定概算水平。概算经审定批复后，作为考核控制工程造价的依据，原则上不得突破。加强设计考评，促进勘察设计质量提高。加强以初步设计为重点的设计全过程管控和考评。以工程设计合同总价的 10%作为设计质保金。工程设计质量评价结果作为公司对输变电工程设计承包商进行资信评价的一项重要指标，应用于公司系统设计招投标活动。因设计责任造成工程损失，视损失程度不同，对设计方予以扣除设计质保金、赔偿损失、6 个月内不得参加公司系统相应电压等级及以上输变电工程投标工作等处罚。

6）加强公司内部不同管理部门间协调。对基建和生产等管理的不同要求，在初设阶段充分沟通并达成一致，避免在工程实施阶段变更方案。

（2）物资服务采购环境。

1）对按规定应该公开招投标的设备材料物资采购和勘察设计、施工、监理、咨询等非物资采购严格履行公开招标程序。对于满足特殊条件可以邀标或竞争性谈判的，按规定先履行报批手续。施工招标需采用工程量清单方式。

2）严格履行招投标程序，杜绝虚假招标和违规指定中标人。通过公开招标确定中标人，杜绝先确定中标人再招标的虚假招标行为，杜绝违规指定非第一候选人为中标人。招标文件发售时间和预留投标发售时间严格按规定执行。

3）加强招标文件编制和评审管理，保证招标文件质量。严禁在招标文件中设置歧视性条款，限制或者排斥潜在投标人。严禁结算约定为按照初步设计概算降点包干。

4）招标文件内容需清晰、规范、全面，技术部分与商务部分要求需一致，工作接口划分与费用归属匹配、清晰；结算条款对可以和不予调整价款的情况约定全面、符合实际；结算条款需明确地质变化较大、冬季施工、工期提前或延长等特殊情况出现时费用处理原则。

5）严格评标过程管理。选择有资质的、独立公正的评标专家参加评标。对未响应招标文件要求的投标人严格按规定扣分或废标。

6）招标文件需对分包的范围和质量、安全、结算等方面进行全面细致约定。

7）严格招标代理机构资质审查。确保招投标项目在招标代理机构代理服务范围以内。

8）严格招投标档案管理。对招标文件、投标文件和评标过程文件按规定及时归档。

9）以建立公司上下游利益相关方"信用链"为目标，依托"信用中国"等网站资源，跟踪关注电力领域市场主体的信用情况，对于被列入"失信黑名单""重点关注名单"的单位，积极配合协助有关政府部门采取联合惩戒措施，在物资招标采购、电网工程建设、电力供应、电力交易和电力调度等领域，予以限制或屏蔽，确保不发生黑名单单位进入公司经营生产过程的现象，引领形成诚信践诺良好行业风尚。

（3）合同管理。符合公开招投标情况的，通过公开招标确定中标人后，严格遵照招标文件条款和中标金额，在中标通知书下发后，在约定的期限内完成合同签订。

（三）建设施工阶段

建设施工阶段由业主项目部按照工程建设的有关法律、法规、技术规范的要求，调动各方面的综合资源，对项目工程从开工至竣工的工程质量、安全、进度、投资等目标进行全面控制的管理过程。其关键环节包括开工条件落实、征地补偿、施工图设计、设计变更、工程施工管理、工程物资管理。

1. 风险点

（1）开工条件未落实。

1）因工期安排紧迫，在未取得项目核准或初步设计批复的情况下工程提前开工，违反基本建设程序。

2）因建设用地审查报批手续办理周期较长，在工程开工阶段，未及时办理完成建筑工程用地批准手续、城市规划区内建筑工程的规划许可证等施工许可、开工许可手续，即开工建设，导致被处罚款或停工。

3）占用林地时未经林业主管部门审核批准，在未办理国有林地征占用法定手续的情况下，组织施工，造成非法占用防护林区，导致被处罚款并责令恢复原状。

4）跨越河道施工许可办理需项目核准文件、设计方案、补偿标准及施工度汛方案。因不同管理部门办理相关手续时间上有冲突，导致许可办理缓慢，延误工期。

（2）施工图设计未按标准执行。

1）施工图未经会审即施工，边设计边施工，造成按多版图纸施工的现象发生，易引发设计变更或质量隐患。

2）施工图设计线路路径与前期规划路径协议不符，且变更路径后，未经规划部门认可同意，导致停工整改、延误工期。

3）设计单位将其承接的施工图设计及竣工图编制等任务分包给不具备相应

资质条件的单位，严重影响设计质量，给工程质量带来隐患。

（3）设计变更质量不高或管理不规范。

1）重大设计变更未严格履行审批程序，变更方案和费用未评审即施工，变更签证不及时不规范，导致工程投资增加。

2）设计变更使物资供应数量发生变化，而业主或设计单位未及时通知供应商，导致物资供应量与实际需求量和竣工图量不符，造成结算争议和审计风险。

3）线路终勘定位时，未充分了解当地的风俗习惯，造成塔位距当地暗坟、天葬台、风水树等较近，导致居民阻挠施工，引起变更设计。因政府有关部门原因，导致原获得路径协议的线路方案在施工阶段被迫改线，造成设计变更和工程投资增加。

4）因后建燃气管道、公路、铁路、线路等与本工程线路不满足安全距离要求，我方未能及时制止其施工，并劝说其改线，造成设计变更和工程投资增加。

5）因居民对电力线路电磁环境的危害认识不同，阻碍施工并要求改线，经沟通无效后，造成改线和工程投资增加。

（4）工程施工管理存在隐患。

1）施工单位和监理单位违规更换或使用资质低于工程要求的项目经理，项目管理人员设置不合规或配备不足，造成工程项目管理不到位和工程质量安全隐患。

2）施工程序不规范，存在边勘察边设计边施工，引起重复施工或设计变更，造成投资损失。

3）施工单位违规转分包，将施工任务分包给施工资质不符合要求的企业，分包管理不到位，未明晰质量、安全责任义务，造成工程质量安全隐患、结算争议和法律纠纷。

4）监理单位对隐蔽工程施工监督不到位，签证记录不及时、不真实或不符合要求。

5）建设管理单位资金使用及财务核算不合规，部分工程存在挤占工程成本、提高建设标准等问题。

6）建设管理单位在协调线路跨越地方电网时，未充分考虑供用电负荷全年变化情况，导致补偿高额停电费用。

（5）物资质量问题或供应不及时。

1）因设备生产质量问题或监造不力、到货验收管理不严以及供应商选择不当等原因，造成采购设备未达到设计要求，存在安全隐患，导致设备和线路停运，增加运行和检修成本。

2）因物资供应商设备或材料供货不及时，造成施工单位窝工并索赔增加费用。

3）因物资供应交货地点和施工合同不一致，造成施工单位索赔增加设备材料运杂费。

（6）施工受阻。

1）征地拆迁时遇"钉子户"阻挠施工，导致工期延误。

2）农民对征用土地范围、赔付方案、安置方案有异议，阻挠施工，导致工期延误。

3）政府个别部门、施工单位或个人虚报、挪用、克扣征地拆迁补偿金。

2. 防控措施

（1）开工条件落实。

1）开工之初，明确各项计划的编制方式和编制原则，各流程计划之间梳理清晰流畅的关联关系，保证编制计划符合"依法合规、统筹兼顾、保障建设"的原则，综合考虑项目前期、物资采购批次等因素，结合工程特点与建设需求，科学制订进度计划。

2）严格履行基建管理程序，未核准不开工，无初步设计批复不开工。杜绝未批先建、未审先建。及早办理施工许可和开工许可手续，无建筑工程用地批复不开工，无规划许可证（城市规划区内建筑工程）不开工。积极主动与政府相关部门联系沟通，及时办理各项许可，保证工程顺利开展。征用土地方案、征地补偿安置方案可先于建设用地审查报批前开展。

3）若外部条件允许，可按照工程初步设计评审纪要提前开展工程建设用地手续办理，及时获取用地批复，避免被处罚款或停工。

4）及早办理林地、滩涂、河流等用地审批手续。避免非法占用防护林。做到法律审批事项手续完备，保证依法合规用地，避免被处罚。

（2）施工图设计。

1）严格按照初步设计批复和已取得的路径协议开展施工图设计。若线路路径发生变化，务必重新申请获得规划部门同意，避免影响工期和项目验收。

2）严格履行施工图会审程序，严把施工图设计质量关，杜绝"三边"（边勘察、边设计、边施工）工程，有效减少重复施工或增加投资的设计变更。

3）严禁设计违规转分包。加强设计质量考评和设计合同管理，在设计委托合同中明确禁止违规转分包，明确法律责任。

（3）设计变更及现场签证管理。

1）严格履行重大设计变更审批程序，加强考评。严格执行公司设计变更相关管理办法。牢固树立"先审批再施工，变更方案和费用同时确定"的观念。变更签证需及时规范，签证意见明确、签字齐全，设计、监理、业主项目部切实履责，避免因变更方案不合理，造成工程投资损失和审计风险。对未经评审即施工、方案不合理给工程造成投资损失等未按规定时限和流程履行审批手续的设计变更，费用不予结算，并对责任方（施工、设计、监理、业主项目部、咨询方）在考评时予以扣分、扣减合同额或惩罚。

2）因设计变更使物资供应数量发生变化，及时通知供应商，避免物资供应量与实际需求量和竣工图量不符，造成浪费。

3）切实开展线路通道保护，尽量减少路径变更。属地公司应重视与当地政府部门的沟通，主动争取将电网规划纳入地方城乡建设规划中，避免造成后期线路路径改变。

4）依法合规解决电网工程与其他工程冲突。电网工程与其他正在施工的管道、公路、铁路、线路等存在冲突时，需及时与相关部门进行有效沟通和协调。依法合规解决纠纷，明确责任，尽量避免造成我方设计变更和重大损失。

5）加大电磁环境科学知识普及。争取地方政府支持，向当地民众普及电力知识、阐述电网建设的意义，让民众了解电网建设在我国经济建设中的重要地位与作用，以打消民众对电力设施电磁环境及干扰的误解，获取对电网工程建设的支持，减少因民众误解阻挠而变更设计、改线情况发生。

（4）工程施工管理。

1）施工单位禁止使用资质不符合招标要求的项目经理和施工人员、分包队伍；应严格按合同履约，建设管理单位加强考核和检查、监督，避免因施工方人员配备和管理不到位，对工程建设带来隐患或造成损失。

2）杜绝"三边"工程，确保施工质量和安全。严格落实先勘查、后设计、再施工原则。严格执行施工图会审和施工图交底程序，严格按照经审交底的施工图施工。对因边勘察、边设计、边施工造成工程损失的，要对责任方进行考核处罚。

3）严禁违规转分包。严格执行公司输变电施工分包相关管理办法。严禁无资质队伍采取资质借用、挂靠等手段参与施工分包。严禁施工承包商以包代管、以罚代管。严禁换流站构支架组立和一次、二次等电气设备安装工程专业分包。严禁送电线路、接地极线路组塔、架线和附件安装工程专业分包。建设管理单位要加强施工分包管理的检查、考核、评价，落实公司关于分包准入和合同签订管理要求，发现确属超出资质范围承接工程、与非法人签订合同且不能得到其总部认可的，或冒用资质签订合同的，要立即停工并中止合同。对因施工违规分包发生安全和不稳定事故的，需对有关单位和负责人进行严肃处理，清退不合格队伍。施工单位内部要完善分包管理机制，加强本部、项目部、施工现场各层面的分包管理力量，开展专题教育培训，提高施工能力和分包管理能力。

4）加强监理履责管理。各单位要严格执行公司关于输变电工程监理管理规定。建设管理单位需加强监理单位的管理和考评。监理单位要切实履职尽责，加强对隐蔽工程施工的监督和验收，做好安全旁站、质量旁站，协调工程暂停、工程变更、费用索赔、工程延期及工期延误、合同争议、合同解除等问题，实事求是地审核资金使用计划、工程量、工程进度款支付申请、设计变更、费用索赔申请和竣工结算文件，保证签证记录等档案资料及时、真实、规范。

5）加强工程资金使用监管，严禁违规套取建设资金形成账外资产。加强工程财务管理，严格审批资金拨付申请是否合理和符合规定，严格记录每笔资金的使用情况，保证工程建设资金专款专用，避免资金违法违规使用。

6）妥善组织跨越地方电网线路施工方案。充分发挥属地电力公司的优势并考虑对方线路的供用电负荷全年变化情况，尽量将停电时间安排在影响较小时段，采取技术可行、经济合理的特殊施工措施，尽量避免高额补偿费用支出，保障工程顺利开展。

（5）工程物资管理。

1）加强设备生产、监造、到货验收环节的管理，选择诚信可靠的供应商。加强设备尤其是重大设备的驻厂监造管理，运检人员参与设计评审，避免因设备设计缺陷、制造工艺不良等问题造成的损失；加强设备到货验收管理，检验合格后方可投入使用；加强供应商管理，对多次提供不合格产品的替换供应商，保障采购设备质量。

2）加强物资供货协调管理，保障采购设备材料及时供应。加强合同管理，在合同条款中对供应商的义务和法律责任进行明确约束，由供应商原因导致的供货不及时造成的损失应明确由供应商承担经济责任。

3）物资和施工招标时，注意交货地点约定的一致性，对因物资供应商或施工单位责任造成的交货地点变更，在招标文件和合同中明确费用结算方式。

（6）征地补偿。

1）积极争取地方政府支持，委托地方政府开展房屋拆迁工作。耐心细致地做好民众拆迁说服工作，坚持先拆后建。对待钉子户，不轻易提高赔偿标准。遇到阻工情况时，坚决依法办事，申请有关职能部门依法执行，避免引发法律纠纷。有理有据地说服群众支持电网工程建设，维持社会和谐稳定，避免群体性事件发生。

2）探索征地拆迁公示和公证等有效手段，保护线路走廊和工程用地。在征地补偿工作中，除及时向被征用土地的农村集体经济组织和农民支付土地补偿费、地上附着物和青苗补偿费外，可在项目所在乡镇进行征用土地、房屋拆迁等公示或公证，可依法保护工程用地，减少抢栽抢种房屋或树木情况发生。

3）加强工程财务管理，严禁任何单位或个人以任何理由骗取、套取、挪用、转移、克扣征地拆迁补偿金。严禁假发票、无发票入账。严禁白条入账。严禁将支付给政府、企事业单位的工程资金汇入个人账户。严格控制现金支付比例。严格按工程进度要求支付征地拆迁补偿金，加强资金支付及时性考核。

（四）竣工验收与总结评价阶段

项目的竣工验收和总结评价是项目管理的一个重要阶段，工程虽然已经完工，但项目管理并没有结束，在某些特定的条件下，这一阶段的历时甚至会超过项目的建设。

竣工验收与总结评价阶段的关键环节包括竣工图、环保水保验收、工程结算、工程决算和工程档案管理。

1. 风险点

（1）竣工图环节。竣工图编制出版不及时、不规范，竣工图方案和工程量未按实际发生情况编制，与施工图加设计变更情况不符，带来工程结算争议和审计风险。

（2）环保水保验收环节。工程带电前未履行试运行申请手续，验收计划性不强，导致竣工环保水保验收遇到阻力，严重滞后。有的项目投产 1 年以后仍未通过环保水保验收。

（3）工程结算环节。

1）工程量或取费费率计算错误，多结算工程款。如工程量计算规则错误；未依据竣工图或施工图加有效设计变更计算工程量，造成差异；相同工程量重复计算；取费标准提高多计费用。

2）对固定总价合同约定为不可调整费用部分，违反合同约定结算工程款。

3）工程项目未实施仍结算工程款，未调减合同额。

4）因设计变更需调整工程量清单费用构成，人工、材料、机械费用或价差调整不合理，多结算工程款。

5）甲供材按照乙供材结算给施工单位，多结算工程款。

6）重大设计变更或合同变更未严格履行审批程序，调增合同结算。

7）施工图预算未经评审或编制单位资质不符合要求，费用不实，即作为结算依据，多结算工程款。

8）编制虚假补偿协议、虚列房屋拆迁工程量或树木砍伐工程量，多结算工程款，虚列建设成本。

9）建设场地征用及补偿协议或合同与实际发生情况不符，结算依据的票据不规范、不齐全，假发票、非正规票据（非财政监制收款收据、过期政府收据、普通收据）、白条、现金入账，银行转账凭证与收款票据不对应，资金支付凭证与收据的对应关系不明等。

（4）工程决算环节。

1）对未完工程按暂估费用计入工程决算，后实际发生投资少或工程未实施，未及时调减工程决算，造成虚列投资。

2）工程决算中夹带、虚列与项目无关的支出，如将本工程批复概算中没有的办公楼、职工周转住房及装修费等支出计入工程建设成本，挤占工程建设资金。

3）将工程投产后发生的巡检道路修复费、树木清理费等费用计入工程决算，造成经营性支出挤占建设成本。

4）法人管理费和生产准备费使用不规范或超概算。

（5）工程档案管理环节。

1）工程档案管理不规范，内容不齐全，归档时间不及时。

2）招投标文件的存档资料不全，如未保存主管部门关于采用竞争性谈判、邀请招标的批复文件及追溯资料，导致审计对招标方式提出质疑。

2. 防控措施

（1）竣工图环节。严格竣工图管理。加强设计管理和考评，严格执行公司相关竣工图管理规定，及时编制出版，保证质量。

（2）环保水保验收环节。严格履行环保水保验收手续。竣工阶段，及时申请试生产，配合做好地方行政主管部门组织的现场检查工作。合理制定验收计划，加大协调力度，在规定时间内完成竣工环保水保验收。

（3）工程结算环节。

1）严格工程结算编制管理。严格执行公司工程结算管理规定，全面应用结算通用格式和结算编制软件，提高结算质量和效率。工程结算应控制在批复概算以内。加强结算质量考核。严禁工程结算弄虚作假、违纪违法。

2）严格结算审核管理。严格执行公司关于基建管理和结算审核管理相关办法。工程结算遵循"合法、平等、诚信"原则，严格遵守国家有关法律法规和公司规定，严格执行合同约定。严禁违反合同约定结算工程款。严禁编制虚假补偿协议、虚列工程量多结算工程款。建设场地征用及清理费结算严格据实结算，严禁以概算切块或下浮包干。

3）严格财务审核。建设场地征用及清理费结算要以工程实际发生情况为依据，认真核实发票、支付凭证、收款凭证的真伪和一致性。严禁假发票、非正规票据（非财政监制收款收据、过期政府收据、普通收据）、白条入账。严格控制现金入账。

（4）工程决算环节。

1）加强未完工程闭环管理，及时调减工程决算。严格按照实际发生投资编制工程决算，账表相符，账实相符。严格控制未完工程预留费用，费用比例符合公司相关规定。及时掌握未完工程实施情况，及时按实际发生额调整决算，避免多列投资。

2）严禁工程决算中夹带或虚列等与项目无关的支出，严禁经营性支出挤占工程建设成本。加强决算审核，严格按照批复概算审核费用支出的合理性。

3）注意工程决算和竣工结算的有序衔接，对结算后在决算中增加的工程费用，要审核其合规性，应经基建部门的审核同意后，才可列入决算。

4）严格法人管理费和生产准备费使用管理，严禁超概算。严格按照公司相关财务管理和其他费用管理办法审核法人管理费和生产准备费使用的合规性。严禁不同工程串项使用法人管理费。

（5）工程档案管理环节。

1）规范工程档案管理。严格执行公司关于工程档案管理的各项规定，归档要及时，内容要齐全。

2）重视招投标资料的归档工作。因开标流标而转入竞争性谈判采购方式的，相关备案批复文件及前两次招标开标等文件需全部存档。归档工作应保证招投标过程的可追溯性，避免违反相关政策文件要求。

第三节 典 型 案 例

一、案例1：建设期间改线费用处理

1. 案例简述

某特高压线路工程取得当地政府、规划部门同意的线路路径方案后，在项目建设期间某电气化铁路因规划原因与线路工程路径产生交叉，铁路改线投资大，经双方协商论证后，需进行线路迁改5.3km、增加费用2100余万元，引起工程重大设计变更，变更产生的费用由该电气化铁路单位承担。

2. 原因分析

取得相关路径协议批复的特高压线路工程，在建设过程中，如发生与电气化铁路建设等其他项目建设引起的路径交叉，协商后需要进行线路改线的，相关责任及增加费用应由取得路径许可滞后的单位承担。

3. 风险警示

路径协议、站址协议为重要的项目立项依据，必须取得当地政府和相关单位明确的意向性协议等可追溯的书面依据或文件，依法合规开展工程设计。对于线路途经环境保护区、文物保护区、军事保护区、铁路等，应取得相关单位同意路径方案的书面协议，重大电网项目还应纳入当地政府规划，防范后续其他项目建设引起的路径、站址纠纷等管理风险。

4. 防控要点

电网建设项目应严格按照国家及电网公司的要求开展依法合规设计及建设，不断提高站址、路径选择的设计深度和质量，确保不发生站址、路径重大变化、不发生建设规模的重大偏差。在取得相关路径协议、站址协议同意意见后，相关单位应加强对路径、站址的保护，如发生因其他建设项目规划滞后引起的改线责任事件，应由其他建设项目建设管理单位承担相关责任及改线费用。

二、案例2：设备质量不合格引起费用索赔

1. 案例简述

某变电站工程，因变压器厂家供货的变压器耐压试验不合格，引起施工单位机械设备人员窝工和返工二次安装、调试。施工单位向厂家提出索赔费用共计108.60万元，建管单位初步核定为68.60万元，厂家表示不接受并在更换变压器1年后仍未向施工单位支付任何费用。建管单位组织施工、物资、咨询单位和厂家多次谈判，最终核定索赔费用为50.60万元，由厂家限期直接赔付施工单位，并对该厂家执行停标的考核意见。

2. 原因分析

本工程变压器物资采购合同中约定"如果卖方提供的合同货物有缺陷，或由于技术资料有错误、卖方技术人员指导错误，造成合同货物报废或工程返工，卖方应立即无偿进行更换或赔偿买方因此遭受的损失。需更换合同货物的，卖方应承担由此产生的到安装现场换货的一切费用，包括但不限于新货物的费用、将新货物运至安装现场的费用及处理被更换货物的费用等。"

3. 风险警示

各类工程设备、装置性材料在工程造价占比达到40%～60%，设备、材料的质量影响到工程整体质量和建设目标，各建设管理单位应加强物资招投标、履约、结算管理，在各招投标阶段择优选取一流设备厂家进行物资供应，在合同中明确物资供应厂家责任和义务，履约过程中加强对物资质量的检查和考核，发生责任性设备故障或质量不合格情况，相关更换及二次安装、调试费用应由设备供应厂家承担。

4. 防控要点

物资合同相应条款应明确约定因供货质量缺陷或技术资料错误等造成工程返工、施工人员和设备窝工等情况，给甲方和施工单位造成损失的处理方式，包括索赔费用的计算规则、支付时间、支付方式、赔付限额、其他惩罚措施等。当索赔事件发生时，严格依据合同条款执行，并追究和考核相关责任单位。

三、案例3：自然灾害造成损失的工程保险理赔

1. 案例简述

某特高压线路工程在建设期间出现50年一遇大暴雨，暴雨引发山洪导致该标段材料站被洪水冲毁，造成材料站内大量工程物资被洪水冲失或被泥沙掩埋，同时

造成施工单位部分施工工器具损毁。经向保险公司报案索赔约 800 万元，保险公司最终对受损工程材料进行赔偿，认定赔偿金额 630 余万元。因施工机具未投保，施工方工器具损失未获得赔偿。

2. 原因分析

本工程材料站选址在距离主要公路 300m 处，距离附近一条河道中心直线距离不足 500m 的区域，材料站至塔位由临时便道连接。如无洪水发生，材料站则无明显风险，但因该区域发生 50 年一遇的洪水，河道水位猛涨，河面变宽，直接将材料站冲毁，给业主和施工方均造成大量损失。

3. 风险警示

特高压线路工程施工范围达千余千米，涉及多个标段及施工单位，而每个标段又涉及多个材料站。本案警示在特高压线路工程材料站选址时不仅要考虑施工便捷性，还要考虑防范重大自然灾害可能对工程本身造成的损害。另外，为尽可能在损失发生后足额获得保险赔付，在工程开始前要对施工过程中可能面临的各类风险进行充分评估，并通过保险进行风险防范。

4. 防控要点

特高压工程施工区域多位于山区，各类风险客观存在。因此，在工程实践中要加强风险防范意识：① 项目部和材料站选址时要避免选址在低洼地带或临近河道区域，施工过程中要加强气象监测，提前预判灾害天气的发生，在灾害发生前对材料站内物资进行转移。② 在工程开始前业主方和施工方均应投保相关保险，在损失发生后可以获得损失补偿，尽量减小损失。

四、案例 4：线路穿越矿区引起纠纷处理

1. 案例简述

某供电公司新建 500kV 输电线路工程穿越了 D 铜矿区，任某于 2006 年在国土资源行政主管部门取得了探矿许可证，探矿权延续至 2012 年。建设前期，供电公司组织开展了压覆矿产资源评估工作，并取得国土资源行政主管部门审查验收，同时提出以下意见：①线路应尽可能地避让已经设置矿业权的矿产资源，或在其边缘通过，力争少压或不压矿业权矿产资源。②对没有形成探矿权的区域可暂不考虑矿产资源的压覆问题。③因施工需要致使采矿权停止采矿时，应到当地矿产资源管理部门办理压覆储量登记，并合理补偿矿山的经济损失。

2009 年，铜矿方以输电线路穿越矿区为由要求供电公司给予补偿，双方未达成一致意见，铜矿方将供电公司诉至法院。在法院审理过程中，认为现阶段矿方仅依法取得探矿权而未取得采矿权，且输电线路施工和运行并未限制矿区勘探工作，对矿方不构成侵权行为，法院驳回了铜矿方的诉讼请求。

2. 原因分析

输电线路工程是否压覆矿产资源应以政府国土资源行政主管部门审批的建设用地压覆矿产资源评估报告为准，该输电线路已于 2007 年完成了压覆矿产报告并经主管部门审批通过。报告及主管部门的意见是"对没有形成探矿权的区域可暂不考虑矿产资源的压覆问题"。同时探矿权仅取得矿物勘探的权力，无矿产开采使用权，若输电线路的施工和运行不限制矿方勘探和开采活动，则不构成压覆矿产资源。

3. 风险警示

压覆矿产资源评估工作是输电线路依法合规设计工作必不可少的重要环节，压覆矿产资源评估工作可以帮助建设方查明线路沿线的矿产资源分布情况，为优化线路路径提供参考，同时输电线路设计应尽量避开重要矿床，尽可能避开目前已经发现的矿产资源。当线路工程不可避免地要压覆矿产资源时，须取得政府行政主管部门的批准。当线路工程压覆已设置矿业权的矿产资源（包括探矿权和采矿权）时，建设方还应与矿业权人达成协议，征得矿业权人的同意，避免后期发生纠纷。

4. 防控要点

电力走廊包括电力线路及电力设施保护区，电力走廊压覆矿勘察区或矿区容易引发纠纷甚至诉讼，影响电力建设顺利推进。当个别矿业权人就电力走廊压覆矿问题提出无理要求、漫天要价时，需要运用法律手段加以解决，保障电力建设正常开展。

五、案例 5：线路架设引起的纠纷处理

1. 案例简述

丁某于 1988 年在某地经审批后建造 260m^2 楼房一幢，一直居住使用。2007 年 4 月，某供电公司在丁某房屋安全距离外架设 500kV 架空输电线路。丁某认为该线路对其人身和财产安全带来了严重威胁，多次走访相关部门及领导未果。于是丁某到法院提起诉讼，要求某供电公司拆除其附近的 500kV 高压架空输电线路，并索赔人民币共计 5 万元。经法院审理认为，丁某理由不足，法院不予支持，判决驳回原告全部诉讼请求。

2. 原因分析

公民的身体健康受法律保护，从事高空、高压、易燃、易爆、放射性等对周围环境有高度危险的作业造成他人损害的，应当承担相应的民事责任。承担民事责任的方式有排除妨害、消除危险、赔偿损失等。当事人对提出的诉讼请求所依据的事实或者反驳对方诉讼请求所依据的事实，有责任提供证据加以证明，被告所属的某 500kV 送电工程设计、建设均符合相关规程、规范要求，工程竣工后又通过环保部门的验收，自 2007 年 7 月起一直安全运行。原告房屋与边导线侧的工频电磁场强

度也在相应的限值之内，现原告起诉要求拆除经过原告房屋附近的 500kV 架空输电线路属无理要求。

3. 风险警示

电网建设要处理好邻权关系，本案警示要防范邻权纠纷的法律风险，需要注意以下两点：① 面对电网建设相邻权纠纷等案件，供电企业应当积极妥善处理，电网建设项目应当取得合法的手续，确保从立项、规划、环保等各个环节均做到合法合规。② 在电网建设过程中要满足《电力设施保护条例》第十条规定的保护区距离要求。

4. 防控要点

电网建设项目应根据当地实际环境和条件，兼顾各方面利益，按照有关利于生产、方便生活的原则，公平合理地处理好相邻关系，实际建设中应当采取增高杆塔、缩短档距、减少跨越等具体安全措施，以保证被跨越房屋的安全，避免法律纠纷。当纠纷出现时，供电企业应积极采取措施，收集保全证明电力线路建设合法性以及电力线路与相邻物之间的距离符合国家规定等方面的证据，依法维护自身合法权益，确保工程顺利进行。

在电网建设的前期也需要进行环境影响评价工作，根据环评结论、专家评审意见，严格按照环评指定地点和规模进行建设，避免产生不必要的纠纷。

六、案例 6：未办理林业手续施工引发林业处罚

1. 案例简述

某输电线路工程参建施工单位未办理完成相关林业手续，擅自进行施工并对塔基周围少量树木进行砍伐。在施工过程中被林业执法部门查处，工程被责令停止，并追究有关责任人责任。

2. 原因分析

施工单位法律意识淡薄，实施过程中存在侥幸心理，在未依法取得林业相关手续时进行了施工。

3. 风险警示

《国家林业局关于依法加强征占用林地审核审批管理的通知》（林资发〔2005〕76 号）指出："坚决纠正对违法占用林地不依法处罚就补办手续的做法。对已发生的违法占用林地的建设项目，一经发现，应当立即责令建设单位停工，依法追究有关责任者责任。"

《中华人民共和国森林法》中规定："进行勘查、开采矿藏和各项建设工程，应当不占或者少占林地；必须占用或者征用林地的，经县级以上人民政府林业主管部门审核同意后，依照有关土地管理的法律、行政法规办理建设用地审批手续，并由

用地单位依照国务院有关规定缴纳森林植被恢复费。"

4. 防控要点

各参建单位在工程初期需加强林业相关手续的宣贯和学习,国家林业和草原局的文件指出对已经发生的违法占用林地的建设项目,一经发现,应立即责令建设项目停工,依法追究相关责任,各级林业部门也不能无权做出"不做违规用地对待"的决定,因此各参建单位不能存有"先建后补"的侥幸心理。同时要进一步重视施工的前期准备工作,工程开工前,施工单位要先进行施工调查,对青苗、树木、附着物等实际情况详细记录并列出清单,避免在施工过程中引起纠纷。

七：案例7：严重阻挠施工引发行政处罚

1. 案例简述

某 220kV 输电线路工程,在施工途经某镇的两基铁塔时,村民万全某、万金某向施工方提出无理的赔偿要求,赔偿要求遭到拒绝后,采用各种手段阻挠工程施工,经多方劝阻无效,致使工程停工达 50 多天,造成较为恶劣的社会影响。为确保全线按时完工,经汇报当地政府,该镇组织公安、司法等相关部门工作人员深入施工现场,认真做好村民的思想工作,得到了广大村民的理解、配合和支持,但仍有个别村民不听劝阻,阻挠施工,公安机关依法对万全某、万金某做出予以行政拘留 5 日的行政处罚决定。

2. 原因分析

万全某、万金某无理进行阻挠电网施工,严重影响了工程建设进度,延误了送电时间,造成了一定的经济损失,其行为已经违法。公安机关对其作出予以行政拘留 5 日的行政处罚,与其违法行为的性质和情节相当,适用法律正确。

3. 风险警示

在施工过程中,建设管理单位及施工单位要做好群众宣传工作,为电力施工奠定扎实的群众基础。若遇到村民无理阻挠施工的,积极联系当地各级政府,一起做好村民的思想工作,得到村民的理解、配合和支持。

4. 防控要点

电力线路建设过程中常常会涉及征地、拆迁等工作,而这些工作往往牵涉面较广、涉及人数多,如果处理不好极易引发群体性事件,因此处理此类事件要谨慎。一是电网建设前期要充分考虑利益相关方,并做好政策宣传和解释工作,要充分考虑施工过程中可能引发的阻工事件,并做好预案。二是施工过程中遭遇的阻工,要依法寻求行政和司法手段支持帮助,避免自行采取简单粗暴的方式,导致群体性事件发生,影响电力建设工程顺利开展。

八、案例 8：穿越环境敏感区引起路径调整

1. 案例简述

某线路工程选线时，需穿越该地西山森林公园及附近规划的茶叶山风景区和鹤伴山森林公园，由于前期收资遗漏了西山森林公园的详细资料，导致线路路径穿越核心景区约 3.5km。开工前线路路径调整避开了核心景区，沿景区边缘通过。

2. 原因分析

《森林公园管理办法》（原林业部第 3 号令）中规定："第十一条森林公园的设施和景点建设，必须按照总体规划设计进行。在珍贵景物、重要景点和核心景区，除必要的保护和附属设施外，不得建设宾馆、招待所、疗养院和其他工程设施。"

3. 风险警示

特高压工程在线路选线时，设计单位需完整地搜集沿线环境敏感区资料，线路路径确定尽可能避开环境敏感区。若确实需穿越的，需与相关管理部门充分沟通，取得其书面同意意见，做到程序合法，结果有效。

4. 防控要点

当线路选线时，对于环境敏感区需做到：① 了解环境敏感区分类。② 对境敏感区相关资料收集完整，不遗漏。③ 了解环境敏感区性质及相应管理办法。④ 明确线路与环境敏感区位置关系。⑤ 了解涉及环境敏感区的行政许可文件办理过程及程序。

第十章

科研管理与创新

第一节 科 研 管 理

一、科研管理概述

1. 电网工程科研的特点

科研创新是推动电网高质量发展的必由之路，也是电网建设不断成长的基石，在我国电网发展历程中，一直将重点技术领域创新，实验研究能力提升，新技术推广应用作为支撑工程建设的基础。通过有效的管理手段，做好科研与工程设计及建设的衔接，是电网工程建设科研管理的核心。1954 年，我国第一条自行设计施工的跨省长距离 220kV 输电线路建成。1989 年我国第一条商业运行的直流输电工程葛洲坝—上海±500kV 直流输电工程建成，输电距离首次突破 1000km。20 世纪 60～90 年代，美国、日本、苏联等发达国家相继开展特高压试验研究，但并没有形成成熟适用的技术和设备。我国研发特高压交直流输电技术，既面临高电压、强电流的电磁与绝缘技术世界级挑战，又面临重污秽、高海拔的严酷自然环境影响，创新难度极大。

2004 年以来，国家电网公司立足自主创新，联合各方力量，组织开展了特高压电网论证，主导规划、组织、投资、设计和建设，实现了特高压输电从交流到直流、从理论到实践的全面突破，验证了特高压电网的安全性、经济性和环境友好性。短短 16 年间，我国高压直流输电系统电压等级从±500kV 提高到±800kV，乃至±1100kV；交流电压等级从 500kV 提高到 1000kV，建成了世界上电压等级最高和输送功率最大的交直流工程，对系统稳定性、绝缘配合、设备性能等不断提出更高要求。截至 2020 年底，全国共有已建成或在建 13 交 18 直特高压输电工程，并持续安全稳定运行，标志着中国特高压输电技术的成熟。

在中国建设特高压输电工程，研究工作极具挑战性，一方面关键技术必须立足国内，自主研发，攻克和突破系统安全稳定控制、复杂环境外绝缘特性、过电压深度抑制、电磁环境控制指标等关键技术难题；另一方面，科研成果需要为工程的设计、施工建设、设备制造、系统运行等各个方面提供全面的技术支持，与工程建设紧密衔接。这些都造成了特高压工程科研时间短、任务重、涉及面广等特点，因此如何把握研究方向、确定研究内容，及时对接工程，在工程中得以实施，有效的科研管理模式对于确保工程成功建设至关重要。

2. 工程科研管理体系

在电网工程关键技术研究中，国家电网公司以直属科研机构为支撑，充分发挥科研优势，产学研一体，以科研推动产业，以产业带动科研，优化组织管理，有效推动电网工程科研工作。其中，特高压的科研管理体系以国家电网公司总部为组织管理，以直属科研机构为科研先锋，集中国电机工程学会、中国电力企业联合会（简称中电联）等组织、机构或学术团体，组织各设备厂商、科研、设计单位及大专院校，全面系统地开展了特高压交直流科研工作。

同时，国家电网公司坚持"用事业培养人才、用人才成就事业"的总体思路，全面构建系统化、制度化的人才发展体系，在电网工程建设过程中培养了一批科研人才。

3. 电网工程科研总体情况

2009年，晋东南—南阳—荆门1000kV特高压交流工程正式建成投运。这一史上首个实现商业化运行的特高压输电线路，集当时世界上运行电压最高、输送能力最强、技术水平最高于一身，宣告中国已在世界上率先系统掌握了特高压输变电核心技术及其设备制造能力。

2010年，向家坝—上海±800kV特高压直流输电工程正式投入运行；2019年，准东—皖南±1100kV特高压直流输电工程正式投运。特高压±1100kV直流输电技术为世界首创，是世界上电压等级最高、输送容量最大、送电距离最远、技术水平最先进的输电技术，在国家科技支撑计划、国家自然科学基金、国家电网公司科技项目、工程专项等项目的支持下，国家电网公司组织科研、高校、设备制造等多家单位联合攻关，攻克了特高电压、特大电流下的绝缘特性、电磁环境、设备研制、试验技术等世界级难题。

每一项工程，都使中国在国际高压输电技术开发、装备制造和工程应用领域的领先优势进一步扩大。依托工程，由国家电网公司组织申报的《特高压交流输电关键技术、成套设备及工程应用》和《±800kV特高压直流输电关键技术及规模应用》分别获得了国家科技进步奖特等奖。研究成果的成功实践也得到了国际上的广泛认同。

所有科研成绩的获得都立足于有效的科研管理模式，我国特高压在电压控制、外绝缘技术、成套设备研制、电磁环境控制、示范工程建设、试验研究能力提升等六大方面实现了全面突破，建成目前世界上电压最高、输电能力最强的特高压交直流工程并实现安全运行，带动了我国电力科技水平显著提升和输变电装备制造业全面升级，大幅提升了我国在国际电工领域的影响力和话语权，确立了我国在高压输电领域的国际领先地位。

二、电网工程科研组织方法

1. 提前立项，科研先行

电网工程科研工作是指为掌握交直流输电技术规律，解决工程设计、建设和运行具体问题，为提高工程建设水平和经济性等开展的科研课题研究，以及研究成果的实施、推广应用而开展的工作。国家电网公司坚持自主创新，以科技引领发展，提前开展工程专项立项，在工程可研阶段，科研单位深入了解工程特点，收集工程技术难点，根据工程需求，提报工程科研申请，确保特高压工程科研与工程需求和应用紧密联系。

多途径立项，完善资金保障，统筹开展国家电网公司科研项目、工程专项等多渠道申报，保障科研经费足额投入，全力支撑电网工程建设需求。集中整合各单位骨干科研人员，集中试验资源，广泛引入高校、设计单位、试验单位、生产厂家开展项目申报。科研立项一般包括三类：① 总部委托开展的涉及交直流输电技术的关键技术研究工作。② 公司总部委托开展的特高压单项研究专题工作（简称特高压专项）。③ 依托工程建设，由设计院委托开展的设计专题研究。

强化立项评审，在初设阶段组织开展必要性和经费审查，确定研究内容、研究经费、成果形式和完成时间。通过立项评审和经费审查的专题，公司总部通过招标等方式确定承担单位。通过电网工程科研项目的全过程计划管控，保障科研有力支撑工程建设。

2. 强化管控，多模式并行

（1）进度及质量管控。公司总部负责工程科研项目的总体管理，督导研究进展、协调解决重大问题，组织中间检查、中间成果评审和应用。为了保障科研的进度和研究质量，主要采取了以下措施：① 采取科研工作例会制。组织召开科研工作例会，技术牵头单位、科研专题负责人参会。采取电话会议等多种方式讨论和确定日常科研专题进度和有关科研要求，协调科研专题与设计工作配合。科研工作例会纪要是工程科研专题的依据文件之一，各单位执行纪要有关决议。② 采取内部校审制度。加强质量管理、提高评审等级，强调研究所负责人、科研专题负责人、科研专题研究人员全员参与工程质量管理，要求科研专题在提交评审之前完成内部校审。③ 采取集中工作制。根据工程需要，抽调各科研专题负责人及主要科研人员，对工程主要科研专题展开集中工作。④ 采取科研监督考核制。依据总体要求和阶段性目标，分阶段开展科研专题质量及进度检查，对未按期完成设计任务或出现严重质量问题的科研专题负责单位进行考核。⑤ 采取分步和分级评审制。科研专题采取分步、分级评审原则。对于科研专题的大纲、中间结论、科研专题最终成果等，采取专家研讨会或评审会的方式研究确定，必要时召开公司级审查会，审定工程重大科研专题成果。⑥ 工作简报制。由专人负责汇总各科研专题进展情况、存在问题，定期出版工程科研专题工作简报，以达到及时发现、沟通和解决问题的目的。

（2）多种管理模式并行。采用项目经理制与项目负责人制多种管理模式并行管理的方式。电网工程科研管理与常规科研管理不同，研究过程需要与设计紧密对接，如果多个课题多位负责人同时与设计对接收资，存在重复收资、对接混乱的现象；设计进度及相关信息的获取也会存在遗漏的现象。例如，中国电科院创新管理模式，实行项目经理负责制，每项工程指定项目经理，由项目经理代表院内/所内与设计对接，同时，作为所内代表人，协调所内资源，配合院内共同开展课题组织管理工作，切实做到了对工程科研的有效管控。

（3）强化与设计沟通。不断加强科研与设计沟通，形成科研攻关与工程设计互动的常态机制。定期组织技术讨论和研究成果中期审查会，加强科研和设计的沟通，对于科研和设计信息沟通和资料交换、设计边界条件变更、科研结论提交等工作，采用科研项目经理和设计设总总体对接，科研项目负责人和设计负责人具体沟通的管理模式，有效提升了工作效率。

3. 严格验收，规范成果策划

严格验收标准，强化验收流程管控，项目承担单位完成自验收后，国家电网公司总部组织对申请验收的项目合同、技术成果、经费使用等验收资料进行初审，通过初审后，组织专题验收，形成验收意见。国家电网公司总部负责科研项目验收的归档管理。在中间结论审查和验收工程的管理过程中，国家电网公司兼顾科研的创新性和工程的实践性，紧密结合工程实践，多重把关，确保了研究成果的质量。

电网工程的研究发展过程中，形成了大量科研成果，为了进一步巩固国家电网公司在输电技术领域的领先优势，提高影响力和话语权，规范成果策划管理，国家电网公司出台了特高压交流输电科研攻关、标准化和知识产权管理实施细则。

三、创新科研管理实践

在电网工程科研管理的实践过程中，国家电网公司立足国内，形成了适用于工程建设的新型管理模式：① 加强顶层设计，对于重点工程项目，提前做好立项规划，针对电网工程建设面临的要点和难点问题，进一步摸清科技创新的规律和难点，推动电网工程建设的创新和发展。② 立足工程，坚持问题导向，开展科研攻关，实现技术提升。③ 产业、高校、科研机构各自发挥功能和资源优势上的协调和集成，形成研究、开发、生产一体化的产学研多单位联合攻关，解决阻碍工程建设发展的"卡脖子"技术。④ 不断推动电网技术优化提升，提高工程安全性和经济性。⑤ 标准先行，以标准引领创新发展，让中国标准走向世界。

（一）顶层设计、科学布局

电网工程科研是一个长期、不断创新的过程，其中以特高压交直流输电工程科研更为复杂和系统。实践证明，要做好特高压工程，首先需要有清晰的思路和明确的战略。因此只有抓好顶层设计，做好科学布局，以"上游"引领"下游"，"顶层"引领"下层"，"前端"引领"后端"，才是实现特高压工程建设成功的关键。2004～2005 年，国家电网公司按照"科学论证、示范先行、自主创新、扎实推进"的基本原则，通过反复的实践，组织编写了《1000kV 交流特高压输变电工程关键技术研究框架》《±800kV 直流输变电工程关键技术研究框架》，组织各方面知名专家讨论审查，通过反复细致的补充修改，形成特高压交直流关键技术研究系统的科研布局。

从工程前期研究、设计课题研究、调试和运行技术研究、试验能力研究、设备研制五个方面进行科研布局。课题覆盖规划、系统、设计、设备、施工、调试、运行维护等多个方面，通过顶层设计、科学布局，科研管理瞄准特高压技术前沿，强化基础研究，实现了特高压技术的前瞻性和原创性，特高压交直流研究成果取得了重大突破。

第一部分为特高压交直流输变电工程前期研究，主要总结了国内外交流 500、750kV 及直流±500kV 输电技术研究及应用经验，开展特高压工程前期研究，开展电磁环境限值、系统特性、大件运输等方面研究工作，为特高压工程可行性研究提供技术支持。

第二部分为特高压交直流输变电工程设计课题研究。可行性研究完成后，开展特高压设计课题研究，通过过电压及控制、绝缘配合方法、系统稳定及控制、无功补偿方案、外绝缘特性、电晕特性、主设备规范、导线选型、空气间隙及大跨越等方面的研究，为工程设计工作提供依据和参数。

第三部分为特高压交直流输变电工程调试和运行技术研究。开展施工、调试及系统运行技术研究。针对特高压工程施工及系统运行的需要，开展工程施工技术方案、验收规范、设备交接试验、运行及设备检修等方面的研究工作，为工程投运提供技术支撑。

第四部分为试验能力研究。试验是特高压交直流工程开展的基础，按照"立足当前、兼顾长远、统一规划、分步实施"的原则，国家电网公司先后组织建成特高压交直流试验基地和国家电网仿真中心、西藏高海拔试验基地、特高压杆塔试验基地、特高压直流工程成套设计研发中心。特高压交直流试验基地的建设，在特高压电磁环境、工程设计、设备技术要求、设备制造、工程建设、试验调试等方面取得了大量有益的经验。作为特高压直流输电基础性、前瞻性技术研究的开放平台，特高压交直流试验基地已成为国际领先的试验研究中心。

第五部分为设备研制。开展特高压工程关键设备研制，以自主创新为导向，重点开展了特高压变压器、电抗器、断路器、隔离开关、套管等设备研制。特高压设备研制过程中形成依托工程、业主主导、专家咨询、质量和技术全过程管控的产学研用联合创新模式，在较短时间内成功实现特高压设备国产化。

最后，按照特高压关键技术总体计划安排，启动研究一系列的课题，同时，在建设过程中，针对新情况和新问题，及时补充新的研究课题。

1. 问题导向、依托工程创新

电网工程科研的基础是工程建设，研究成果应用于工程，如何瞄准工程，使科研成果能有效应用在电网工程建设中，是工程科研管理最亟须解决的问题之一。为此，国家电网公司坚持以科研为先导，以设计和建设需要为问题导向，先后组织开展了过电压、系统稳定、大跨越防振等一系列科研攻关工作。国家电网公司统筹协调，整合各单位力量，通过专题讨论、立项评审等多种方式，充分挖掘特高压建设中阻碍工程设计、建设的难点问题。确定问题后，充分发挥科研单位的优势，同时广泛引入高校、设计单位、设备厂家等多家单位，通过成立联合攻关团队，聘请院士为团队专家，联合国内外各项资源，开展科研攻关，解决工程建设中的难题，有效推动特高压工程建设发展。

2. 系统安全控制研究

随着千万千瓦级新能源发电基地和水电机群的建设，我国成为世界上清洁能源装机规模最大、发展速度最快的国家。跨省跨区远距离特高压交直流输电成为解决清洁能源消纳的有效途径。但是特高压交直流输电工程的建设和运行不但使得我国电网的结构和形态发生巨大变化，同时由于电源、直流本体、配套电网之间建设和投运时序的不匹配性，跨区交直流输电工程送受端电网的运行方式和稳定特性也变得复杂多变，这给保障特高压交直流输电工程送受端电网的安全稳定运行、清洁能源的高效送出带来巨大挑战。

针对上述问题，国家电网公司组织相关科研单位，协同仿真建模、规划、发电、新能源各专业，成立工程核心技术攻关团队，深入分析工程各个过渡期阶段、最终规划阶段送受端交直流混联电网面临的安全稳定及清洁能源送出受限等问题。通过开展各个过渡期电网稳定运行受限的"卡脖子"问题和内在机理研究，提高对电网稳定特性演变的认识深度；科研与设计、安全稳定控制装置生产厂家积极对接，设计防御各种交直流故障扰动冲击的安全稳定控制方案；跟踪特高压交直流输电工程建成后配套电源、网架投运后对电网安全稳定特性的影响，分析安全稳定控制措施及控制方案的适应性，对其防御控制系统提出新要求或优化方案，有效确保电网系统安全稳定运行。

3. 换流站接地极研究

直流接地极作为高压直流输电工程中一个必不可少的重要设备，起着将直流系统双极运行时的不平衡电流、单极闭锁时健全极的负荷电流安全导入大地的作用。然而，当强大的直流电流从接地极泄放进入大地后，将会在接地极极址周边形成一定的电流场分布，引起周边中性点接地的变压器产生直流偏磁，以及对周边埋地金属油气管道造成腐蚀等不利影响。在早期的超高压直流工程中，由于入地电流小，问题并不是很突出。但在特高压直流工程中，随着入地电流的不断增加，多个特高压直流工程相继出现上述问题，给换流站接地极的选址以及后期的治理带来了极大的困难。

针对上述问题，国家电网公司组建研究团队，依托电网环境保护国家重点实验室，对接地极研究中所涉及电流场理论、电路模型和数值计算方法等开展技术攻关，研发出了交流电网变压器直流偏磁综合仿真计算软件，解决了以往模型中由于大地中远场的畸变而计算误差较大的问题，并在实践中不断对模型进行优化，使得直流偏磁预测的准确度大大提高。

同时，研究团队联合油气管道行业的相关科研单位，共同开展高压直流接地极对邻近油气管道的影响研究。通过理论及试验分析，针对直流接地极入地电流的特点，提出了相关的评价指标、限值及计算方法，并针对若干工程开展了实测验证，不断总结经验，为工程评估提供技术手段和依据，研究成果不断地应用于晋北—南京、青海—河南等±800kV特高压直流输电工程建设中。

4. 大跨越防振研究

在电网工程建设中发现，架空输电线路在自然风的作用下不可避免地会发生微风振动现象，若防振措施不当，则极易导致导地线及金具损伤甚至失效，威胁线路的安全运行。因此导地线微风振动的防振问题成为特高压大跨越线路设计、建设、运行过程中不容忽视的问题。

针对上述情况，电网工程科研坚持"问题导向"，组织成立大跨越防振措施研究团队，依托分裂导线微风振动实验室，采取理论计算和实验室微风振动真型试验相结合的技术手段，针对具体工程，因地制宜地提供满足要求的防振方案。研究团队从工程初设起便密切跟踪设计进展，与设计单位协同攻关，及时掌握大跨越工程的设计参数，并根据工程参数准备试验条件，为项目研究工作开展打下良好基础。

在科研和设计的衔接过程中，研究团队依托工程设计参数适时开展防振方案初步设计和防振材料用量预估，将初步方案和材料用量提供给设计单位，为大跨越工程施工招标采购和装置性材料招标采购提供参考。防振试验用材料完成招标采购后，由中标厂商运抵实验室开展真型导地线微风振动模拟试验，通过多维度振动参数测试及数据深化分析研究，研究团队提出了优化的微风振动防振方案。工程施工完成后，研究团队通过现场测振掌握导线上各关键点的动弯应变水平，检验防振方案的运行效果。

从特高压交流试验示范工程的黄河、汉江大跨越起，我国已建、在建特高压交直流大跨越工程全部采用阻尼线与防振锤联合型式的防振方案。现场测振及长期的运行实践表明，在运行的防振方案性能优良、安全可靠，能够有效降低大跨越导线的微风振动水平，为大跨越工程的长期安全运行提供了必要的技术保障。

（二）产学研用结合，多专业协同创新

电网工程技术创新和工程建设，提出了许多亟须解决的科学技术课题，如何有效地利用现有科技力量，加强科技队伍的组织和协调，形成科研团队最大合力，这是获得电网工程技术突破必须要考虑的问题。国家电网公司在多次科研和工程技术研究工作会议上强调，技术研究有分工，但更重要的是协作，要建立全国产、学、研技术研究工作一盘棋的思想，把重大、关键和急需的技术研究工作统筹起来，全面部署安排，把各单位不同专业的技术力量组织起来，共同完成攻关任务。在特高压技术研究过程中，全国先后有多家公司直属科研单位、120多家高校、企业、系统外科研机构参与研究，同时调动了 ABB、西门子、传奇等多家国际公司，攻克了许多重大科研和技术难关，取得了一系列技术成果。

1. 苏通 GIL 综合管廊研究

我国特高压工程多采用架空输电线路，电能传送距离在数百千米甚至上千千米，不可避免地要面对江河湖泊等复杂地理条件，通常采用跨越塔解决跨越江河的问题。但是，随着特高压、大容量、同塔双回等输电技术的发展，以及需要跨越长江、黄河等大江大河情况的出现，单纯仅靠增高跨越塔来实现更宽江河跨越的技术路线将难以为继，跨江实施难度逐渐加大。同时，大跨越架空输电线路在运行方面的隐患日渐突出，包括风、雪、覆冰等气象因素引起的危害，环境腐蚀、超高跨越塔防雷问题。为此，亟须寻找适用于江河大跨越环境下安全可靠、技术先进、经济适用的新型输电设备。

气体绝缘金属封闭输电线路（gas – insulated transmission lines，GIL）将高压载流导体封闭于金属壳体内，注入数倍大气压力的绝缘气体，成为替代架空输电线路的紧凑型输电解决方案。淮南—南京—上海特高压交流工程是国务院大气污染治理十二个重点输电通道之一，该工程输电线路须在江苏南通苏通大桥附近穿越长江，在设计、制造、施工等各环节均面临全新的技术难题。苏通大跨越如采用 GIL，须以地下穿江隧道中铺设特高压 GIL 管道的方式过江，面临大型深水隧道开掘和特高压 GIL 设备研制双重难题，建设难度极大，可靠性要求极高。

为解决深水江底隧道中采用特高压 GIL 实现电能传输并长期安全运行的难题，国家电网公司牵头，中国电科院组织航空工业综合技术研究所（301 所）、清华大学、西安交通大学等知名研究院所、高校、制造企业开展产学研用联合攻关，历时 5 年，在特高压交流 GIL 整体设计、可靠性分析和提升、标准体系方面取得了创新突破。攻克了高性能绝缘组部件研制、绝缘系统气固界面放电特性、环氧复合材料界面效应、高场强下金属微粒运动特性及其抑制、高可靠性密封等技术难题，实现了特高压 GIL 关键技术突破。特高压 GIL 为世界首创，提出了优于国际国内标准的全套技术标准，实现了关键组部件的自主化设计、成套设备的国产化批量稳定生产，推动特高压电工装备制造水平达到新高度。研制出长距离特高压 GIL 运输、安装、充气、试验等全套装备，首次实现 GIL 全机械化精准安装、单相 5.7km GIL 整体 1150kV 耐压试验，特高压工程电气施工技术取得新突破，在世界上率先掌握特高压 GIL 输电的设计、制造、施工和试验全套技术。

苏通 GIL 综合管廊工程是世界上首次在重要输电通道采用特高压 GIL 技术，电压等级最高、输送容量最大、输电距离最长、技术水平最先进，是特高压输变电技术领域又一世界级重大创新成果，为未来跨江、跨海等特殊地段的紧凑型输电提供新的解决方案。

2. 可控并联电抗器的国产化研制

可控并联电抗器是超/特高压输电系统中重要的无功调节设备。相比于其他无功补偿装置，超/特高压可控并联电抗器电压等级高、容量大，输电系统对其响应速度、谐波含量及可靠性等性能指标及相关技术有着更高要求。

超/特高压可控并联电抗器作为一种新型柔性交流输电装置，通过动态补偿输电线路过剩的容性无功功率，可以有效地抑制超/特高压输电线路的容升效应、操作过电压、潜供电流等现象，降低线路损耗，提高电压稳定水平及线路传输功率。

为提高特高压交流输电系统的安全、经济运行水平，国家电网公司组织开展了特高压可控并联电抗器的研制。考虑到特高压可控并联电抗器为首次研制，国际上无任何成熟经验可供借鉴，涉及系统特性及设备研制方面一系列技术难题。国家电网公司于 2007 年立项"1000kV 可控电抗器装置关键技术研究"项目、2008

年立项"1000kV可控并联电抗器研制及工程示范"项目，对特高压可控并联电抗器适用性、装置关键技术、工程应用技术进行深入的研究。在装置技术研究的基础上，2010年9月，国家电网公司正式启动"特高压分级式可控并联电抗器单相成套设备集成研制"项目，研制特高压可控并联电抗器设备。2011年10月，中电普瑞科技有限公司研制出了世界首套特高压可控并联电抗器成套设备，本体和辅助电抗器的联合试验顺利完成，标志着特高压可控并联电抗器单相成套设备研制取得了成功。

超/特高压可控并联电抗器装置已实现我国拥有自主知识产权，完全掌握了方案设计、装置开发、工程应用等方面的核心技术，在电压等级、额定容量、绝缘水平及高海拔应用等方面，均创造了多项世界之最，填补了国际和国内该领域的空白。

3. 金具设计及标准化研究

线路金具主要用于支撑和连接输电线路其他元件并保护导线运行，其性能关系到输电线路的质量和长期稳定运行。在工程建设前期，需要针对每个工程具体的特点，开展针对性的成套金具设计工作。对于特高压输电线路工程，金具具有数量多、种类杂的特点。国家电网公司组织相关单位开展了特高压交、直流线路金具通用设计，统一了特高压金具的标准化命名与分类，规范了特高压金具的结构尺寸和技术参数，提升了金具的整体性能，全面提升了我国特高压直流换流站金具的制造质量和技术水平，对于特高压直流工程的稳定可靠运行具有重要意义。

同时，根据长期以来金具设计与图纸管理方面的经验，中国电科院联合国网经研院及各设计院、建造单位与厂家整理出了一套完整的图纸闭环管理流程，更好地支撑公司特高压工程建设。

（三）优化提升、持续创新

电网工程科研工作是一个不断总结、巩固阶段性成果，再次创新优化的过程。电网工程科研工程的研究成果凝聚了科研管理者和工作者的心血，多年来，各代科研工作者不断努力，特高压科研成果不断发展。一些常规特高压技术支撑项目，如特高压工程污秽外绝缘、电磁环境等关键技术研究，通过多个工程的计算、实践和应用，在为工程设计提供技术支撑的同时，持续开展设计优化，精确技术参数，研究结论不断优化，有效提升了工程的安全性和经济性。

1. 电磁环境研究

科研是一个不断创新、不断修正和优化的过程，电磁环境研究也经历了几个阶段的发展。电网工程发展之初，工程设计首先面临的就是没有电磁环境控制值，如何合理确定电磁环境控制值对保护环境和控制工程造价至关重要。国家电网公司高度重视电磁环境问题，从2003年起，就组织有关科研、设计单位及高校，开展电网工程电磁环境研究。基于建成的特高压交直流试验线段、交直流电晕笼、西藏高海拔试验线段、不同海拔模拟试验线段、电波暗室等试验设施，提出了特高压交直流工程电磁环境控制值，为特高压工程的电磁环境控制提供了依据。针对高压直流输电技术发展中面临的高海拔电磁环境预测和控制这一关键问题，研究得出了高压直流输电线路电磁环境的海拔修正方法。

随着特高压直流工程的推广，在部分线路走廊资源紧张地区，陆续出现特高压交流同塔双回、特高压交直流同塔、交直流并行、交叉跨越等新的架设方式，新的架设方式下对电磁环境的有效预测和控制，是特高压工程设计面临的新问题。为此国家电网公司再次组织科研机构，对新的架设方式下的直流合成电场、离子流密度、可听噪声、无线电干扰预测方法进行了研究，提出了电磁环境控制措施，为我国特高压交直流工程设计和建设提供了有力的技术支撑。

2. 特高压工程外绝缘研究

超/特高压输电系统的研究和工程经验表明，运行电压下的污耐受水平决定了绝缘子尺寸。由于我国地域辽阔，工业污染严重，不同地区污秽情况差别很大，再加上高海拔和覆冰等问题，使得特高压外绝缘问题成为特高压输变电工程设计的关键性控制因素之一。此外，特高压线路需采用高强度、大盘径绝缘子，并采用多串并联的绝缘子串布置方式。特高压线路用绝缘子串的长度比超高压线路长一倍以上，其绝缘子串污闪电压与串长之间的关系也是特高压线路污秽外绝缘设计需要研究的问题。结合特高压输电建设的关键问题，建设了特高压直流试验基地、西藏高海拔试验基地等相关的试验设施，在外绝缘污秽、覆冰、高海拔修正等方面获得了大量基础数据，取得了一系列创新成果，并直接应用于工程设计。

在特高压工程外绝缘基本参数确定方面，根据特高压交直流试验示范工程建设需要，完成 1000kV 级直流输电外绝缘、±800kV 级直流输电外绝缘、±800kV 直流输电线路沿线污秽调研与预测、覆冰条件下绝缘子串闪络特性研究、输变电设备覆冰、融冰闪络试验方法研究前期关键技术研究，提出了±800、1000kV 电压等级特高压工程所需的外绝缘污区分布、绝缘子污秽特性、覆冰特性、大跨越、多串并联等工程用关键参数。

针对特高压工程所面临的高海拔问题，建设西藏高海拔试验基地，开展了高海拔地区交直流绝缘子污闪特性试验验证及污闪机理研究、高海拔地区特高压交流工程关键技术深化研究、全尺寸设计条件下特高压直流输电工程设备外绝缘的污闪特性及海拔修正等多项研究，获得了 4300m 及以下地区高海拔条件下绝缘子串污闪特性、获得了污闪机理，并在工程应用。相关成果获得西藏自治区科学技术进步奖、青海省科学技术奖、中国电力科学技术奖等省部级科技进步奖。

针对特高压工程在特殊环境下的外绝缘特性，开展了特殊气候条件下输变电设备沿面外绝缘的基础性试验研究、覆冰（雪）区特高压输电线路污秽绝缘子串外绝缘设计及防冰雪闪络措施研究等项目研究，获得了高海拔、重覆冰、大雨、覆雪、强紫外等特殊环境下影响特高压输电外绝缘的特性规律。为工程在特殊气候环境下的建设、安全运行提供了技术支撑。

针对特高压工程后期的技术优化需要，完成了±800kV 直流输电线路优化研究、第二代特高压交流杆塔关键技术研究等项目研究，在外绝缘方面进行了相关的试验和参数优化。

针对±1100kV 工程的建设需求，开展了±1100kV 直流输电外绝缘特性试验研究、准东—皖南±1100kV 特高压直流输电工程设计专题、±1100kV 特高压直流线路电气特性优化研究等多项研究，提出了±1100kV 工程所需的污秽、覆冰、复合绝缘子连接等全方位参数，有力支撑了工程设计建设。

（四）标准先行、规范化建设

特高压标准体系是特高压技术的核心技术之一，我国在特高压建设过程中，始终重视特高压标准体系建设，遵循"工程建设、标准先行，标准建设、体系先行"的原则，依托特高压工程建设，研究提出了科研攻关、工程建设和标准化一体、同步推进的创新思路。随着特高压工程的建设投运，形成自主知识产权，依托示范工程建设同步推进技术标准化，在世界上率先建立全套特高压交流输电技术标准体系和特高压直流标准体系，为我国的特高压技术和装备在更大范围内应用创造了条件，推动标准国际化，大幅提升了我国在国际电力工业领域的影响力和话语权。

标准化体系建设是标准化工作的技术基础，国家电网公司在中国国家标准化管理委员会等国家有关部委和中国电力企业联合会等单位的支持下，协调相关科研机构、特高压交直流建设和运行单位，提前规划、统筹讨论，先后组建了全国特高压交流输电标准化技术委员会（简称全国特高压交流标委会）、全国高压直流输电工程标准化技术委员会（简称全国高压直流标委会）和电力行业高压直流输电技术标准化技术委员会（简称电力行业高压直流标委会）。技术标准体系涵盖了技术通用、环境保护、规划设计、设备材料、工程建设、测量试验、运行检修等多个环境，包括 77 项交流特高压标准、64 项直流特高压标准。

同时，我国特高压建设提出的成果被国际电工委员会（IEC）、国际大电网会议组织（CIGRE）和电气电子工程师学会（IEEE）等世界权威技术组织采纳。成功促使 CIGRE 为制修订 IEC 相关技术标准、增补特高压内容启动了有关技术准备工作，成立了由我国主导的多个工作组，包括特高压变电站设备（A3.22）、特高压变电站系统（B3.22）、特高压绝缘配合（C4.306）、超特高压交流开关设备的开断特性和试验要求（A3.28）、特高压交流变电站建设及运行中的现场试验技术（B3.29）等。国际电工委员会高压直流输电技术委员会（TC115）秘书处设在中国。发布国际标准 4 项，极大提升了我国在国际电力领域的影响力。

近年来，结合国家电网公司在特高压直流技术研究中的成果，为满足特高压 ±1100kV 直流工程的发展需要，综合考虑研究、设计、施工、运行维护和制造等方面的需要，国家电网公司又组织开展了特高压±1100kV 直流工程的标准编制工作，包括工程建设类标准体系和运维类标准体系共 21 项。同时也加快编制±1100kV 相关 IEC 标准，通过主导标准的制定固化我国特高压直流研究成果。±1100kV 特高压直流输电技术代表了世界直流输电技术的最高水平，在引领中国特高压直流技术进步、支撑工程建设、提升标准国际化水平方面发挥了重要作用。

第二节　首台（套）设备试用

一、国内技术装备发展概述

近年来，我国电网发展不断突破，技术水平不断提升，实现了从引进、追赶到引领、输出的重大转变。

20 世纪 80 年代中后期，国内电网工程的技术设备基本采用进口方式。我国于 1985～2008 年开工建设的 5 条超高压直流输电线路，国产化率分别为 0%、30%、50%、70%、100%。1989 年我国投运的首条±500kV 直流输电工程——葛洲坝—上海±500kV 直流输电工程（简称葛南直流）进口设备率为 100%。自 2008 年以来，输电工程项目绝大多数设备均逐步实现国产化，运行指标、可靠性均达到国际领先水平。

电网工程中特高压输电工程是我国具有自主知识产权的重大创新成果。特高压交直流输电是满足我国超大容量、超远距离输电需求，实施西电东送战略的重大技术。2004 年，国内电网企业提出研发±800kV 特高压直流输电技术，组织国内外 160 多家单位，产学研用协同攻关，最终于 2010 年实现了国家电网公司向家坝—上海±800kV 特高压直流输电工程（简称向上工程）和南方电网公司云南—广东±800kV 特高压直流输电工程建成投运。目前，国家电网公司以向上工程为基础，持续推进技术创新，将特高压直流工程的输送容量从 6.4GW 逐步提升至 12GW，直流电压从±800kV 提升到±1100kV，输送距离达到 3000km 以上。

特高压技术装备是我国能源领域自主创新、世界首创、拥有国际标准主导权和较强竞争优势的重大技术，也是国家创新能力和综合实力的重要标志。通过特高压工程建设，联合国内、外制造商，实现了特高压全套装备整机制造。但换流变压器、套管、分接开关等设备依然被国外控制，相关产业基础薄弱、创新能力不强等问题尚未得到根本解决，首台（套）示范应用不畅成为装备制造业创新发展的瓶颈制约。因此电网企业需紧密围绕应用需求，加强研发与应用衔接，推动首台套示范应用取得实质性进展，为装备制造业迈向中高端提供坚实保障。

二、首台（套）试用与评定

1. 首台（套）重大技术装备研发创新平台

能源领域首台（套）重大技术装备是指国内率先实现重大技术突破、拥有自主知识产权、尚未批量取得市场业绩的能源领域关键技术装备，包括前三台（套）或批（次）成套设备、整机设备及核心部件、控制系统、基础材料、软件系统等。能源领域首台（套）重大技术装备评定和评价工作由国家能源局牵头组织实施，主要包括申报、评定、示范及效果评价。

国有企业深入贯彻落实党中央、国务院关于推进供给侧结构性改革、实施创新驱动发展战略、建设制造强国的决策部署，以首台套示范应用为突破口，推动重大技术装备水平整体提升。企业突出问题导向，加强重大技术装备创新顶层设计，构建重大技术装备创新体系，产学研联合攻关，在关键、必需环节取得突破。电网企业依托于特高压工程：① 扎实推进新型换流变压器网侧套管、阀侧套管、出线装置及升高座系统、有载分接开关、滤波器小组断路器等核心组部件研制，完成换流变压器网侧套管、阀侧套管型式试验考核。② 强力推进特高压套管自主化技术研发，完成穿墙套管、换流变压器网侧套管研制并在直流工程中试点应用。③ 全面攻克大容量柔性直流关键设备、柔性直流仿真建模、柔性直流电网、柔直电网接入新能源等重大关键技术，支撑柔性直流工程安全运行。④ 完成新型特高压换流站消防方案研究与验证并加快推进在直流工程试点应用。

2. 首台（套）重大技术装备申报与评定

为加快推进能源技术革命，有效推动能源领域短板技术装备突破，切实解决能源领域"卡脖子"技术装备，做好能源领域首台（套）重大技术装备示范应用工作，2019 年国家电网公司就在建、在运特高压工程首台（套）申报范围、流程及组织与政府部门进行深入沟通，确定企业牵头，依托工程项目，联合装备厂家申报的方式，将应用首台（套）的工程纳入减轻责任的范畴。

按照国家能源局印发的《能源领域首台（套）重大技术装备评定和评价办法（试行）》的通知要求，国家电网公司组织监造管理单位、监造单位和相关设备厂家编制申报材料，主要包括企业基本情况介绍、研发及售后保障能力、技术装备自主创新情况、技术装备适用范围、国内外技术装备发展现状及应用前景、主要技术规格参数和技术水平、运行安全风险、科技成果鉴定（或评价）材料、科技查新报告、自主知识产权证明等。

国家能源局委托第三方机构组织开展能源领域首台（套）重大技术装备评定工作，被委托单位组织能源技术装备领域资深专家，组建不同专业领域的专家组，召开评定会，对申报的技术装备进行评定。评定会结束后，被委托单位负责对各专家组意见进行汇总，并以正式文件上报国家能源局。国家能源局负责对评定结果进行公示，经公示无异议后，列入能源领域首台（套）重大技术装备清单。

三、首台（套）试用管理实践

根据国家能源局要求，国家电网公司陆续组织开展了特高压输电技术领域首台（套）装备的申报工作。按照设备首次应用和国产化组部件首次应用的原则，确认 7 类创新工程（项目），11 类 195 余种设备，涉及厂家 54 个，涵盖了电力行业所有骨干厂家，工程项目包括首批 8000MW 工程——哈密—郑州、溪洛渡—广东±800kV 特高压输电工程；首批网侧直接接入 750kV 工程——灵州—绍兴、酒泉—湖南±800kV 特高压输电工程；首批 10 000MW 工程——锡盟—泰州、上海庙—临沂、扎鲁特—青州±800kV 特高压输电工程；首个±420kV 背靠背工程——渝鄂直流背靠背联网工程；首个柔性直流电网试验示范工程——张北可再生能源柔性直流电网示范工程；首个±1100kV/12 000MW 工程——准东—皖南±1100kV 特高压直流输电工程；首个 1000kV GIL 工程——苏通 GIL 综合管廊工程。

特高压直流工程设备主要包括换流变压器、换流阀、控制保护、平波电抗器、交流场设备（GIS、滤波器小组断路器、交流隔离开关和接地开关、站用变压器、交流避雷器、交流测量装置、联络变压器）、滤波器场设备（电容、电阻、电抗）、直流场设备（穿墙套管、旁路开关和转换开关、直流隔离开关和接地开关、直流避雷器、直流测量装置）、调相机设备（调相机、升压变压器、控制保护）以及绝缘子、金具等辅助材料。

自 2010 年向上特高压直流输电工程投运后，国内已全面掌握±800kV 及以下电压等级的成套设计，包括成套装置的设计、生产、试验、安装、运行等关键技术，在大电网控制保护、智能电网、清洁能源接入电网等领域取得一批世界级创新成果。目前建立了系统的特高压与智能电网技术标准体系，编制相关国际标准。

第三节　核心设备国产化研制

我国高压输电技术起步较晚，但发展很快。目前我国部分核心设备的发展模式不断创新，技术水平大幅提升，已达到国际领先水平。随着更高电压等级的特高压输电工程建设，国内外制造厂均开展了高电压等级设备的生产和制造，对于特高压

（柔直）部分关键设备，如穿墙套管、一次设备套管、分接开关、大功率全控型电力电子器件等国产化研制还存在诸多需要攻克的关键技术，并有待长期运行考核研究。为了打破部分核心设备技术完全依靠外国技术力量的局面，在电网工程建设发展初期，国内电网企业就高度重视核心设备国产化研制工作，设立重大核心专项科技攻关项目，增强原始创新能力，实现关键核心技术自主可控，全力支持和推进我国超特高压工程完全自主建设的进程。

一、套管

特高压交直流套管是特高压变压器/换流变压器的关键组部件，其中套管起导电连接、绝缘隔离和机械连接的作用，是特高压变电站和换流站电能送出的必经通道。目前，国内已完成 500、750、1000kV 换流变压器网侧套管，1000kV 特高压交流套管的研制，并在特高压工程中挂网运行。但国内特高压直流套管的研发和应用仍存在材料、设计、工艺、试验等原创性技术薄弱，核心制造技术掌握不够等问题，特高压直流套管缺乏考核长期运行可靠性的试验方法和平台。国产直流套管在性能和可靠性方面与国外产品相比还有差距，需进一步研究、试验和验证。

1. 穿墙套管国产化技术路线

直流穿墙套管是换流站阀厅内部和外部高电压大容量电气设备间重要的电气连接设备，承载系统全电压和全电流，是直流输电系统中的关键设备。目前直流穿墙套管技术方案主要有纯 SF_6 气体绝缘结构、环氧芯体 SF_6 气体复合绝缘结构（干式）。

（1）纯 SF_6 气体绝缘结构：国内设备制造商已成功研制出±1100kV 纯 SF_6 气体绝缘直流穿墙套管，主要解决了电场分析和稳定性设计关键技术。

套管内部绝缘结构设计。基于直流下电场的分布情况及规律对套管内部结构进行设计，优化内部屏蔽和导电杆，设计合理的绝缘结构。在所选材料和各种物理场仿真计算的基础上，开展内、外绝缘结构及机械结构设计，提出直流纯 SF_6 气体绝缘穿墙套管设计方案，从多物理场分布、机械强度、绝缘性能、通流能力等方面对套管进行优化设计和整体计算校核，完成套管图样设计。

套管力学稳定性设计。根据套管端部的外部受力和自重，进行力学稳定性计算，确定空心复合绝缘子和中心导体的结构。套管整体长度长、重量大，对套管机械性能要求很高，主要技术难点是电热耦合条件下电场均匀化设计，静力、动力和地震等多应力作用下套管机械结构设计，大电流载流结构设计三个方面，分别对这三个方面进行研究，获得最优的套管设计结构。

（2）环氧芯体 SF_6 气体复合绝缘结构：国内设备制造商已成功研制出±1100kV环氧树脂浸渍干式套管。通过开展胶浸纸套管大电流发热、散热结构研究，交直流高电压电场分布规律研究，材料性能研究，整体结构设计与研究等，实现了套管材料配合，界面处理，树脂浸渍，均压屏蔽，电场、热场均匀化，内外绝缘结构设计、机械强度提升等关键技术的突破。

2. 阀侧套管国产化技术路线

换流变压器阀侧套管作为换流变压器的重要组件，一端连接换流变压器的阀侧绕组，另一端与换流站阀厅 12 脉动换流阀相连。运行中的特高压换流变压器阀侧套管承受的是交直流叠加形式的电压，承载的电流除工频电流外还包含较大谐波分量，大负荷下换流变压器和阀厅温度也处于较高水平。

按换流变压器阀侧套管主绝缘形式，目前工程中应用的阀侧套管可分为油浸纸充 SF_6、胶浸纸（干式）充 SF_6 两种技术路线。油浸纸充 SF_6 阀侧套管的主绝缘采用油浸纸绝缘结构的电容芯体，气体延伸段充以 SF_6 气体作为辅助绝缘，外绝缘采用的是空心复合绝缘子外套。胶浸纸充 SF_6 阀侧套管主绝缘采用环氧树脂浸纸固化成型的电容芯体，气体延伸段充以 SF_6 气体作为辅助绝缘，外绝缘采用的是空心复合绝缘子，具有无爆炸燃烧风险、局部放电水平低、密封性能好、试验和安装工艺处理简单等优点，满足阀厅无油化要求。目前国内套管厂家主要将干式换流变压器阀侧套管作为重点攻关方向，已研制的 $\pm200kV$ 和 $\pm400kV$ 套管，并在特高压湘潭变电站和同里变电站实现挂网应用。

以高可靠性的 $\pm800kV$ 干式换流变压器阀侧套管为研制和工程应用为目标，将开展特高压干式换流变阀侧套管结构设计、原材料和部件质量控制、套管稳定成型工艺等关键技术研究，完成性能水平优于进口产品的 $\pm800kV$ 特高压干式换流变压器阀侧套管的研制和工程应用，从而全面掌握特高压换流变压器套管核心技术。

3. 套管国产化研制及工程应用

国家电网公司全面提升自主可控能力，依托特高压套管技术攻关框架项目，全面推进已完成样机研制的特高压交直流套管长期性能考核验证和优化工作，并建立挂网运行考核机制，推进国产产品的替代和工程化应用。同步组织各相关单位、相关产业单位及国内主要设备厂商，围绕高可靠性特高压套管研制和长期带电考核等技术进行攻关，尽快掌握套管制造工艺提升、质量提升、检测与运维等技术。将针对在建和在运特高压交直流工程，评估关键套管组部件需求，引导变压器厂商进行必要的备品备件补充。同时开展特高压套管关键原材料供应链的调研，对特高压套管的关键基础材料研究替代选型方案，并且对新材料的套管产品进行试点应用，全力攻克套管的设计、材料、工艺、质量控制技术，以及长期可靠性试验考核的难题，实现工程应用，解决"不会造"的问题。

目前已完成低端换流变压器阀侧套管和直流穿墙的研制，并在青海—河南 $\pm800kV$ 特高压直流输电工程中批量应用；载流结构改进提升的 1000kV 特高压交流套管已完成型式试验，计划 2020 年底在芜湖变电站扩建工程挂网应用；

±800kV 换流变压器阀侧套管和直流穿墙套管已完成试验样机试制，计划 2020 年底在青海—河南±800kV 特高压直流输电工程试用。计划 2021 年底前完成特高压直流套管综合试验考核平台搭建，满足对±800kV 特高压直流套管进行长期带电考核。

二、分接开关

在电力系统中普遍采用变压器有载分接开关来调节电压，它可以有效提高系统电压的质量与供电的可靠性。分接开关是变压器/换流变压器唯一频繁动作的组部件，一个特高压直流输电工程每年分接开关累计动作约 20 万次，不允许出现任何缺陷和问题，机械动作稳定性要求极高。其功能是根据系统需要在变压器调压线圈不同电压分接端子之间的切换，实现变压器/换流变压器的电压调节，以满足补偿电压波动、改善电能质量、稳定直流输送功率的要求。目前，高端分接开关国产化主要面临以下几个主要问题：① 国外企业在分接开关领域申请了大量专利，国产化需要突破国外专利壁垒。② 国内精密制造工艺与国外先进水平尚有差距，需要进行联合攻关优化结构设计，弥补工艺短板。③ 分接开关一旦故障会危及换流变压器安全，损失巨大，对产品可靠性要求极高，现有产品的可靠性未经长期运行考核。

1. 分接开关国产化技术路线

分接开关按照调压方式可以分为有载分接开关（on-load tap changer，OLTC）与无励磁分接开关（off-circuit tap changer，OCTC）两大类。有载分接开关用于变压器/换流变压器运行或带负载条件下的调压操作。对于直流工程换流变压器，直流系统的运行策略需要阀控系统与分接开关相互配合，以保证直流输电功率的稳定，因此必须采用有载调压方式。无励磁分接开关只能在变压器/换流变压器无励磁（不带电）状态下进行调压操作，对于 500kV 及以上超、特高压交流变压器，大部分变压器采用无励磁调压方式。国内研究机构、主要设备厂商结合实际工程需求，分别研制真空有载分接开关和无励磁分接开关样机，开展型式试验和长期可靠性试验考核，推进工程试点应用。

（1）有载分接开关。有载分接开关按照结构方式分为复合式和组合式两大类，复合式有载分接开关应用于低电压等级变压器。组合式有载分接开关应用于高电压等级交流变压器和换流变压器，由切换开关、分接选择器和电动机构组成，切换开关由切换开关本体和油室组成，分接选择器带有极性选择器。

组合式有载分接开关可分为机械式有载调压分接开关、电力电子型有载调压分接开关，其中电力电子型有载调压分接开关包括电力电子辅助机械型、电力电子开关型。机械式有载分接开关是由分接头调整机构、机械传动机构和灭弧部分组成，在不切断负载电流切换分接开关过程中会产生电弧，需要采用高可靠性灭弧器件，近年来广泛应用于工程的机械式分接开关为油浸真空式分接开关，采用真空断流器

（真空泡）作为灭弧装置，在真空管内部熄弧，其特点是体积小、维护量少、灭弧性能好且不易引起油碳化，可大大减少分接开关的运维工作量。电力电子辅助机械型分接开关是在进行分接头切换时，将电力电子器件作为过渡装置，用电力电子开关作为接通和切断电路，机械触头不带电开断或等电位切换，以此抑制切换过程中所产生的电弧，由于电力电子器件只在挡位切换过程中导通，减少了由于持续工作而引起的发热量，可以长时间投入运行，目前已在中低压变压器中采用。电力电子开关型有载调压分接开关是指采用电力电子器件替代传统有载分接开关的全部机械开关，该类开关的动作响应快，通过控制电力电子开关器件的导通角或者通断，实现变压器分接头的无弧切换和有载调压，其在响应速度以及自动控制方面具有显著优势，随着晶闸管容量及性能的提高，电力电子开关型分接开关技术取得了较大的发展。

我国近期积极开展机械型、电力电子型分体式有载调压分接开关研制。前期有载调压分接开关发生多起故障，由于分接开关的切换开关油室体积小，一旦切换开关发生极间短路故障，上百千安短路电流极易引起切换开关油室起火爆炸、换流变压器着火。为降低切换开关故障起火爆炸引起换流变压器本体绝缘油着火的危险，我国正在积极研制基于传统机械式切换开关的机械型分体式有载分接开关，以及基于电力电子式切换开关的电力电子型分体式有载分接开关，将两类切换开关和换流变压器本体油箱及分接选择器进行物理分离，切换开关及其油室单独放置在换流变压器本体油箱外部，不与换流变压器本体油箱相通，是一种新型有载分接开关的布置结构，可有效降低分接开关故障风险。

（2）无励磁分接开关。无励磁分接开关工作原理是在变压器绕组中引出若干分接头并与它连接，在变压器无励磁的情况下，通过手动或电动操作，由一个分接头转换到相邻的另一个分接头，以改变绕组的有效匝数，即改变变压器的电压比，从而实现调压，主要适用在无励磁调压的电力变压器和配电变压器上。

对于高可靠性无励磁分接开关，重点研究触头材料、固体绝缘材料和金属材料，通过对无励磁分接开关的运行条件进行研究和仿真计算，确定无励磁分接开关关键原材料承受的应力条件，研究提出触头材料、固体绝缘材料和金属材料的关键参数要求。开展典型触头材料、固体绝缘材料和金属材料的关键参数试验，通过对比研究确定满足高可靠性无励磁分接开关要求的关键原材料，同步形成关键原材料的选型方法和指标要求。进一步验证高可靠性无励磁分接开关的设计方案，建立无励磁分接开关校核计算模型，开展无励磁分接开关的电场校核、机械校核和温升校核，根据校核计算结果，对触头和整体结构进行优化设计。通过第三方型式试验考核和长期运行可靠性试验考核后，推进无励磁分接开关工程试点应用。

2. 分接开关国产化研制及工程应用

国家电网公司从关键技术短板出发，突破进口厂家的技术瓶颈，推进国产高可靠性替代产品的研制和工程应用。设置分接开关技术攻关项目，由国家电网公司立项特高压分接开关研究框架，采用业主主导、依托工程、产学研联合攻关模式，推进特高压设备分接开关核心技术研发与可靠性提升。通过建设高标准分接开关专业实验室，建立分接开关研发和性能全面验证平台，开展分接开关电气、机械、力学、材料等方面的全面验证和摸底试验，实现特高压分接开关的全面国产化，确保我国特高压、超高压工程在进口分接开关产品全面断供情况下，可以由国产高可靠性分接开关有效替代，保障特高压工程安全可靠运行和全社会安全可靠供电。

通过自主研发解决影响分接开关可靠性的关键技术难题，实现分接开关的国产化，研制高可靠性国产化分接开关样机。同时，研究打造技术水平高、工艺控制精细、批量化质量稳定、安全可靠的生产线，实现国产高可靠性分接开关的批量化制造，通过全面性能验证后，开展国产分接开关批量挂网运行，在实际运行环境对其综合性能进行考核验证，推动国产分接开关的批量化工程应用进程。计划 2020 年 12 月底前完成 750kV 和 1000kV 特高压变压器用分接开关国产化样机研发，2021 年实现工程应用。计划 2021 年 12 月底前，研制±800kV 直流系统用换流变压器分接开关国产化样机，2022 年实现工程应用。通过工程应用，考核国产化高端分接开关的技术性能，改进技术设计，逐步实现全系列产品的国产化替代。

三、大功率全控型电力电子器件

大功率全控型电力电子器件是柔性直流换流阀、直流断路器等高端电力电子设备的核心元器件。大功率全控型电力电子器件在工程中采用高压大功率 IGBT 器件。高压大功率碳化硅 MOSFET 器件处于研制阶段。大功率全控型电力电子器件根据封装形式不同，可以分为焊接型器件和压接型器件。其中，压接型器件具有功率等级更大、功率密度更高等特点，尤其适合于电力系统高压大容量应用场景。

高压大功率焊接型 IGBT 器件目前最高电压电流等级分别为 3300V/1500A 和 4500V/1200A，国际上开展研发的主要是 ABB、Infineon、Mitsubishi、Fuji 等半导体公司。国内主要是株洲中车时代电气和全球能源互联网研究院在进行相关的研发。国内中车时代电气公司完成了 3300V/1500A 焊接式 IGBT 研制并在渝鄂直流背靠背联网工程中规模应用，全球能源互联网研究院研制的 3300V/1500A 焊接型 IGBT 器件已经通过工程实际应用工况的考核，预计 2021 年应用于厦门柔性直流工程。在焊接型 IGBT 器件方面，国内正在逐步实现国产化替代，从器件参数方面，国内器件参数已经接近国际先进水平。

高压大功率压接型 IGBT 器件目前最高电压电流等级已经达到 5.2kV/3kA，为 ABB 公司产品。此外，其他主要压接型 IGBT 器件的电压电流等级为 4.5kV/3kA，国际上开展研发的主要有 Toshiba、Westcode、Infineon 等半导体公司。在国内，株洲中车时代电气、全球能源互联网研究院开展相关研发工作。株洲中车时代电气研制的 4.5kV/3kA 压接式 IGBT 参数已接近国外先进水平，并在张北可再生能源柔性直流电网示范工程中应用。全球能源互联网研究院研制的 4.5kV/3kA 器件按照张北工程应用工况，稳定运行超过 24h。国内厂家采用增强型平面栅技术，采用 U 形元胞结构结合载流子存储层技术，可以显著增强 IGBT 体内电导调制效应，大幅降低导通电阻，提升元胞区发射极侧的载流子浓度，降低导通压降并提高反偏安全工作区（RBSOA 性能），实现低静态损耗及高动态开关安全性，IGBT 器件导通损耗、关断能力和短路特性等关键参数与国际主要竞争厂商器件对比，整体水平与国际先进水平相当，且大部分情况下，导通损耗的表现会更具优势，充分满足电网领域的应用需求。

高压碳化硅 MOSFET 器件，可以广泛应用于电力电子变压器、能量路由器、柔性交直流输配电等领域，国内外都在积极开展相关研究，但目前尚无工程应用。国内株洲中车时代电气和全球能源互联网研究院，已开展高压 SiC 器件研究领域研究工作。株洲中车时代电气攻关 3.3kV/800A 电压电流等级的 SiC MOSFET 模块，已经研制出样品，并开展电气特性及可靠性评估。全球能源互联网研究院攻关 6.5kV/400A 电压等级的 SiC MOSFET 模块，已研制出样品，完成了参数、安全工作区等一系列评估，已开展可靠性评估工作。

第四节　适应能源变革的电网新技术

当前，我国正在推进能源变革，关键是供给侧清洁化和消费侧电气化，2050 年要实现非化石能源占一次能源消费比重超过 50%、电能占终端能源消费比重超过 50%。新能源将成为主导电源，电网发生质的变化。聚焦适应能源变革的电网新技术，依托重大工程，产学研协同创新、持续创新，是引领未来电网工程建设的发展方向。目前，我国已经在远距离大容量特高压直流、大容量高可靠性柔性直流等先进输电技术领域以及核心装备全自主可控方面不断取得突破。展望未来电网发展，尤其是适应能源变革的新要求，后续电网技术发展应重点在以下方面取得突破。

一、特高压＋新能源

能源变革的关键在新能源的开发利用。随着我国特高压交直流电网的发展、配套电源的陆续投产，电网稳定水平、清洁能源外送能力、负荷集中地区接纳外电能力得到提升。在高比例新能源电网系统中仍存在新能源占比持续提高导致的电网安全风险增加以及电网结构性短板等问题。结合新能源的开发利用现状和技术的不断突破，从能源战略规划的角度，"特高压＋新能源"将是解决新能源大规模开发和大范围消纳、推动新一轮能源变革的主要路径选择。新能源大规模开发利用目前看主要存在两大技术问题：① 安全稳定问题，即因系统电压支撑不足导致的故障后系统失稳或过电压，同时带来设备在高电压下的耐受问题，安全稳定问题是最基本的技术问题，是"能不能"的问题。② 调峰和平衡问题，即新能源波动带来的功率平衡以及跟负荷侧的匹配问题。对于安全稳定问题，一个思路是增加送端常规火电机组、调相机等传统配置，增加系统电压支撑能力；另一个思路是以革命性的技术手段，构建含高比例电力电子化可控装备配置，实现全电力电子控制，但需要技术上的重大突破。对平衡和调峰问题，一个思路是深入研究"新能源、常规电源、大电网、负荷、储能"之间的协同，随着现代信息技术的发展，为大范围内的协同控制创造了条件。但在储能技术取得突破、实现大容量工程应用之前，平衡和调峰问题只能通过"风光水火互补＋大电网"的方式在一定程度上解决。

1. 传统配置措施

国家电网公司依托青海—河南等工程进行了基于多平台的全电磁暂态建模，对含高比例新能源的系统特性及解决方案进行了研究。从电力电子配置向传统设备（调相机）配置的转变能为系统提供暂态、动态和稳态无功支撑。相比于静止无功补偿器（static var compensator，SVC）、静止无功发生器（static var generator，SVG）等电力电子动态无功补偿设备，调相机作为同步旋转设备对提高系统稳定、抑制系统暂态电压波动具有更好的效果。

国家电网公司已在多回特高压直流工程系统加装调相机，如已投运的扎青、酒湖等直流工程。对于含大规模新能源的送端系统，调相机原则上均配置在换流站高压侧（调相机单台容量为 300 Mvar），用以抑制直流典型故障下换流站暂态过电压。通过全电磁暂态建模分析在大型调相机集中还是分散接入 750kV 侧，虽然可以抑制换流母线的暂态过电压，但并不能有效抑制各新能源并网点的过电压。因此，根据无功补偿的基本原则是分层分区就地平衡，可通过分布式调相机配置方案，在330kV 侧或 110kV 侧分散配置分布式调相机，实现直流故障后送端系统无功功率的"就地消纳"。

2. 全电力电子配置

受新能源波动性、弱阻尼、零转动惯量、电力电子化等特性的影响，送端系统的稳定和过电压问题突出，造成特高压直流实际输送能力受到限制。通过对多场站新能源接入交直流混联电网安全稳定特性及临界短路比研究，评估高比例新能源经特高压直流送出的极限接入规模，提升交直流电网新能源极限接纳规模的系统级综合控制技术，开发交直流混联电网多场站新能源接纳规模量化评估系统，开展全电磁暂态数模混合实时仿真平台搭建以及新能源聚合等值建模方法研究，仿真平台证明新能源参数优化、加装可控避雷器、直流控制策略优化等措施可以有效抑制系统过电压。

（1）通过优化新能源控制器参数，保障送端系统在低电压穿越期间提供无功支撑，高电压穿越期间吸收无功；暂态过程中有功尽可能保持平稳；最大限度加快无功电流回退速度。根据全电磁暂态仿真的结果证明，参数优化可以降低新能源机组低穿期间无功出力，进而降低工频过电压水平。初步优化后的控制参数对抑制过电压有效果，但不能完全解决过电压问题。

（2）在送端电网相对比较薄弱，常规电源装机较少，新能源耐压能力较低的换流站交流母线处配置加装可控避雷器，通过仿真换相失败、双极闭锁、单极闭锁三种故障，计算出送端换流站交流母线的过电压水平和可控避雷器的能量，仿真结果已证明通过配置可控避雷器，采用给定的控制策略，可以有效限制换相失败、双极闭锁、单极闭锁这三种故障引起的交流母线暂态过电压水平。

（3）直流发生换相失败期间，送端近区电压呈现"先降低后升高"的特性，部分新能源机组进入低压穿越或低压脱网造成的无功盈余与滤波器无功盈余叠加，再加上无功补偿装置的电压效应加剧了暂态电压升高，导致大规模风机高压脱网的风险加大。采用优化电流控制器策略后，在换相失败初期，触发角快速响应，抑制故障电流的增大；调节过程中，触发角调节合理，有效避免了直流电流中断；根据电流变化趋势动态调整 PI 参数的电流控制器优化策略，可以使得电流控制器调节更加合理，既可抑制故障电流的增大，又可避免直流电流中断，并以此改善换相失败期间送端系统的低电压和过电压现象。

二、柔性直流输电及直流电网

直流电网主要基于柔性直流技术发展而来，直流电网是由大量直流端以直流形式互联组成的能量传输系统。国际大电网会议工作组 B4.52 的技术报告对直流电网所做的定义为：直流电网是由多个网状和辐射状连接的由变换器组成的直流网络。因此，直流电网最显著的特点是含有网孔和具备冗余。由于不存在交流电网固有的同步问题，直流电网传输距离基本不受限制，易于实现广域范围内、跨地区交流电网的智能互联；能够在大范围内实现对风电、水电、火电等多形态电能的高效统筹，实现较大规模范围内电网的电力交易。直流电网能够通过自身内部功率的快速调控，可在大范围抑制功率波动源对电网稳定性的影响，对可再生能源发电具有显著的支撑作用。

2008 年 11 月，欧洲各国正式推出了超级电网"Super Grid"计划，旨在充分利用可再生能源的同时，实现国家间电力交易和可再生能源的充分利用，并于 2010 年 4 月成立了一个包含技术研发和示范工程的合作组织，利用创新工具和综合能源解决方案，来实现风电等其他可再生能源发电的电力传输。

2011 年，美国基于其电网大量输电设备老化、输电瓶颈涌现、大停电事故频发的背景，正式提出了 2030 年电网预想"Grid 2030"计划，即美国未来电网将建立由东岸到西岸、北到加拿大、南到墨西哥，主要采用超导技术、电力储能技术和更为先进的直流输电技术的骨干网架。

2020 年 6 月，张北可再生能源柔性直流电网示范工程正式投运，标志着我国率先在世界范围内完成了工程建设。该工程为四端环形直流电网，直流电压等级达到±500kV，最大换流站容量为 3000MW，实现了千万千瓦级可再生能源基地汇集和抽水蓄能电站等多能互补、灵活调节的新一代输电系统示范。同时，国内学者结合中国可再生能源及负荷中心分布特点，特别针对我国西部地区提出了中国直流电网的设想和技术需求，为我国直流电网的研究和建设提供技术参考。

随着工程规模和技术要求的进一步提升，直流电网存在诸多关键技术尚待进一步解决。

1. 直流电网核心装备技术

（1）换流器技术。基于全控型器件 IGBT 的电压源换流器是柔性直流输电系统中实现交直流变换的关键设备，其设计制造能力决定了柔性直流输电系统的输送容量。针对实际直流电网工程中柔性直流换流阀运行的挑战，国家电网公司解决了一系列技术难题，于 2017 年成功研制出±500kV/3000MW 直流电网用柔直换流阀；中国西电集团有限公司、特变电工集团分别研制出用于特高压多端混合直流工程的±800kV/5000MW 柔性直流换流阀样机。

（2）高压直流断路器。高压直流断路器是构建直流电网的关键设备，对直流电网的安全可靠运行起着极其重要的作用，而直流分断技术是近百年来学术界和工业界公认的技术难题。针对张北可再生能源柔性直流电网示范工程高电压、大电流开断的特点，国家电网公司于 2017 年研制出了分断电流高达 26.2kA、分断时间小于 2.6ms 的 500kV 混合式高压直流断路器。随着直流电网容量和电压等级的不断攀升，直流断路器也将向着更高电压、更大电流和更快速分断的方向发展。

（3）大容量 DC/DC 变换器。在直流电网中，DC/DC 变换器主要用于实现直流电网电压序列的有效管理以及直流网络拓扑的构建，属于直流电网的基础核心装备之一。目前，适用于直流电网的 DC/DC 变换器研究大多处于在理论研究和实验样机研制方面，在拓扑设计、控制策略、损耗计算、试验方法等多个技术问题上亟待研究解决。针对快速发展的直流电网需求，DC/DC 变换器在实现关键技术突破后，将向高电压等级、大输送容量和灵活变比方向发展，并实现推广应用。

（4）高压直流电缆。目前柔性直流输电工程主要采用聚乙烯（PE）作为绝缘介质制造的交联聚乙烯（XLPE）电缆，相比于传统油纸绝缘电缆具有制造工艺简单、传输容量大、维护方便、成本低等优点。同时，XLPE 电缆还具有良好的耐热性、耐磨性和力学性能等优势。欧洲在直流电缆的制造和研发方面处于领先地位，ABB 和意大利 Prysmann 公司分别于 2014 年先后研制出了 525kV 直流电缆产品。我国在直流电缆的生产、施工及运行方面和国际先进水平尚存在较大差距，实际工程应用中的电力电缆大部分依赖进口，国内产品也基本采用进口电缆料。高压直流电缆今后的研究方向主要有：① 更高工作温度的直流电缆绝缘材料研发。② 更高电压等级的直流电缆绝缘材料研发。③ 更高电压等级的附件材料研发及其附件结构的优化设计等。

2. 直流电网关键技术

（1）直流电网仿真技术。由于直流电网的响应时间常数较之交流电网要小至少 2 个数量级，所包含的动态元件较多，仿真步长较小，对于仿真的速度和精度提出了更高要求。今后的研究方向主要有：①需要研究直流电网的稳态仿真算法，提出直流电网潮流计算的基本实现思路，分析现有潮流程序对直流电网应用的局限性，攻克在控制系统和收敛性方面的挑战。②需要研究直流电网的离线和实时电磁暂态仿真技术，分析现有技术在解决直流电网仿真研究中的不足，包括开关算法的不精确、仿真计算效率较低等，提出解决方案。③需要研究物理仿真和混合仿真技术在直流电网中的应用，对混合仿真技术在直流电网中的瓶颈进行总结，提出其未来发展的技术方向。

（2）直流电网控制技术。直流电网协调控制策略是整个系统安全稳定运行的核心。随着电压源换流器电压和容量的进一步提高，给未来直流电网的安全稳定运行带来了许多挑战，特别是直流电网在强耦合作用下的协调控制。今后的研究方向主要有：① 直流电网分层协调控制理论和方法。② 交直流系统潮流优化控制。③ 直流电网不平衡工况控制。④ 建立直流电网能量转移表征方法。⑤ 建立交直流混联系统综合调控体系。

（3）直流电网保护技术。相比于交流电网，直流电网阻尼要小很多，在相同时间尺度下，直流故障发展过程更快，影响范围更广，对保护速动性、选择性要求更高。一般而言，需要在几个毫秒内实现故障快速定位、隔离及保护动作，以防止系统崩溃。今后的研究方向主要有：① 故障广域检测与快速定位技术。② 故障电流的快速抑制/切断技术，如直流断路器、具备直流电流抑制能力的新型换流器等。③ 直流断路器配置方法。④ 直流电网关键设备的保护配合。⑤ 直流电网故障电流抑制技术。

（4）直流电网安全可靠性评估技术。可靠性指标是对一个系统无故障连续运行能力的一种考量。与交流电网类似，直流电网在规划、设计和运行 3 个阶段也面临着可靠性评估的问题。今后的研究方向主要有：① 计算速度和收敛性的优化。

②交直流混合大系统的失效模式。③ 完善直流电网的可靠性评估指标。④ 建立不同形式能源的可靠性模型。⑤ 多种能源接入网络、直流输电网和交流主网的交直流混合系统的可靠性评估方法。

（5）直流电网标准化。与交流电网一样，直流电网的运行同样也需要大量的标准，从而形成直流电网设备设计制造的通用化、规模化，提高设备的可维护性，解决不同厂商技术和直流工程的兼容性。未来需要在直流电网各技术层面制定相应标准，如规划设计层面的直流电压等级序列、直流电网系统主接线设计等；建模仿真层面的直流电网标准模型等；控制保护方面的直流电网多换流站协调控制、直流电网保护系统、交直流电网接口体系、交直流电网综合调控体系等；核心设备方面的直流成网带来的新设备如直流断路器、直流潮流控制器、DC/DC 变换器等技术设计及相关试验技术等。

三、常规直流与柔性直流的混合应用

基于晶闸管换流阀的常规直流具有技术成熟、元件电压电流耐受能力强、系统电压高、输送容量大、运行可靠高等突出特点，但多回直流馈入同受端后带来的换相失败问题变得越来越突出，对于电网薄弱或新能源为主的送端电网，直流故障下的过电压问题同样难以解决。柔性直流是基于双向可关断器件的新型输电技术，具有无需交流电压支撑、不存在换相失败、不助增系统过电压、功率灵活可调等突出优点，但目前元件的电压电流耐受能力比较弱，同时存在工程造价高、运行可靠性较常规直流低的问题。因此，研究常规直流技术和柔性直流技术的混合应用，扬长避短，发挥各自优势，是当前电网新技术研究的重点和热点之一。

目前在建或规划的混合应用工程主要是两类：① 送受端采用不同的直流技术，比如南方电网公司建设的乌东德水电外送广东和广西±800kV 特高压直流工程，在送端换流站采用了常规直流技术，容量 800 万 kW，两个受端换流站采用柔性直流技术，避免了换相失败问题。② 特高压直流的高低端换流器采用不同的直流技术。国家电网公司正在建设的白鹤滩—江苏的±800kV 特高压直流工程的受端换流站，高端采用常规电流源换流器（LCC），低端采用三个电压源换流器（VSC）并联的方式，简称为混合级联技术。

混合级联技术融合了常规直流大规模直流输电和柔性直流系统性能优越的双重特点，既能够与常规特高压直流输电一样实现远距离、大容量送端，又能克服直流线路故障下半桥柔直换流器的故障穿越技术困难，发挥半桥柔直换流器成本低、有功和无功灵活控制、对系统进行电压支撑的作用。混合级联技术是对未来电网型式，特别是分布式新能源电网比重增加下的灵活接入方式，提供了新的解决思路。

研究表明，对于直流输电落点是华东电网苏南地区的场景下，混合级联接入与常规直流接入相比，多馈入短路比可提高 0.5（由 2.2 提高到 2.7），引发换相失败的交流故障的范围减少 60%，可靠性指标从 98.5%进一步提升至 98.625%。在故障条件下，或者经过改进的换流阀控制策略，低端柔直可作为 STACOM 功能使用。同时，与受端全柔直方案相比，混合级联造价较低，采用半桥子模块设计可降低 IGBT 阀的器件损耗。

混合级联需攻克一系列的技术难题。首先，需要解决电流源型晶闸管换流器与电压源型 IGBT 换流器的匹配和谐振风险问题，从串联原理上确定方案的可行性。其次，需要研发全新的控制保护策略，实现工程设备的启停投退和故障穿越的问题，解决晶闸管换流器耐受能力强、响应缓慢与 IGBT 过载能力弱、响应迅速的矛盾，实现设备过压过流耐受和设备故障的下保护等最优化。另外，需要研发可控自恢复的消能装置，即采用高速开关实现大容量避雷器堆的能量耗散，实现直流系统轻微故障不动作、一般故障能穿越、极端故障不损坏设备的功能。

四、灵活交流输电

灵活交流输电技术（FACTS）是装有电力电子控制装置以加强可控性和增大电力传输能力的交流输电系统。其装置按照结构形式可分为并联型、串联型和串并联混合型三类，并联型 FACTS 包括静止无功补偿器（SVC）、静止同步补偿器（STATCOM）、磁控式并联电抗器（MCSR）等；串联型 FACTS 包括晶闸管控制串联电容器（TCSC）、故障电流限制器（FCL）、静止同步串联补偿器（SSSC）等；串并联混合型 FACTS 主要是统一潮流控制器（UPFC）。

近年来，灵活交流输电技术中的潮流灵活调控装置发展迅速，UPFC 和 SSSC 都实现了工程化应用，目前国内已有南京西环网 220kV UPFC、上海蕰藻浜 220kV UPFC、苏南 500kV UPFC、天津石各庄 220kV SSSC 工程相继建设和投运，实现了国内灵活潮流控制装置从理论到实践的突破，解决了潮流分布不均问题，有效提升了电网的输送能力。

UPFC 和 SSSC 的核心组成部分是换流器和串联变压器，换流器可等效为受控电压源，经过串联变压器接入线路，通过控制受控电压源ΔU_q的幅值和相位，改变线路的等效阻抗X_q和潮流的自然分布，实现电网的潮流优化。

UPFC 和 SSSC 应用中存在的主要技术难题：

（1）设备的过电流和过电压耐受问题。UPFC 和 SSSC 串联于线路，需要承受几十千安的线路短路电流，并承受所在线路的各种形式过电压，而换流器的耐受能力远低于这些电气应力值，因此需要配置完善合理的 BOD 保护、快速晶闸管旁路等防护措施。

（2）提高设备的经济性和可靠性。UPFC 和 SSSC 的主体是换流器，设备整体成本偏高限制了进一步广泛应用。需针对不同的潮流调节需求，研究不同的解决方案，提升 UPFC 和 SSSC 的经济性和可靠性。

（3）UPFC 和 SSSC 的系统级应用技术。UPFC 和 SSSC 应用于超高压或者特高压电压等级后，作为电网的重要调控结点，起到"牵一发而动全身"的作用，需要详细分析研究 UPFC 和 SSSC 对整个系统的影响，并从系统的角度进行潮流灵活调度，发挥全局调控的作用。

UPFC 和 SSSC 通过在线路中串入可控电压源，等效改变线路阻抗，转移重载线路潮流，是挖掘现有网架输电潜力、提升电网安全性的有效技术手段。从系统稳定应用角度来看，可改变潮流分布，解决线路或变压器过负荷；可改变系统电压，解决负荷变化和故障后产生的电压波动问题。从系统动态应用角度来看，可提高系统阻尼，提高暂态稳定性，减少功率振荡。

我国电网是世界上规模最大、结构最复杂的交直流混合电网，断面潮流不均现象普遍存在，局部潮流重载和潮流阻塞已成为制约电网输送能力的主要因素之一。新能源机组对常规机组的大规模替代，使电源调节能力下降，大扰动下潮流大幅快速转移，冲击薄弱断面，危及电网安全，潮流控制手段不足问题更加凸显。目前，国家电网公司存在百余个 500kV 重载阻塞断面，30 余个新能源外送通道受阻，可通过 UPFC 和 SSSC 解决大规模新能源外送通道潮流重载、宽频振荡及大直流功率疏散等问题，具有广阔的应用前景。

五、新一代调相机

随着高压直流输电技术以及清洁绿色能源的快速发展，电网"强直弱交"特性将日益明显。迫切需要提升电网的动态电压支撑能力，破解西部、北部高比例新能源的接入难题和中东部电网负荷中心的常规电源空心化难题。结合直流系统及新能源系统无功电压特性，对电网中动态无功装置提出了更高的要求，一方面需要兼顾稳态和暂态特性，满足系统无功需求，提高电网电压稳定水平；另一方面，还要求无功补偿装置具备良好的次暂态性能，需具备强劲的爆发力，能在故障瞬间提供大量无功，抑制系统电压大幅波动。

除同步发电机外，目前主要的动态无功补偿装置有同步调相机、静止无功补偿器（SVC）和静止同步补偿器（STATCOM）。当系统运行受到较大扰动而导致换流站等枢纽站母线电压大幅波动时，SVC 和 SVG 无功补偿装置受其工作原理限制在故障过程中难以给系统提供足够的动态无功支撑。而同步调相机高、低电压穿越能力强，短时过载能力大，其调节能力基本不受系统电压影响，故障情况下具有强大瞬时无功支撑和短时过载能力，在动态无功补偿方面具有独特的优势；同时，作为空载运行的大型同步电动机，调相机还可为高比例新能源系统提供一定的短路容量和转动惯量支撑，因此是解决系统动态无功问题的最有效手段。

我国曾在 20 世纪 60～80 年代安装了一批调相机,但其主要是为系统提供稳态无功支撑,动态无功特性无法满足电网的需求,且由于传统调相机的安全可靠性低、运维复杂度高等一系列问题,在我国已全面退出运行。因此需要结合电网系统需求,组织研制"暂动态特性优、安全稳定性高、运行维护方便"的新一代调相机设备。

(1)要解决调相机主设备研制的难题。根据系统需求计算结果,新一代调相机的过负荷能力要达到其额定容量的 3～4 倍,强励能力要达到额定能力的 3.5 倍,直轴暂态短路时间常数降低 50%以上。在现有设计、制造能力已经达到极限的情况下,需要重新开展调相机的设计工作,大幅提升新一代调相机的性能。

(2)要提升调相机设备安全可靠性。要充分借鉴百万机组和核电机组的经验,提高设备关键组部件的质量管控,配置具有较大冗余度的控制保护系统,严格设备出厂试验考核要求,全面提升调相机设备的安全可靠性。

(3)要提高设备运维便利性。充分借鉴直流系统的经验,调相机设备中大量使用电动控制设备和监控设备,实现调相机设备"一键启动",运行全过程系统实时监控,设备故障提前预警,减轻运维人员工作量。

系统仿真结果表明,对于送端电网,调相机接入后,一方面能够提高系统短路容量,改善新能源及直流系统运行特性;另一方面,在直流系统故障情况下利用调相机强进相能力,可以吸收系统多余无功,抑制暂态过电压及稳态过电压。对于受端电网,调相机接入后,一方面可利用调相机的次暂态特性抑制换相失败,若已发生换相失败,调相机可以瞬间提供大量无功,降低换相失败继续发生概率;另一方面,发生严重电压跌落故障时,调相机进入强励状态,短时内提供大量无功,为系统提供紧急电压支撑,有助于直流功率和系统电压迅速恢复,防止电压崩溃。

由此可见,新一代调相机对于抑制系统电压波动,提升系统安全稳定性,提高直流输送能力具有较为显著的作用,将在电网系统中得到广泛应用。同时,基于新一代调相机技术研发的小型化"即插即用"调相机产品,能够有效提升高比例新能源系统的安全稳定性,可以在我国西北地区的新能源基地大量推广使用,具有十分广阔的应用前景。

六、特高压可控并联电抗器

特高压输电线路的充电功率是 500kV 线路的 4～5 倍,为限制特高压交流系统可能出现的工频过电压和操作过电压、抑制潜供电流,必须在线路两端安装大容量特高压电抗器,才能抑制线路操作过电压在可接手范围,否则,线路的造价将大幅提升。但是,若按限制过电压的要求来配置特高压固定电抗器,小方式运行电压偏高而大方式下运行电压偏低,线路输送能力下降。因此,需要可以根据不同运行情况自动调节容量的电抗器,即可控并联电抗器。

可控并联电抗器按原理可分为磁控式和分级式。磁控型可控并联电抗器通过直流励磁电流改变铁芯饱和程度，实现容量连续调节。分级式可控并联电抗器是一种特殊设计的高阻抗变压器，通过使漏抗值接近100%额定阻抗，将变压器和电抗器合于一体。其整体控制采用晶闸管投切低压侧电抗器的方式，利用改变接入可控电抗器低压侧的阻抗来调节容量输出。其最大容量可达1000Mvar，响应时间（小容量到大容量）小于30ms，稳态调节（大容量到小容量）小于80ms，暂态调节小于100ms。

可控并联电抗器需满足系统不同工况下控制要求，时间尺度不同，配合逻辑不同，快速容量调节和控制难度大。另外高阻抗型本体主、纵绝缘结构设计以及降损耗、降振动、低噪声设计、高压大容量自冷式晶闸管阀取能、阀保护配置也是研制难点。特高压电网对可控并联电抗器的应用可分为以下几个方面：① 长距离电源送出通道。由于作为电源基地直接送出通道，往往承担了很重的潮流，线路无功需求大，两端无功补偿不足，存在容性无功需求，如特高压规划电网中的陕北送出通道初期、锡盟送出工程等。② 有中间落点的长距离送电通道。落点在初期，并在以后相当长时间段内都以开关站形式存在，整个通道在较大潮流时就会出现容性无功缺额。不足无功可能由线路的对端补偿，因此电网整体无功还是平衡的，但偏离了无功分层分区平衡的原则。比如特高压规划电网中的四川水电外送、靖边火电外送特高压线路。③ 进出线集中的中间变电站。这类情况下，中间变电站由于下网负荷需求不大，因此低压电容补偿有限。而较大潮流方式下，需要变电站补偿的线路容性无功总量大，需要补偿量和可提供补偿量间无法平衡。同样，不足无功可能由线路的对端补偿，但偏离了无功分层分区平衡的原则。特高压电网规划中的豫北站就是这类情况。④ 清洁能源大规模集中接入的通道。潮流随季节、时间变化较大，需要较强的无功电压调节能力。

七、可控自恢复消能装置

过电压水平已成为输变电设备绝缘水平的制约性因素，特别是特高压工程，对输变电设备的制造难度包括造价都产生了巨大的影响。电网工程中多用金属氧化锌避雷器通过吸收过电压的能量而限制过电压，或利用并联电抗器削弱空载或轻载时长线路的电容效应所引起的工频电压升高。

但随着新能源大量接入特高压工程，以及新技术在特高压直流工程中的应用，传统的设备已经无法满足过电压深度抑制及快速大容量泄能的需求。例如，新能源大量接入电网后，由于新能源发电具有"规律性、间歇性、波动性"的突出特点，对交流系统缺乏惯性，直流系统受端发生换相失败或直流故障闭锁后，将造成送端换流站交流母线的暂态过电压问题,迫使降低直流输送功率来维持电压水平。再如，白鹤滩—江苏特高压直流工程将创新采用混合级联多端柔直技术，受端VSC交直流故障时，电压升高且功率大量盈余。

目前亟须一种全新的设备，故障时能够快速深度抑制过电压，正常运行时具有高可靠性，适应新能源、新技术的新时代电网要求。基于动态改变避雷器伏安特性的思想，可根据运行条件变化来限制过电压水平的可控自恢复消能装置可以解决上述难题。

可控自恢复消能装置由固定部分大容量多柱并联避雷器、可控部分大容量多柱并联避雷器和控制开关三大部分组成，还包括其配套的测量装置、能量积分装置、供能系统、控制保护等。当消能装置保护的位置暂态情况下出现过电压时，通过可控开关快速导通（动作速度可达 1ms）旁路掉可控部分，仅由固定部分避雷器提供泄能回路，利用其低阻特性快速消耗盈余功率，压低残压；在系统正常运行时具有高额定电压、低运行荷电率。

可控自恢复消能装置避雷器容量大，保护特性和控制时序匹配要求高，还需要解决以下技术难题：

（1）控制开关选型。控制开关是消能装置的关键，要求合闸速度快速、可靠，直流可控自恢复消能装置还要求具有一定开断直流电流的能力。根据现有技术基础，考虑三种可能的方案。

1）方案 1：采用 SF_6 触发间隙和高速机械开关构成，由等离子体喷射到主间隙，实现低压导通。缺点是离子束间隙触发可能由于电压波动不能可靠触发；间隙导通后由于电压波动或者故障恢复后电压较低，电流可能中断。另外间隙导通次数、直流耐受恢复时间等有待试验验证。

2）方案 2：基于直流断路器中应用的快速真空开关，合闸时间较长 5ms，难点是快速真空开关缓冲结构研制困难，以及动作时间较长。

3）方案 3：基于晶闸管（或者 IGBT）。需解决晶闸管与避雷器的电压均衡分配，由于晶闸管不能自关断，只能是电流过零关断或者串联机械开关实现断开退出。在扎鲁特—青州、白鹤滩—江苏±800kV 特高压直流输电工程中均采用了该技术方案的消能装置。

（2）大容量避雷器并联的多柱平衡均流问题。消能装置的固定及可控部分通常由几十甚至上百柱大容量避雷器并联组成。多柱并联回路必须保证各柱间伏安特性基本相同，否则能量将集中在并联避雷器的"短板"回路泄漏，造成该柱避雷器能量越限，进而导致设备故障。因此，提高配组精度降低电流分布不均匀系数，加强避雷器并联支柱监测和诊断，是提高消能可靠装置设备可靠性的关键。

（3）降低避雷器阀片故障率。避雷器阀片生产制造过程中，存在固有的故障率，形成"矮片"。根据调研，"矮片"击穿放电带来"雪崩"效应，可能是目前大容量、多柱并联避雷器失效的主要原因。基于对"矮片"形成机理的探索和制造工艺的改进，可靠筛选"矮片"对提高消能可靠性至关重要。对于不可避免的阀片故障率，还需进一步采取增加金属垫块、绝缘伞裙或注胶等防护措施。如白鹤滩—江苏±800kV 特高压直流输电工程中，生产工艺中提高阀片的一致性、健康性，严格试验筛选，将阀片故障率降至至万分之一以下，并增加金属垫块进一步提高可靠性，经试验证明有效。

（4）避雷器长时能量吸收的特性问题。不同于常规避雷器吸收能量时电流波形为操作短波，直流可控自恢复消能装置的避雷器波形多为 50ms 以上的长波电流，阀片能量耐受、分流特性是否发生变化以及温升对避雷器特性的影响，都是必须明确的难题。

可控自恢复消能装置因其稳态下低荷电率和暂态下低残压的技术优势，可广泛应用于解决新能源接入特高压直流带来的母线电压升高问题或应用于需要大容量泄能的过电压抑制的工作场景。如扎鲁特—青州±800kV 特高压直流输电工程是东北地区重要的新能源外送通道，新能源占比高。采用交流可控自恢复消能装置并联于换流站交流母线端，当直流系统受端发生换相失败或直流故障闭锁时，消能装置可将母线过电压水平控制在 1.3 倍系统额定电压以下，保证直流系统输送功率，维持系统稳定。白鹤滩—江苏±800kV 特高压直流输电工程，直流可控自恢复消能装置并联在 400kV 直流母线上，当受端 VSC 系统出现过压工况时消能装置可吸收盈余功率，并能维持直流母线电压，使 VSC 设备实现故障穿越。

八、大容量电力储能技术

大容量电力储能技术通过发挥其大规模能量吞吐作用，能够改变传统供能用能模式，对促进新能源消纳、推动能源结构转型具有重要意义。大容量电力储能技术主要包含抽水蓄能、压缩空气储能、氢储能以及电化学储能等，不同储能技术性能特点各异，且技术成熟度也存在较大差异。其中抽水蓄能和电化学储能分别是技术最成熟和最具应用前景的储能技术。

（1）抽水蓄能。抽水蓄能是目前技术最成熟、应用最广泛的储能技术。其通过将电能与水力势能进行转换实现储能，具有规模大、寿命长、运行费用低等优点。抽水蓄能技术的缺点主要是建设周期较长（一般建设周期约为 7 年），需要适宜的地理资源条件。抽水蓄能技术适宜大规模、系统级应用，多用于电网调峰及调频。目前抽水蓄能技术在我国的应用已经比较成熟，我国抽水蓄能可开发站址资源约 1.6 亿 kW。预计到 2035 年，我国抽水蓄能装机规模在 9000 万～1.4 亿 kW。抽水蓄能造价水平较为稳定。目前，抽水蓄能电站的功率成本为 5700～6400 元/kW，容量成本为 900～1200 元/kW 时，考虑抽水蓄能电站技术进步空间有限，征地移民成本上升，预计未来造价水平将略为提高。我国抽水蓄能电站的土建设计和施工技术均处于世界先进水平，机组的设备国产化进程正在加快，设备安装水平也在大幅提高。目前，高水头、高转速、大容量的抽水蓄能机组设备制造技术正在逐步推广应用，我国抽水蓄能机组的综合性能有望进一步提升。

（2）电化学储能。电化学储能是现阶段发展最快、最具应用潜力的储能技术。电化学储能主要通过电池内部不同材料间的可逆电化学反应实现电能与化学能的相互转化，在充放电过程中完成电能的储存和释放。电化学电池主要由正极、负极和电解质构成，由于电极和电解质材料的不同，形成了各类电化学储能电池体系，主要包括锂离子电池、铅蓄电池、液流电池和钠硫电池等。其中，以磷酸铁锂电池为代表的锂离子电池在技术经济性、安全性等方面具有一定优势，成为目前应用最为广泛的电化学储能类型。电化学储能技术普遍具有集成配置较为灵活、建设周期短、出力响应迅速等优点，能够适应电力系统调峰、调频、调压、紧急控制、新能源并网友好性提升等多种应用场景。现阶段应用成本和安全性是制约电化学储能技术应用的主要问题。从应用情况来看，我国电化学储能近年来保持了高速发展态势，截至 2019 年底，电化学储能的累计装机规模达到 171 万 kW，占我国储能总装机的 5.3%，近五年保持了年均 80%的增长率。其中，电源侧受政策激励，在建在运装机占比最大，超过 50%，发展后劲较强；用户侧电化学储能则主要分布在峰谷电价差较大省份，发展空间受政策影响较大。电网侧方面，国家电网公司在江苏、河南、浙江等地均开展了电网侧储能示范工程建设，在调峰、调频、调压、紧急控制等方面取得了较好的实证验证效果。电池技术的快速发展以及产业规模化效应使得循环寿命，电芯成本等指标迅速改善。以锂电池为例，能量密度 5 年来提高了近一倍，循环寿命增长了一倍以上（达到 10 000 次），应用成本降低了 60%。目前磷酸铁锂电池电芯成本为 800~1000 元/kWh，系统集成后的应用成本为 1500~2000 元/kWh。预计 2025 年电化学储能建设成本将接近抽水蓄能，2030 年电芯成本有望降至 500 元/kWh 以下，系统集成后的应用成本有望降至 600~700 元/kWh。从技术发展趋势来看，短期内，磷酸铁锂电池仍然是电化学储能技术的主流，其应用成本随着电池材料技术的产业化迭代升级仍有进一步下降空间。

"十四五"期间，随着我国新能源占比的显著提高和市场化进程的不断加快，可以预见电化学储能将得到进一步快速发展，并逐步形成我国以抽水蓄能为主、电化学储能为辅、多种储能技术协调发展的储能体系，共同促进新能源消纳，提升电网安全运行水平，支撑我国能源清洁化转型。

九、弹性电网

我国电网面临的安全压力巨大，具体表现为：① 设备数量巨大。接入发电厂 1 万余座，建有 3 万余座变电站、各类输变电设备 15 亿台，输电线路总长 100 多万 km，共有 9 个电压等级，紧密互联成一个交直流混合大电网。② 系统特性复杂。大容量、远距离输电规模大，故障对电网的冲击大；新能源装机快速增长，电源的随机性、波动性增强；电力电子化趋势明显，系统转动惯量减小。③ 自然灾害频发。我国电网面临重污秽、高海拔、强雷电、重覆冰等特殊自然环境，台风、地震等自然灾害频发，电网覆盖范围广、密度大、线路走廊长，进一步增加了安全压力。

我国高度重视电网安全，持续推进科技攻关，提升电网应对各种破坏的恢复能力，即"弹性"。突破了大电网安全稳定机理、仿真分析、运行控制、自然灾害防御等核心技术难题，建立了涵盖网架结构、电气设备、控制保护、信息网络、电网管理全环节的安全防御体系，取得了大量成果：① 网架结构方面。提出了保证电网结构本质安全的"三级标准"，网架规划实现分层分区合理、电磁环网解环、无功动态平衡、交直流协同配合，从网络结构源头控制了风险。② 电气设备方面。建立了设计、制造、试验、安装、运维全生命周期的设备质量技术标准体系，建成了高电压、强电流、结构力学、人工气候模拟等世界一流的试验能力，解决了耐污秽、防雷、抗震、融冰等难题，提升设备可靠性。③ 控制保护方面。提出了大容量特高压直流系统与大规模清洁能源发电、大型交流电网间的多元综合控制方法，建立了包含全部主干网架的电磁暂态仿真平台，实现了由机电到机电—电磁混合数字仿真的突破，构建了覆盖全网的安全稳定控制系统。④ 信息网络方面。研发应用物理隔离、分区分域、多级加密认证、设备可信计算等技术，隔离、阻断和免疫网络攻击，形成栅格状信息网络防护结构。核心业务数据三地同步冗余存储、核心业务异地可靠切换，形成较强的网络对抗和应急处置能力。⑤ 电网管理方面。基于《中华人民共和国电力法》和《电力系统安全稳定导则》（GB 38755—2019）等国家强制性标准，全网统一规划设计、统一建设运行、统一调度控制、统一技术标准，为电网安全奠定了坚实的管理基础。我国电网的安全防御处于国际领先水平。近 20 年来电网规模翻了近三番，但电网稳定破坏事故不升反降，一直保持安全运行，是世界上唯一没有发生过大停电事故的国家。同期国外发生多次大停电：欧美7 次、印度 2 次、俄罗斯 2 次、日本 2 次、巴西 2 次。

目前，电网安全防御主要聚焦在设备故障、自然灾害等大概率事件以及由此引发的大面积停电事故。现代工业化、信息化社会对电力的依赖度大幅增加、大面积停电造成的损失巨大，有必要对概率极小、危害极大的极端事件进行审视。可能导致电网大面积停电、长时间不能恢复的极端事件主要有极端天气、地磁暴、高空核爆、网络攻击、石墨炸弹等。极端事件具有概率小、风险高、危害大的显著特征，在电网安全防御实践中通常按不可抗力考虑。

思考之一：安全标准的视角。安全标准是技术和经济的高度统一。随着经济社会发展和人民生活水平的提高，需要从保障国家能源安全的高度，结合我国电网实践，考虑极端事件的影响，适度提升安全标准。

思考之二：技术发展的视角。电网应对极端事件能力提升涉及技术、管理多个方面，以及通信、交通和油气、供水等社会保障系统的协同，需要加快布局关键技术研发。

思考之三：应对策略的视角。应对极端事件，单纯靠提高设防标准，技术经济不合理。需要防御和应急、恢复协同，系统与设备协同，技术和管理协同，重点在于提高极端事件后的恢复力。

思考之四：电网发展阶段的视角。西方发达国家电网建设和电力需求趋于饱和，在研究应对极端事件时，主要基于现有电网条件，提升应急、恢复能力。

我国电网仍处于发展阶段，根据有关前期研究成果，应对极端事件，需从输电网、配电网、信息网络、应急管理四个维度考虑，系统提升电网的恢复力。输电网方面，要加快建设高可靠性电网骨干网架，解决"强直弱交"、新能源大规模接入等紧迫问题，提升电源侧对极端事件的适应性、灵活性和调节能力，研究极端事件预警体系和灾后恢复预案。配电网方面，要推进以分级分区差异化设计为导向的技术开发，对核心用户重点设防；系统推进多能互补关键技术与分布式微电网（群）技术研发应用，增强灾后应急供电保障能力和恢复力。信息网络方面，要加快核心工控系统（芯片级）及系统软件（源代码级）的自主研发和规模化应用；研究提升网络攻击监测、预警、对抗和应急恢复技术；研究建立军地协同、联防联守机制，依托实兵对抗演练，动态提升信息网络应对网络攻击能力。应急管理方面，要推进大面积停电、自然灾害和极端事件综合应急管理的技术经济最优策略研究；研究建立复杂条件下多样化、专业化电力救援能力；研究优化与政府、相关单位的应急联动机制。

第十一章

新技术在电网管理中的应用

电网工程推动技术升级，是适应经济社会发展新趋势、电网企业战略、电网智慧转型、基建管理提升的必然要求。新技术的应用是带动电网工程建设行业发展、落实能源互联网企业战略目标的具体实践。在电网工程管理中积极应用 BIM、海拉瓦、数字化、移动互联、人工智能等现代信息技术和先进通信技术，将有效提高工程建设管理的安全、质量和效率。

第一节 BIM 技 术

建筑信息模型（building information modeling，BIM）技术是一种应用于工程设计、建造、管理的数据化工具，通过对工程项目的数据化、信息化模型整合，在项目策划、运行和维护的全生命周期过程中共享和传递工程数据信息，使工程技术人员对各种工程项目信息做出正确理解和高效应对，为设计团队以及包括工程建设、运营单位在内的各方建设主体提供协同工作的基础，在提高生产效率、节约成本和缩短工期方面发挥重要作用。

1. 三维设计应用

随着工业化与信息化深度融合发展，三维设计技术作为提升企业信息化水平的重要平台，已成为国际高水平工程公司进行工程设计、施工、管理的重要辅助手段。如国家电网公司自 2017 年起创新开展电网工程三维设计，已制定 11 项企业标准，构建完成全过程覆盖、专业完备的三维设计标准体系；建立统一模型标准，形成覆盖 66～1000kV 变电站和 220～750kV 线路工程的三维设计通用模型库，以及 330～750kV 变电站产品模型库；选取 220～1000kV 工程开展试点，实现电网工程三维设计零的突破。从 2018 年底开始在新建输变电工程全面应用三维设计，目前已完成 27 家省级电力公司、上千项工程三维设计成果数字化移交。

电网工程中开展三维设计可以进行安全距离校验、材料统计碰撞检查；不同专业之间通过共享设计平台进行多专业协同设计，提高专业间配合效率，有效避免接口错误；通过工程三维模型模拟施工、运维情况，可以有效提高施工效率，有利于工程竣工后的维护和改造，也为设计服务的延伸增值提供了可能。

目前，电网工程三维设计应用主要包括智能接线设计、配电装置三维设计、钢结构精细化设计、三维电缆敷设设计等。

（1）智能接线设计。智能接线设计主要包括电气主接线设计、站用电系统接线设计及二次系统接线设计等。应用三维设计软件，可实现逻辑接线模型中设备和接线信息的实时入库。利用数据库信息，可实现电气主接线设备符号与三维布置模型的相互关联，完成二维和三维一致性校验；利用入库信息绘制站用电系统配置接线图；通过二次系统电气原理图入库的端子信息、回路信息及电缆信息，可实现回路两侧设备的自动导航，定制并自动生成端子排图、电缆清册等各类图纸和报表。

（2）配电装置三维设计。利用电气设计软件建立电气设备模型，开展配电装置三维布置设计。利用三维设计即时性和可视化的特点，实时参考相关专业三维布置模型，开展配电装置三维设计。通过浏览模型，可以检查模型的错、漏、碰、缺，以及空间布置的合理性。设计人员利用软件工具输入相关数据后，可在三维环境中实时查看到设计决策的结果，相关设备的空间位置，进行优化布置。通过对全站关键位置的安全净距校验，可发现带电距离不满足要求的位置，并对布置进行及时调整。同时，也可利用配电装置三维布置模型开展三维防雷保护校验，通过相关公式的嵌入，根据输入条件自动生成三维防雷保护范围模型，校验过程更加准确直观，并可根据校验结果自动输出防雷保护计算书，提高设计效率。

（3）三维电缆敷设设计。基于数据库技术，可开展三维电缆敷设。通过读取电缆清册的逻辑信息，结合设备定位，自动规划电缆路径，完成缆流优化，生成二维和三维拓扑关系图，有效解决电缆敷设智能化及空间协同设计的难题。基于敷设设计成果，自动精确统计电缆长度、计算管径，并生成电缆清册、设备材料表、设备电缆汇总表、相同电缆汇总表、电缆走向表、断面电缆汇总表等各种报表。

（4）三维有限元分析计算。运用 BIM 技术建立建（构）筑物结构有限元分析模型，通过有限元分析计算判定结构形式的技术可行性及安全可靠性，进一步优化构件几何尺寸。例如通过对厂房钢结构开展三维有限元分析，包括结构静力分析、稳定性分析、动力特性分析及防连续倒塌分析等，可以验证结构方案合理性，保证厂房钢结构满足性能指标各项要求以及设计要求，具有较高的稳定承载力和抗震性能，具有足够的安全冗余度，且整体结构具有较高的抗连续倒塌的能力。

（5）钢结构精细化设计。利用三维设计软件建立钢结构精细化设计模型，模型包括主钢结构、辅钢结构、节点、螺栓和焊缝等细部模型，设计深度可满足加工要求。由结构三维布置模型中抽取钢结构的施工图纸，包括钢结构的布置图、构件图、节点图，以及精确的材料统计报表，形成精细化的钢结构三维设计成品。在施工图阶段，所提供的钢结构图纸都是真实放样后的施工图纸，包含钢结构透视图、构件图、零件图等内容，能达到下料要求。提供的材料汇总表分类明晰，数量精确，还可以根据工程实际情况提供满足业主需要的材料明细汇总表。

（6）建筑物协同设计。基于三维协同设计平台，建筑、结构、供水、暖通、照明等专业可开展建筑物协同设计。通过链接其他专业模型，明确相关专业设备设施的空间占位，完成管线布置综合平衡、水暖及照明等专业自动生成开孔提资文件。资料接收专业导入开孔提资文件，可在软件中自动完成楼板及天花板协同开孔，实现接口数据在不同专业间的传递，提高专业协同的质量和效率。

（7）综合碰撞检查。整合全站三维布置模型，在各专业出图前开展综合碰撞检查，得到碰撞点列表。在列表中，可以查看到检查日期、碰撞点类型、碰撞类型描述、每个碰撞包含的构件元素、碰撞的坐标位置、包含碰撞元素的文件名称以及碰撞的状态等信息。通过这些信息可以快速地找到碰撞发生的位置，以及发生碰撞的构件类型，能够尽早、有效地检测到工程项目中的错、漏、差、碰等现象，在图纸交付出版前及时纠正，或反馈给建造方调整施工方案，解决各专业间的冲突和碰撞。同时，为协调决策提供了精准的信息参考及统一的可视化环境，提高整个工程项目的质量和团队的工作效率。

2. 施工与建管应用

基于三维设计模型，结合云、大、物、移、智等先进技术，将三维设计成果应用于电网工程的各个阶段，可实现一份数据贯穿工程全寿命周期管理，最大限度地发挥出三维设计的效益。

（1）自动算量。将 BIM 技术应用到工程造价工作中，开发与三维模型接口的算量系统，内置电网工程造价相关的电力建设工程概算定额计算规则、电力建设工程预算定额计算规则、输变电工程工程量清单计价规范计算规则等，通过提取设计模型中的可视化信息和设备属性数据，实现工程算量的可视化分析，提高工程概算、预算及审核数据的准确性，服务于电网工程造价的高效化、精细化和标准化管理。

（2）数字化采购。基于 BIM 模型，抽取工程量清单，根据设备材料编码和企业资源计划系统（enterprise resource planning，ERP）编码的对应关系，可将设备材料汇总表中的数据直接导入 ERP 系统，实现工程物资采购申报。此外，基于项目数据库完成工程量的精确统计，可按照类型、编码、区域等多种条件进行分类，结合建管及施工单位要求，提供形式多样的物料清单，为设备材料分批订货、施工备料管理提供依据和手段。

（3）智能制造。利用 BIM 技术建立的钢结构模型，包含精确的构件、节点、螺栓和焊缝的规格、尺寸信息，方便钢结构厂家更准确地掌握设计意图。电气布置模型中准确地表示出设备一次接线端子和导体间的连接形式，方便金具厂家与设计单位、设备厂家的沟通，指导金具厂家进行金具设计。安排设备、设施生产时，将采用 BIM 技术建立的三维设计模型直接提供给设备设施生产厂家，相关数据输入数控机床，直接用于设备、各类土建预制件的制造和放样。

（4）施工组织方案优化。在三维布置模型中，添加物资、机具等模型，进行物资堆放方案的多方案比选，选择最优的物资堆放方案。同时，对设备设施进行搬运和吊装模拟，开展时空碰撞检查，优化人力、机具的配置，制订最优的现场人、财和物的管理和调配方案，实现 4D/5D 施工，节约建设成本，缩短施工工期。

（5）施工安装指导。由三维布置模型生成可导入便携式设备的文件，可指导现场施工和调试。BIM 技术与全景展示技术结合，可实现三维布置模型的轻量化共享。通过分享和发送变电站全景图片二维码，可运用手机、iPad 等移动终端随时随地浏览三维设计场景，有利于三维布置模型在设计、施工、监理和业主间的实时共享，及时处理现场变更，提高沟通效率。利用增强现实技术，可以在便携式设备上通过识别工程平面图纸自动关联到对应的三维模型，实现设计图纸与三维模型的实时互动，增强施工现场图纸的可读性。

3. 数字化移交与运维

（1）数字化移交。数字化移交主要是以数字化设计资料为基础，在工程建设过程中形成和完善电子化档案，将三维模型与工程实况、真实现场结合起来，将设计内容的仿真模拟与施工完成后的真型照片结合起来。施工完成后，随着基建过程形成数字化虚拟工程与实体工程同时移交运行单位，为运行管理提供直观的数据支撑平台，为线路日常运行维护工作服务。通过规范工程前期和设计施工全过程关键数据信息，构建电网工程数字孪生新模式，实现电网工程三维可视化及全过程信息查询检索，提升数据应用价值。

（2）数字孪生。数字孪生是应用人工智能、传感、仿真工具等数字技术实现物理原子到数据比特的平行互动、精准映射、虚实迭代的技术，是转化、连接物理世界与数据世界的过程和方法。基于数字孪生的数字电网需对全流程全要素全业务进行数字化，在电网实体化的物理世界基础上同构虚拟化的数字世界，在数字世界中挖掘数字信息，构建新业态新模式，优化物理世界运行方式和管理方法，是电网物理世界和数字虚拟世界沟通的桥梁。随着电网基础建设逐渐完备，信息采集量和可信度逐渐提高，基于数字孪生的数字化技术可进一步挖掘数据本身的潜在价值，有效提高能量效率与信息价值密度，实现数据跨界融合，进而拓展传统业务边界，使电网企业服务范围向产业链上下游延伸，推动电网的数字化运营。

（3）数字化运维。将基于 BIM 技术建立的三维模型，作为电网工程的数字孪生体（Digital Twin），以设备设施设计数据为基础，通过网络实时更新设备运行检修状态，通过数字孪生模型实现对电网工程物理实体的实时感知、诊断和预判，为运维人员的决策提供数据支持。利用 BIM 模型，构建虚拟现实（virtual reality，VR）场景，开发仿真培训系统。通过沉浸式体验，开展变电站操作、检修等可视化岗前培训，使运维人员提前准确掌握设备设施的操作要点，减少安全事故风险。基于 BIM 数据开发增强现实（augmented reality，AR）运检系统，运维人员佩戴 AR 设备到现场，扫描待检修设备设施，系统中呈现出设备设施的主要参数、检修要求。运维人员根据系统提示开展设备检修工作，实现检修工作的规范化操作。

第二节 海拉瓦技术

海拉瓦技术是结合勘测设计需要，利用数字航拍技术将卫星航空影像处理生成数字地面模型、正射影像等数字化产品，实现输电通道信息可视化，为路径优化工作提供数据基础的一种技术手段。海拉瓦技术已在电网工程中广泛应用，在提升工程投资估算精度和勘测设计质量、效率等方面发挥了重要作用。

1. 辅助可研设计一体化管理

（1）构建数字化通道，强化数据贯通。对多源数据高效融合，构建形成工程数字化通道，为设计决策提供数据基础。在工程可研、设计阶段，收集获取通道内高精度卫星影像、航空影像、基础地理信息、电网专题信息、工程障碍物信息、国土空间规划等多源数据，对其进行标准化处理、规范化入库。利用数字化"通道一张图"，辅助开展大方案比选、方案协同设计等，支撑方案可行性和经济性论证；设计阶段结合外业调绘、现场踏勘、航片与激光雷达高精度数据等，辅助开展本体、通道精细化设计，技术经济指标统计，满足设计深度要求。

（2）信息协同共享，强化业务衔接管理。利用信息化技术手段辅助参建单位信息共享，加强设计单位之间、设计专业之间，以及设计与管理之间各工作角色信息共享协同。在统一设计环境与数据基础上，设计单位内部电气、环保、水文、地质等各专业人员信息汇集并及时共享，实现设计专业横向协同；设计单位之间各类信息差异化互见，包段间工作成果高效共享，实现组织分工横向协同；管理人员对工程通道设计成果及时共享，实现设计与管理协同。

（3）新一代遥感技术辅助三跨及通道拥挤区段精准设计。对于高速铁路、高速公路、重要输电通道以及通道拥挤区段，利用倾斜摄影和激光雷达等新一代遥感技术可获取交跨点附近以及通道拥挤区段厘米级高分辨率的倾斜影像以及高密度三维激光点云，还原现场真实三维场景，为设计者提供精细的地物细节和纹理信息和准确的位置坐标信息，可辅助提升线路精细化设计水平。

（4）通道精优化提升设计质量，节约投资成本。利用海拉瓦技术辅助进行通道设计精优化可从整体到局部，系统考虑设计方案，全面综合考虑错综复杂的问题，减少不确定因素的干扰，降低路径的不确定性，提高路径成立的可信度，进一步提升设计质量及线路精细化设计水平。同时，利用该技术可进一步缩短路径长度、减少转角和重冰区长度，节约优化线路本体投资；有效减少林木砍伐、农田占用、房屋拆迁等，降低拆迁赔偿费用，节约通道清理费用；能够通过对自然保护区和人文遗址等区域的合理避让，提高线路的生态环境效益；可大大降低劳动强度，提高作业效率，缩短工期。海拉瓦技术辅助选线工作流程示意见图 11－1。

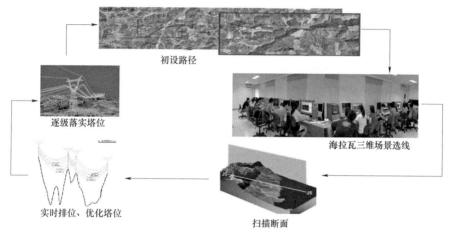

图 11－1　海拉瓦技术辅助选线工作流程示意图

2. 建设场地清理管控

作为电网工程开工转序的必要前置条件，"先签后建"是应对复杂电网建设内外部环境、避免工程开工后因局部改线、补偿标准不统一、厂矿巨额索赔等不良现象的关键支撑，是提升电网工程建设管理水平、有序推进电网工程依法合规高效建设的重要保障。应用建设场地清理数字化管控系统，能够践行落实依法合规的工作要求，确保清理工作高效沟通与及时推进，减少不合理的新增赔偿纠纷，为电网工程建设及后续运维扫清障碍。

（1）增强信息互享，改善落实效果。电网工程建设场地清理工作涉及设计、建管、施工等多方参与，各参与方的业务需求不一，沟通渠道较少，关键信息难以及时传递和共享，加之施工过程"抢栽抢建"及竣工移交清理不彻底，不利于"先签后建"工作要求有效落实与建设场地清理管控水平的提高。针对建设场地清理工作难点，为加强建设场地清理管控，以"先签后建"工作要求为基础，以"互联网＋"技术手段为辅助，从强化信息互享、加强场地取证、进度/风险管控、督促核查落实等四个方面入手，全方位推进建设场地清理工作高效落实，依托地理信息、互联网、云服务等技术在特高压工程及常规电网工程中开展了建设场地清理数字化管控示范探索应用。

（2）基础地理信息数据，增加取证管理手段。施工图设计阶段完成后，收集基础地理信息、设计成果信息、航空影像数据、建设场地清理信息等数据，搭建建设场地清理专题数据库，实现建设场地清理线上数字可视化表达，是改变现有通道清理线下工作模式的基石。

（3）全数字化管理，明确各级职责。以建设场地清理工作模式为基础，优化清理管控工作线上流程，设置不同用户角色、工作权限及信息填报、进度统计、审批通过等操作，实现清理管控工作在同一数据库、同一原则下开展，确保了清理管控工作的高效、透明、规范；在工程开工前、竣工验收时，利用航空遥感技术手段获取建设场地清理现状影像信息，辅助取证保护和清理核查，为避免民事纠纷和电网安全运维提供信息支撑。

3. 辅助环水保全过程监管

全面贯彻工程"环保、设计全过程一体化"理念，采用无人机遥感技术和三维可视化技术，分设计、施工、验收三个阶段开展环水保影像采集分析，通过工程环水保信息的高精度可视化集成，辅助实施环水保三维设计、环水保施工检查、环水保与主体同步验收三项举措，创新管理模式，实现环水保全过程监督管理精细化、精准化，将环水保"三同时"贯彻始终，做深做实，进一步提高工作效率，满足新时代电网工程建设管理的需要，助力打造绿色电网工程。

（1）辅助环水保三维设计。利用无人机航飞数据收集沿线环境敏感目标、植被类型等环水保信息，开展环水保专项设计，对于生态敏感区、水土流失重点防治区、山地丘陵区等环水保重点关注的区域，结合原地貌特点和环水保管控要求，开展环水保三维设计，主要包括塔基区护坡、挡土墙、截（排）水沟、植被恢复设计，以及跨越场、牵张场、施工道路等临时占地的植被恢复设计等。为环水保设计和环评水保报告编制工作提供充分的基础数据，切实做到环水保措施与主体工程"同时设计"；为环水保措施的实施提供充分依据，杜绝因设计说明文件理解偏差导致环水保措施实施不到位的问题；为后期竣工环水保验收检查提供支撑。

（2）辅助环水保施工检查。结合环水保施工期现场检查计划，针对重点区域提前开展无人机遥感影像采集分析，有针对性地开展检查工作；基于施工过程环水保数码照片与环保水保工程量，整合终勘路径、多期遥感数据、水保方案和设计阶段水保量，监测施工扰动面积，加强施工过程环水保措施落实监督。为施工期的环水保监督管理提供依据，促进环水保措施与主体工程同时施工；为后期竣工环水保验收核查提供支撑。

（3）辅助环水保与主体同步验收。与主体验收同步开展环水保验收，施工单位提交验收申请后，开展全线无人机遥感影像采集分析工作，对照施工前的环水保基础信息和环水保三维设计成果，明确环水保变动情况，逐站、逐基判读环水保措施实施效果，核查第三方验收调查单位是否全面、客观、准确反映现场情况。为环水保验收技术审评提供支撑，解决第三方验收调查单位现场工作不作为、不到位的问题；让环水保验收现场检查有的放矢，为环水保整改工作提供充分依据，保障整改时间，确保环水保措施与主体工程同时投运。

第三节　全过程综合数字化管控

随着网络技术的不断发展，电力工程行业逐步开始利用全过程综合数字化管控新模式，开启智慧工地。

全过程综合数字化管控技术是利用现代信息技术、数据库技术、传感器网络技术和过程智能化控制技术打造的全寿命周期管控平台，从项目的可研、设计、采购、施工、竣工、验收、投产、移交等各个环节和生产要素实现网络化、数字化、模型化、可视化、集成化和科学化管理。

1. 电网工程基建全过程综合数字化管控平台

应用"大云物移智"技术构建电网工程基建全过程综合数字化管控平台，可实现基建数据智能感知，提高采集效率和准确性；强化基础通信网络及工程现场传输网络，支撑能源互联网建设；打造基建数字化工作平台，实现基建业务标准统一、专业融通、协同共享、智能支撑；挖掘基建数据价值，保障电网本质安全，推动电网建设高质量发展，培育新业态，服务企业建设，电网工程基建全过程综合数字化管控平台界面示意见图 11-2。

电网工程基建业务可按照项目过程管理和专业职能管理两个维度分类，以单个项目过程管理维度划分项目建设（过程）管理，包含项目前期、工程前期、工程建设、总结评价 4 个分项和 40 项具体业务内容，是为"一横"；以专业职能划分 6 个智能管理分类，包含进度、安全、质量、技术、技经、队伍 6 个分项和 21 项具体业务内容，是为"六纵"。根据各业务模块工作要求的不同，开发相关的管理平台，实现各环节全过程数字化管控的有效贯通。

(a)　　　　　　　　　　　　　　　　(b)

图 11－2　电网工程基建全过程综合数字化管控平台界面示意图

(a) 综合管理；(b) 重点推送信息

（1）单个项目全过程管控（一横）。

1）项目前期阶段。主要工作包括从可研到核准，含立项、可研编制、可研审批、规划意见书、土地预审、核准等内容。本阶段业主项目部重点工作包括参与选址选线、参与可研审查、前期资料文件交接等三项内容，包含核实土地性质等相关情况、参与特殊地形等关键环节专项评估、参与项目前期工作成果交接工作等四项关键管控节点。系统按照项目前期与工程前期工作衔接要求设定节点，通过系统完成项目前期资料文件的自动交接。

2）工程前期阶段。涵盖以下九个三级管理节点：项目管理策划、勘察设计招标、初步设计、初步设计审查、物资招标配合、施工图设计、施工及监理招标、施工许可相关手续办理、"四通一平"。系统在以上三级流程节点基础上，进一步细化落实流程操作步骤层节点要求，体现固化的工作界面及工作规范。在工程前期阶段自动完成依法合规手续、物资供应等前置约束条件的预判、自动推送偏差预警等，实现工程前期阶段进度的可视化管控。在"初步设计、初步设计审查、物资招标配合、施工图设计"阶段，依托数字化设计、数字化评审等技术手段实现三维设计成果的应用。

3）工程建设阶段。涵盖以下十三个三级管理节点：落实标准化开工条件、变电站土建、变电站电气安装、变电站调试、线路基础、线路组塔、线路架线、排管、电缆、竣工预验收、启动验收、投运前质量监督、启动投运。系统应在以上三级流程节点基础上，进一步细化落实流程操作步骤层节点要求，实现工程施工过程任务主动推送、及时提醒。将工程进度、质量、安全、造价、技术管理要求，融入工程建设过程。依托三维设计模型，将计划、完成情况、工艺要求、风险管理等与模型构件挂钩，实现三维设计成果在工程建设过程中的应用。

4）总结评价阶段。涵盖以下八个三级管理节点：档案移交、工程结算、工程决算和审计、达标投产创优、项目管理综合评价、后评价、工程转资、质保期。系统应在以上三级流程节点基础上，进一步细化落实流程操作步骤层节点要求，实现数字化交付。依托三维设计模型，实现数字孪生。通过信息化，实现工程总结评价阶段的标准化流程管理，收集综合评价、结算情况、达标创优等关键业务数据，以及数字化竣工图，为后续工程投产运行提供业务及数据保障。

（2）六大专业智能职能管理（六纵）。

1）进度专业管理。主要为进度计划管理工作，主要包括发布工程建设进度计划、预警工程建设进度计划、发布调整后的年度建设进度计划、统计开工手续、统计投产手续、检查工程真实投产六项四级关键管控节点。在以上四级流程节点基础上，进一步细化落实流程操作步骤层节点要求，通过系统完成各项进度计划的抓取、发布、执行情况的实时分析、自动告警，以及开工、投产情况的统计分析工作。

2）安全专业管理。包括安全策划管理、安全风险管理、安全检查（安全责任量化考核检查）以及分包安全管理四个三级管理节点。在以上三级流程节点基础上，进一步细化落实流程操作步骤层节点要求，实现三级及以上施工安全风险信息自动报送，统计关键人员到岗到位监督情况与施工作业票情况，对安全检查问题完成从检查问题通知单到整改反馈的闭环全过程自动上传、发布、提醒、备案处理，并可通过系统完成安全责任量化考核结果的汇总与应用，以及核心分包商的申报、审查、清单发布、信息查询、评价功能，实现对安全策划、风险、检查、分包管理全过程的信息化管控。

3）质量专业管理。涵盖质量策划管理、质量检查（质量责任量化考核）、建立验评划分表库、建立质量通病防治库、建立标准工艺库五个三级管理节点。在以上三级流程节点基础上，进一步细化落实流程操作步骤层节点要求，对质量检查问题完成从检查问题通知单到整改反馈的闭环全过程自动上传、发布、提醒、备案处理，并可通过系统完成质量责任量化考核结果的排队、通报、推送及应用，以及标准化质量管控数据库的建立。

4）造价专业管理。包括造价精准控制、初步设计评审质量评价、结算进度管理三个三级管理节点。系统在以上三级流程节点基础上，进一步细化落实流程操作步骤层节点要求，自动生成并推送各层级分析表、结算进度统计表，并实现初步设计评审质量年度评价的发布与查看功能。

5）技术专业管理。包括通用设计应用管理、通用设备应用管理、基建新技术成果应用管理三个三级管理节点。系统在以上三级流程节点基础上，进一步细化落实流程操作步骤层节点要求，通过抓取、核实、汇总、反馈、分析等一系列动作，形成通用设计应用分析报告与年度工程基建新技术应用情况分析报告，并实现通用设备应用情况的在线审批与供应商设备履约情况查询功能。

6）队伍专业管理。涵盖参建单位信息库管理、参建人员信息库管理、不良供应商管理、参建单位与工程关联管理、参建人员与工程关联管理五个三级管理节点。系统在以上三级流程节点基础上，进一步细化落实流程操作步骤层节点要求，通过对参建单位、个人及不良供应商的信息录入、审核、审批入库、查询等一系列动作，以及对参建单位、关键人员关联工程的信息查询、到岗到位状态感知与统计分析、承载力分析，维护施工队伍信息的真实有效性，为工程队伍管理提供数据支撑。

（3）智慧工地。电网工程参与的单位、人员众多，尤其在项目的施工阶段，施工现场工序多、人员杂、设备机具多种多样，施工现场安全隐患大，施工现场管理工作繁重且复杂。传统监管方式需要大量人力物力，且难以全面覆盖所有区域。如何加强施工现场安全管理、降低事故发生频率、杜绝各种违规操作和不文明施工、提高电力工程质量，是一项重要研究课题。在此背景下，伴随着信息技术的不断发展，信息化手段、移动技术、智能穿戴及工具在工程施工阶段的应用不断提升，施工现场智能管控应运而生。

1）运用信息化手段，通过综合化数字管控平台对工程项目进行精确设计和施工模拟，围绕施工过程管理，建立互联协同、智能生产、科学管理的施工项目信息化生态圈，并将此数据在虚拟现实环境下与物联网采集到的工程信息进行数据挖掘分析，借助云平台、大数据和人工智能等手段，提供过程趋势预测及专家预案，实现工程施工可视化智能管理，以提高工程管理信息化水平，从而逐步实现绿色建造和生态建造。

2）通过大数据、物联网、移动应用和智能应用等，现场智能管控平台有助于实现施工现场"人、机、料、法、环"各关键要素实时、全面、智能的监控和管理，让施工现场感知更透彻、互通互联更全面、智能化更深入，大大提升现场作业人员的工作效率。

3）通过现场智能管控平台的应用，及时发现安全隐患，规范质量检查、检测行为，保障工程质量，有效支撑行业主管部门对工程现场的质量、安全、人员和诚信的监管和服务。降低人员投入，实现远程现场专家诊断和远程监控。

2. 特高压工程三维设计协同管控系统

特高压三维设计协同管控系统是基于三维设计模型的设计协同及数字化管理平台，具有基础数据录入、设计协同、设计过程管理、设计成果管理等功能，主要解决特高压工程各分包设计单位间协同设计过程不流畅、设计牵头管理手段落后、难以严格贯彻正向三维设计等问题，通过数字化手段实现工程设计全过程的统一管理。

（1）基础数据录入。创建工程名称、参与单位等信息，用于配置用户权限，录入地理信息、报告、矢量图等设计输入数据，以及可研报告、核准文件、批复意见等支撑性文件，便于工程基础信息管理及查询。

（2）设计协同。各设计单位通过平台进行相互提资，并完成设计配合工作；设计单位通过平台可以上传文件、图纸、三维模型，平台可以对模型进行检测并出具报告，辅助设计单位完成模型修改和完善；平台支持模型预览和多角度查看，并能整合不同设计单位、不同专业、不同区域的模型，方便接口检查；平台提供量测、安全净距校验、规则几何体绘制，以及文字标注、截图等功能，辅助方案调整；为保护知识产权，平台提供添加水印功能。

（3）设计过程管理。平台面向工程可研、初设、施工图阶段使用。牵头设计单位通过平台上传里程碑计划，设计单位根据里程碑计划编制卷册目录、出图计划、模型上传计划，并上传成果。牵头设计单位可以规定重要图纸和模型提交的时间。平台可对出图和模型上传的计划与实际时间进行预警提示，并对超期进行统计。牵头设计单位根据计划、进度、方案检查等情况进行督导，设计单位对督导任务进行逐条反馈，并上传相关支撑性材料，并能实现设计变更的管理，同时可以实现对设计单位进行阶段性评价。通过平台实现人员信息录入、人员审批、承载力分析，以及人员评价。平台可以实现模型、资料的管理，还可以实现工程创优的案例库和问题库管理。

（4）设计成果管理。通过平台对设计成果进行汇集，支持关键字、综合查询等方式进行全文检索，能对检索内容进行分类，并可以调阅浏览；能实现设备指标、工程指标，以及卷册、模型数量的统计和分析。

通过应用特高压三维设计协同管控系统，建立线上设计协同、设计资料配合、方案审查、接口检查、图纸进度管理、设计过程管控流程和机制，形成不依赖于个人的设计协同及管理工作体系，实现设计质量、资料提交的有效管理，强化设计接口管理，完善设计校审制度，实现对设计过程的全面监督，提高设计协同管理水平；建立基于三维模型的协同设计、接口检查、方案审查体系，有效引导设计单位开展正向设计，真正体现三维设计在减少设计差错、提升设计质量等方面的效益；建立基于工程设计可研、初设、施工图、竣工图各阶段的统一管理体系，有效记录设计工作开展的全过程，做到责任到人、过程依据、解决方案全记录，有效推动设计管理模式优化。

3. 特高压工程大数据系统

特高压工程建设技术复杂度高、建设周期长、参建单位多、涉及专业广、环境条件复杂，设计建设全过程积累了海量的数据资源，这些数据资源的研究利用对推动特高压工程设计建设升级、服务后续工程运行及其他工程规划设计具有重要价值。建设基于 BIM 技术支撑的特高压工程综合数字化管控系统，可以推进特高压工程数据全过程统一集中管理和数据价值的深度挖掘、高效分析，打造特高压工程权威数据源，保障电网核心数据和信息安全。

特高压工程大数据系统能够实现特高压数据管理和管理应用,特高压工程大数据系统主要功能见图 11-3,主要功能包括:① 实现对已建特高压工程的数据统一归集和管理。② 对新建特高压工程进行全过程数字化展示。③ 结合特高压数据特点和业务管理需求,研究大数据的应用。

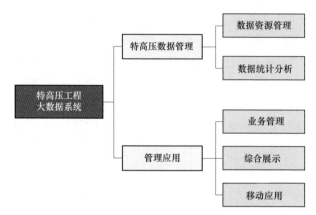

图 11-3 特高压工程大数据系统主要功能

(1) 特高压数据管理。

1) 数据资源管理:主要以构建特高压数字电网为目标,对特高压工程中三维设计模型数据、地理数据、专题数据、项目数据等进行入库、存储、查询、浏览等功能,实现已建和在建特高压工程数据的归集。

2) 数据统计分析:主要是结合具体站、线业务管理需求,研究可能的应用,为后续工程建设提供决策参考。

(2) 管理应用。

1) 业务管理:按照特高压交直流工程项目管理流程,依据工程实际进度情况上传阶段性成果文档,支持历史文件搜索和工作模板调用等功能,在工程竣工后实现电子资料一键归档。

2) 综合展示:实现特高压工程总部管理要求,满足会商、业务管理等工作需求,在大屏和 PC 端上对已建和在建工程项目信息进行综合展示;换流站工程综合信息从现场管控系统获取;线路工程从各建管单位基建管理平台、线路环水保、通道清理系统获取专业信息。

3) 移动应用:为提高工作效率,满足灵活信息查询、管理和决策,以及信息填报等需求,利用移动互联网技术,在手机等移动终端开发 App,实现掌上业务管理应用。

第四节　物联网与人工智能技术

物联网，即"万物相连的互联网"，是在互联网基础上延伸和扩展的网络，是将各种信息传感设备与互联网结合起来形成的一个巨大网络，可实现在任何时间、任何地点，人、机、物的互联互通。而电力物联网，是围绕电力系统各环节，充分应用移动互联、人工智能等现代信息技术、先进通信技术，实现电力系统各环节万物互联、人机交互，具有状态全面感知、信息高效处理、应用便捷灵活特征的智慧服务系统。

人工智能（artificial intelligence，AI）技术是研究、开发用于模拟、延伸和扩展人的智能的理论、方法、技术及应用系统的一门新的技术科学。国务院印发的《新一代人工智能发展规划》大力推动了这一技术发展，随着技术的进一步成熟，人工智能产业落地速度将明显提速。同时随着 5G 商用时代的来临，人工智能技术连接效率也将进一步提升，深度学习、数据挖掘、自动程序设计等领域也将在更多的应用领域得到实现。

1. 物联网技术应用现状及展望

（1）电力物流服务平台（electrical logistics platform，ELP）。ELP 平台构建了一种现代智慧供应链，平台聚焦供应链上下游企业，依托物联传感终端，开展物资从发运到收货的全流程线上可视监控，包括踏勘及线路规划、运输任务创建、运输监控（运输位置与状态跟踪、监控预警及处置）、到货确认、运输任务评价等，实现了对全网重点物资运输的实时监控和自动预警。平台所用物联传感器终端具有感知监测能力先进、续航能力突出、数据防篡改设计完善的特点，通过高分辨率、超高采样频率的先进传感器技术，可以实时在线监测物资的冲击加速度、倾角、氮气压力、速度、运输位置、运输进度等十余项安全参数，贴合各类电力设备运输监控作业实际。该平台运用"物流+互联网"思维，实现了物联感知、信息技术与物流业务深度融合，激活数字化运输积累的海量专业数据价值，为电力工程同类运输业务提供支撑服务。全面提升物流业务工作质效，为"新基建"下的特高压等电网工程建设提供坚强物资保障。

（2）物联网技术应用展望。ELP 平台将进一步探索内外部资源整合，对内支撑高效快捷的物资供应，对外构建安全智慧的物流生态。深化数据资源开发利用，全面提升平台感知能力、互动水平和运行效率，带动装备制造、物流、原材料、金融等上下游相关企业共同发展，助力构建高效协同的电力物流生态圈。

2. 人工智能技术应用现状及展望

（1）人工智能技术应用现状。

1）人员识别。在变电站施工现场，可以结合人员闸机和人脸识别技术，进行人员同进同出管理。通过闸机卡口处人脸识别和刷卡及后台数据库对比，查找结果和信息，判断是否为系统库内人员，对结果进行记录并返回结果，指示闸机或门禁，完成设备联动。人脸智能识别和施工现场花名册相连，可获得现场施工现场业主方、监理方、施工方、访客等的人数；根据人员进入和出场时间，判断劳务时长；获取重点人员基本信息，如姓名、证件、技术职称、联系方式、培训记录等；针对重点施工人员，如电焊工、登高员工等，判断持证上岗人员人证是否合一等。对于未登记人员人证不通过，按照访客处理。登记人员识别成功后直接进入监管平台人员详情里。

2）车辆识别。车辆智能识别系统与后台数据库相连接，主要用于施工现场车辆的智能自动管理，如自动获取车辆型号、车牌，并与车辆花名册对应，获取所属单位、驾驶员等信息；获取车辆进出场记录、在场时长、车辆准入证件期限等信息。施工现场危险区域进入。禁入区域人员进入识别主要依靠单级多框预测（single shot multibox detector，SSD）算法。根据施工现场需要，人为设定危险区域，一旦在区域内有人进入，获取到图像后，依据 SSD 算法，在背景中识别出人员活动，进而发出警报。

3）人员倒地。在变电施工现场，对于作业人员突然倒地行为进行预警，对进入检测区域的人员进行倒地自动识别，若检测到人员有摔倒行为动作，可立即报警，并自动将报警信息同步推送至相关责任人。

4）周界入侵。深基坑、支架、重型机械吊臂以及带电体等危险区域附近，严禁人员闯入，通过人工智能识别算法，配合现场布设摄像头，自动识别危险区域，如人员闯入预先设置好的危险区域（禁止进入区域）即可立即报警，并自动将报警同步推送至相关责任人，确保员工的人身安全。

5）吸烟及火焰监测。基于大规模火焰数据识别训练人工智能识别算法，配合现场布设摄像头，实时识别监控区内明火情况，如检测到火焰，立刻发出警报。配合热感摄像头，对进入检测区域的人员进行自动识别，若检测到人员有吸烟动作，可立即报警，并将报警信号同步推送至相关责任人。

6）安全帽识别。安全帽的识别基于视频分析和深度学习神经网络技术，采用卷积神经网络（convolutional neural networks，CNN）模型和 SSD 算法，利用卷积神经网络处理图片特征，在施工现场人员活动区域对人员是否佩戴安全帽进行实时分析识别、跟踪，对不佩戴安全帽行为进行实时报警。同时将报警信息推送给相关管理人员，可根据时间段对报警记录和报警截图、视频进行查询点播。

7）工作服识别。施工过程中工作服识别方法与安全帽原理类似，难度在于工作服样式和颜色不统一，容易与普通服装混淆。解决方式为进一步扩大训练样本，对佩戴安全绳行为进行精确的人工标定，并优化 SSD 算法，最终的实现结果与安全帽相同，可以做到在动态画面中对工作服进行自动报警和生成报表。

（2）人工智能技术的发展展望。人工智能从诞生以来，理论和技术日益成熟，应用领域也不断扩大，可以设想，未来人工智能带来的科技产品，将会是人类智慧的"容器"。人工智能可以对人的意识、思维的信息过程进行模拟。工程项目安全管理的互联网和 AI 技术在未来一段时间，将爆炸式地涌现新的应用点，将带来工程行业安全管理的重大转变，100%无伤害的施工现场将成为常态。

参 考 文 献

[1] 刘泽洪. 特高压直流输电工程换流站主设备监造手册 直流控制保护系统 [M]. 北京：中国电力出版社，2009.

[2] 刘泽洪，高理迎，余军. ±800 kV 特高压直流输电技术研究 [J]. 电力建设，2007（10）：17－23.

[3] 刘泽洪，郭贤珊. 特高压变压器绝缘结构 [J]. 高电压技术，2010（1）：7－12.

[4] 刘泽洪，郭贤珊. 高压大容量柔性直流换流阀可靠性提升关键技术研究与工程应用 [J]. 电网技术，2020，44（9）：3604－3613.

[5] 刘振亚. 特高压交直电网 [M]. 北京：中国电力出版社，2013.

[6] 舒印彪，刘泽洪，袁骏，等. 2005 年国家电网公司特高压输电论证工作综述 [J]. 电网技术，2006，30（5）：1－12.

[7] 国家电网公司. 向家坝—上海±800kV 特高压直流输电示范工程 [M]. 北京：中国电力出版社，2014.

[8] 国家电网公司. 哈密南—郑州±800kV 特高压直流输电工程 [M]. 北京：中国电力出版社，2015.

[9] 国家电网有限公司. 酒泉—湖南±800kV 特高压直流输电工程 [M]. 北京：中国电力出版社，2018.

[10] 国家电网有限公司. 山西晋北—江苏南京±800kV 特高压直流输电工程换流站亮点总结 [M]. 北京：中国电力出版社，2018.

[11] 舒印彪，张文亮. 特高压输电若干关键技术研究 [J]. 中国电机工程学报，2007（31）：1－6.

[12] 何继善. 工程管理论 [M]. 北京：中国建筑工业出版社，2017.

[13] 陈晓红. 两型工程管理 [M]. 北京：科学出版社，2016.

[14] 何继善. 论工程管理理论核心 [J]. 中国工程科学，15（11）：1－112.

[15] 何继善，王孟钧. 工程与工程管理的哲学思考 [J]. 中国工程科学，2008，10（3）：1－96.

[16] 何继善. 中国古代工程建筑特色与管理思想 [J]. 中国工程科学，2003，15（10）：1－112.

[17] 常敏，支国莲，王建平. 特高压输电线路工程施工技术 [M]. 北京：中国电力出版社，2013.

[18] 张艳霞，姜惠兰. 电力系统保护与控制 [M]. 北京：清华大学出版社，2005.

[19] 宋胜利，李卓强，姚志，等. 三相双有源桥式直流变换器建模与控制方法 [J]. 电工技术学报，2019（S2）：131－143.

[20] 刘杉，宋胜利，卢理成，等. ±800 kV 特高压直流穿墙套管故障分析及设计改进 [J]. 高电压技术，2019，45（9）：2928－2935.

［21］杨勇，佘振球，宋胜利，等. 新一代±800kV/8GW 特高压直流工程换流阀晶闸管设计优化
［J］. 电力建设，2020，41（6）：114－122.

［22］Sun J，Li M，Zhang Z，et al. Renewable energy transmission by HVDC across the continent：
system challenges and opportunities［J］. CSEE Journal of Power and Energy Systems，2017，
3（4）：353－364.

［23］Alassi A，Banales S，Ellabban O，et al. HVDC transmission：technology review，market
trends and future outlook［J］. Renewable and Sustainable Energy Reviews，2019，112
（SEP.）：530－554.

［24］Qin X，Zeng P，Zhou Q，et al. Study on the development and reliability of HVDC transmission systems
in China［C］. IEEE International Conference on Power System Technology. IEEE，2016.

［25］周静，马为民，蒋维勇，等. 特高压直流工程的可靠性［J］. 高电压技术，2010，36（1）：
173－179.

［26］张楠. 基于安全规范化管控系统的电力建设安全管理研究［J］. 工程管理学报，2019，33
（6）：127－132.

［27］张国兵，张文亮. 特高压变压器运输冲击加速度控制与安全裕度评估［J］. 高电压技术，
2010，36（1）：290－295.

［28］刘泽洪，郭贤珊，乐波，等. ±1100 kV/12000 MW 特高压直流输电工程成套设计研究［J］.
电网技术，2018，42（4）：14－22.

［29］国家电网公司直流建设分公司. 特高压换流站典型施工质量关键工艺控制卡［M］. 北京：
中国电力出版社，2010.

［30］施毅，聂琼，易孝会，等. 输变电工程土建质量管控现状及展望［J］. 建筑结构，2019（S2）.

［31］张建坤，贺虎，邓德良，等. 特高压变压器现场安装关键技术及应用［J］. 电网技术，2009
（10）：7－12.

［32］曾庆禹. 特高压交直流输电系统技术经济分析［J］. 电网技术，2015，39（2）：341－348.

［33］彭吕斌，何剑，谢开贵，等. 特高压交流和直流输电系统可靠性与经济性比较［J］. 电网
技术，2017（4）：1098－1105.

［34］Wen J，Yin W，Wen J. Review of converter technology for HVDC transmission systems［J］.
Southern Power System Technology，2015.

［35］杨新村，沈江，傅正财，等. 输变电设施的电场、磁场及其环境影响［M］. 北京：中国电
力出版社，2007.

［36］国家电网公司特高压建设部. 特高压交直流工程造价分析［M］. 北京：中国电力出版社，
2019.

［37］刘泽洪. 特高压直流输电线路工程依法合规设计工作指导手册［M］. 北京：中国电力出版
社，2017.

［38］ 孙昕，陈维江，陆家榆，等. 交流输变电工程环境影响与评价［M］. 北京：科学出版社，2015.

［39］ 万保权，谢辉春，樊亮，等. 特高压变电站的电磁环境及电晕控制措施［J］. 高电压技术，2010，36（1）：109－115.

［40］ 张业茂，万保权，周兵，等. 特高压输电线路可听噪声长期测试数据的统计分析［J］. 中国电机工程学报，2017，37（20）：6136－6144.

［41］ 张建功，王延召，陈豫朝，等. 基于振动和声压测量的特高压变压器声功率估算方法［J］. 高电压技术，2019，45（6）：1843－1850.

［42］ 杨万开，印永华，曾南超，等. 向家坝—上海±800kV 特高压直流输电工程系统调试技术分析［J］. 电网技术，2011（7）：19－23.

［43］ 甘运良，王红杰，彭玉培，等. 基于 BIM 与三维 GIS 技术的换流站三通一平施工信息模型构建及应用研究［J］. 工程勘察，2019，47（8）：56－61，66.

［44］ 孙秋野，杨凌霄，张化光. 智慧能源——人工智能技术在电力系统中的应用与展望［J］. 控制与决策，2018，33（5）：173－184.